基础化学实验
（下册）

主　编　冒爱荣　杨春红

副主编　吴玉芹　严　新

东南大学出版社
SOUTHEAST UNIVERSITY PRESS
·南京·

内 容 提 要

本书分为化学实验基本知识、有机化学实验、物理化学实验和综合性、设计性化学实验等四篇，共十章。全书共设置 55 个实验项目，涵盖有机化合物的制备、分离与鉴定，以及基本物理量与物化参数的测定实验等，内容丰富实用，注重理论与实践相结合，旨在全面提升学生综合实验能力，并为后续专业学习与研究打下坚实基础。

本书可供化学、化工、制药工程、环境工程、材料工程、生物工程等相关专业本科生使用，也可供相关专业科研和实验工作者参考使用。

图书在版编目(CIP)数据

基础化学实验. 下册 / 冒爱荣, 杨春红主编.
南京：东南大学出版社，2025.7. -- ISBN978-7-5766-
2243-0

Ⅰ. O6-3

中国国家版本馆 CIP 数据核字第 2025FD0855 号

责任编辑：马　伟　　责任校对：张万莹　　封面设计：余武莉　　责任印制：周荣虎

基础化学实验(下册)
Jichu Huaxue Shiyan（Xiace）

主　　编：冒爱荣　杨春红
出版发行：东南大学出版社
社　　址：南京市四牌楼 2 号　邮编：210096
出 版 人：白云飞
网　　址：http://www.seupress.com
经　　销：全国各地新华书店
印　　刷：广东虎彩云印刷有限公司
开　　本：787mm×1092mm　1/16
印　　张：16
字　　数：377 千字
版　　次：2025 年 7 月第 1 版
印　　次：2025 年 7 月第 1 次印刷
书　　号：ISBN 978-7-5766-2243-0
定　　价：49.00 元

本社图书若有印装质量问题，请直接与营销部联系。电话：025 - 83791830

前　言

　　本书是盐城工学院化学工程与工艺国家级一流本科专业建设成果教材。编者根据相关专业教学质量国家标准，结合多年的教学经验和实践体会，对第 1 版教材进行了修订。

　　为适应新工科建设、工程教育认证新的发展需求，加强高水平应用型人才培养，本次再版主要作了以下几方面的修订：

　　(1) 在第一篇，新增了"实验室安全与环保"一章，旨在贯彻安全发展和绿色发展理念，帮助学生增强安全意识，掌握安全技能，提升事故应急处置能力，保障实验安全开展。同时，对"绪论""误差与实验数据处理"两章也进行了较大幅度的修改，对"常用仪器的使用"一章进行了内容的删减，避免与后续内容重复。

　　(2) 在第二篇，根据实验教学项目的性质对第六章的名称进行了调整。同时，根据实验教学工作实际，对部分实验项目的内容进行了必要的修改。

　　(3) 在第三篇，增加"基本物理量的测量技术"一章，集中介绍了化学实验中常用的热化学、压力、电化学和光学测量技术。同时，调整了第八章的名称，并对部分实验项目内容进行了较大幅度的修改，实现与现有实验装置匹配。

　　本书延续上一版教材编写体系，分为化学实验基本知识、有机化学实验、物理化学实验和综合性、设计性化学实验四篇，共十章，体现了内容的丰富性和开放性。在内容的编排上，紧扣知识、能力和素质目标，力求由浅入深，由简单到综合，做到理论联系实际，既方便教师教学，又方便学生自主学习。

　　本书编写力求概念清晰、层次分明、简洁易懂，具有较强的实用性和可读性。本书可供化学、化工、制药工程、环境工程、材料工程、生物工程等相关专业本科生使用，也可供相关专业科研和实验工作者参考使用。

　　本书由冒爱荣、杨春红、吴玉芹、严新等编写，参与编写的人员还有孙明珠、曹文辉、褚玉婷、陶溪等,本书还参考了一些国内外相关书籍及文献资料,在此一并表示衷心的感谢!

本书的出版获得了盐城工学院校级自编教材出版基金的资助,在此表示感谢!

鉴于编者的水平有限,书中难免存在疏漏或不妥之处,恳请广大读者批评指正。

编 者
2025 年 5 月

2

基础化学实验(下册)

目　录

第一篇　化学实验基本知识

第二篇　有机化学实验

第三篇　物理化学实验

基础化学实验（下册）

第四篇　综合性、设计性化学实验

第一篇

化学实验基本知识

第一章　绪　论

一、化学实验课程的教学目标

化学实验是化学理论的源泉，是化工工程技术的基础。因此，在化学教学中，化学实验是对学生进行科学实验基本训练的必修基础课程。其目的不只是传授化学实验知识，还担负着培养学生能力和素质的任务。学生完成化学实验课程的学习后，应达到以下目标：

1. 掌握常见仪器的使用方法和化学实验基本操作，加深对化学基本理论的理解。

2. 掌握数据测量技术，具备观察、分析实验现象的能力，能够正确记录、处理实验数据，并表达实验结果。

3. 具备自主学习能力、实践创新和沟通协作能力，能够利用信息技术获取、加工相关化学信息，并用于分析、研究和解决实际问题。

4. 厚植爱国、敬业的大国工匠精神和诚信、友善的团队合作精神，树立绿色环保、安全发展的"美丽化工"理念，强化责任意识、工程伦理意识。

二、化学实验课程的学习要求

为确保安全、高效地完成实验，有效达成课程目标，应从实验预习、实验操作和实验报告三个重要环节对学生提出明确要求。

1. 实验预习

课前预习是化学实验课程学习的重要环节，是做好实验的前提。实验前，指导教师要批阅学生的预习报告，检查学生的预习情况。对没有预习或预习不合格者，不允许其参加本次实验。

要达到实验预习效果，学生必须在实验前仔细阅读实验教材，并查阅相关资料，明确实验目的和原理，掌握所用仪器或装置的构造和使用方法，了解试剂的等级、物化性质（熔点、沸点、折射率、密度、毒性与安全等数据），理顺实验步骤和注意事项，力求做到心中有数，避免边做实验边翻书的"照方抓药"式实验。书写预习报告时，应简明扼要，切忌照抄书本。实验过程或步骤可以用框图或箭头等符号表示。

2. 实验操作

学生应按时进入实验室，认真听取指导教师讲解实验，善于思考，积极回答问题。如有疑问要及时提出,并在教师指导下做好实验准备工作。

学生应按照操作规程认真进行实验,严格控制实验条件,确保实验安全开展。实验仪器和装置装配完毕,须经指导教师检查同意后,方可进行实验。

学生在实验过程中,应集中注意力,仔细观察实验现象,及时、正确记录实验数据。如发现异常现象,应认真分析并加以解决;无法解决时,应寻求指导教师帮助。完成实验后,实验结果必须经指导教师检查并签字。数据不合格的应重做,直至获得满意结果。

学生在实验过程中,应严格遵守实验安全规则,保持实验台面整洁有序。实验完毕后,应按要求做好废弃物的分类收集,仪器和试剂等应放回原处,玻璃仪器应洗净后进行收纳。最后,经指导教师检查同意后,方可离开实验室。

3. 实验报告

实验报告是总结实验进行情况、整理归纳实验结果、分析实验中出现的问题必不可少的环节,可以从一定角度反映学生的学习态度、实验能力和水平。通过书写实验报告,可以帮助学生加深对科学概念的理解,培养科学的思维模式,提高文字表达能力,并为今后写科学研究论文打下基础。因此,学生必须及时、认真书写实验报告。

实验报告应独立完成,并按规定时间交指导教师批阅。实验报告应包括实验目的、实验原理、仪器与试剂、实验步骤、数据记录及处理、结果与讨论等基本内容。实验报告的书写应符合科学规范,书写工整、编排合理,各部分关系清晰、容易理解。报告内容呈现形式恰当,规范使用文字、数字单位、符号和图表。

记录、处理实验数据时,宜用列表法、作图法,具有普遍意义的图形还可以回归成经验公式,得出的结论尽可能与文献数据进行比较。图表应该包含表名或图名、表头或图例、坐标轴表示的物理量及其单位和坐标轴单位长度数值。作图时,应使用坐标纸或电脑进行,图中数值取适当的有效数字,坐标轴取适当的取值范围。如果需要趋势线拟合,必须要有趋势线、拟合方程表达式和拟合参数值。对实验结果进行讨论是实验报告的重要组成部分,往往也是最精彩的部分。它包括实验者的心得体会,做好实验的关键所在,实验结果的可靠程度与合理性评价,以及对实验现象的分析与解释。如能进一步提出改进意见,或提出另一种更好的实验方案,就是创新思维、创新能力的表现。

三、实验报告示例

下面,以"环己酮的制备"实验为例,给出实验报告示例。

环己酮的制备

(1)实验目的
① 了解由环己醇氧化制备环己酮的原理和方法。
② 掌握由环己醇氧化制备环己酮的实验操作。

(2)实验原理(反应式)

$$\underset{100.16}{\overset{OH}{\bigcirc}} \xrightarrow[\text{H}_2\text{SO}_4]{\text{Na}_2\text{Cr}_2\text{O}_7} \underset{98.14}{\overset{O}{\bigcirc}}$$

（3）主要试剂及产物的物理常数（见表 1-1）

表 1-1　主要试剂及产物的物理常数

名称	相对分子质量	性状	折射率	相对密度 d_4^{20}	熔点/℃	沸点/℃	溶解度（水）
环己醇	100.16	无色液体	1.465 6(22.6 ℃)	0.962 4	22～25	161.5	3.6 g/100 mL
环己酮	98.14	无色液体	1.450 7(20 ℃)	0.947 8	—	155.6	2.4 g/100 mL

（4）主要试剂及用量（见表 1-2）

表 1-2　主要试剂及用量

名称	纯度	用量	名称	纯度	用量
浓硫酸	化学纯	3.5 mL	环己醇	化学纯	2.0 mL
重铬酸钠	化学纯	3.50 g	草酸	化学纯	0.15 g
食盐	化学纯	2.00 g	无水碳酸钾	化学纯	约 2.00 g

（5）仪器装置图（略）。

（6）实验步骤及现象记录（见表 1-3）

表 1-3　实验步骤及现象记录

步骤	现象	现象解释
① 在 50 mL 圆底烧瓶中加入 10 mL 冷水，慢慢加入 3.5 mL 浓 H_2SO_4，摇动	成均一溶液，温度上升	硫酸溶于水放热
② 加入 2 mL 环己醇，混合均匀，溶液中插一支温度计，冷却	开始分层，摇动后成溶液，温度降至 25 ℃	非均相
③ 将 3.5 g $Na_2Cr_2O_7 \cdot 2H_2O$ 溶于 2 mL 水中	成红棕色溶液	
④ 将约 1/5 的 $Na_2Cr_2O_7 \cdot 2H_2O$ 溶液加入圆底烧瓶中，摇动，冷水冷却	溶液迅速变热为 58 ℃，冷却后为 53 ℃，溶液由红棕色变为草绿色	氧化剂中的 Cr 由 +6 价还原为 +3 价
⑤ 将剩余的 $Na_2Cr_2O_7 \cdot 2H_2O$ 溶液分两次加入圆底烧瓶中	现象与第一次加入相似，最后红棕色不全消失。温度降为 33 ℃	$Na_2Cr_2O_7$ 过量
⑥ 将 0.15 g 草酸加入圆底烧瓶中	溶液变成墨绿色	+6 价 Cr 被还原为 +3 价
⑦ 加 12 mL 水于圆底烧瓶中，加沸石，蒸馏	95 ℃时开始有馏分，呈浑浊状	环己酮与水形成共沸物
⑧ 将约 5 mL 馏出液置于分液漏斗中，加 2 g 食盐，使溶液饱和、振摇、分层、分液	上层为有机层，下层为水层	利用盐析原理，使溶于水中的产品析出
⑨ 有机层用无水 K_2CO_3 干燥	开始浑浊，后为澄清透明溶液	环己酮不溶于水
⑩ 过滤，蒸馏	150 ℃前馏分极少，接收 155～156 ℃馏分	
⑪ 观察产品外观	无色透明液体	
⑫ 称重	瓶重 20.7 g，共重 21.9 g，产物重 1.2 g	
⑬ 折光率测定	n_D^{20} 为 1.450 7	

（7）产物的提纯过程

（8）产量：1.2 g。

产率：根据反应式

$$理论产量 = \frac{1.92}{100.16} \times 98.14 = 1.88(g)$$

$$产率 = \frac{实际产量}{理论产量} = \frac{1.2}{1.88} \times 100\% = 63.8\%$$

（9）结果讨论（略）。

第二章　实验室安全与环保

　　化学、化工实验室是高等学校培养化学、化工类专业人才,开展科学研究和提供社会服务的重要场所。学生在进行化学、化工类实验时,经常使用易燃、有毒和腐蚀性试剂。比如,乙醚、乙醇、丙酮和苯等溶剂易于燃烧;甲醇、硝基苯、有机磷化合物、有机锡化合物、氰化物等属有毒药品;氢气、乙炔、金属有机试剂和干燥的苦味酸属易燃易爆气体或药品;氯磺酸、浓硫酸、浓硝酸、浓盐酸、烧碱及溴等属强腐蚀性药品。这些化学品如使用不慎,就可能会造成灼伤、着火、中毒、爆炸等安全事故。此外,化学实验中常使用的玻璃仪器易碎、易裂,容易引发伤害。还有电气设备、特种设备等,如使用不当也易引起触电或爆炸等各种事故。同时,化学实验过程中所产生的"三废"如随意排放,势必会对实验室周边环境造成污染。

　　因此,我们必须始终将实验室安全放在首位,只有安全方能使实验室诸项工作得以顺利进行。所以学生进入实验室的第一堂课就是"安全教育课"。在开展化学、化工实验时,实验人员必须牢固树立"安全第一、预防为主"的安全意识,掌握必要的实验室安全知识,养成规范的安全实验习惯,确保实验安全开展,维护生命财产安全。同时,还应增强环保意识,对实验室"三废"分类回收、正确处置,避免引起环境污染。为了防止实验室安全与环保意外事故的发生,以及及时、正确处理意外事故,化学实验室必须严格执行实验室安全准入制度,并加强对各类实验人员的实验室安全教育工作。

第一节　实验室安全准入制度

　　为进一步增强实验人员安全意识,提升实验人员安全技能,预防实验室安全事故的发生,保障实验人员生命和财产安全,确保教学科研工作的安全开展,根据《教育部关于加强高校实验室安全工作的意见》等文件要求,制定本办法。

第一条　适用范围

　　本办法适用于学院所有教学、科研实验室(以下全部简称"实验室"),适用于所有拟进入我院实验室开展实验活动的人员,包括教师、本科生、研究生和校外人员。

第二条　制度体系与责任落实

　　建立"学院-实验中心(科研团队)-实验室"三级实验室安全教育体系。

　　(一)学院负责实验室安全教育培训与考核的日常管理工作。

　　(二)实验中心、科研团队负责实验室安全教育培训计划的具体实施,包括协助学校、学院组织开展实验室安全准入教育,核准拟进入实验室人员的准入资格,组织开展已取得准入资格的人员的再教育。

　　(三)各实验室负责根据本室危险源特点、实验操作规程、日常管理要求等,组织对进入实验室的人员开展专项安全教育培训,核准本室实验人员的准入资格。

第三条　教育内容

（一）国家与地方有关安全、环境保护的法律、法规、条例、标准。

（二）学校、学院实验室安全管理规章制度。

（三）实验室安全事故典型案例。

（四）实验室一般性与专项安全知识。

（五）实验室环境保护知识。

（六）实验室个人防护知识。

（七）实验室事故预防及应急处置知识。

（八）其他实验室安全相关知识。

第四条　教育方式

（一）新入职的教师、新入学的学生应通过实验室安全在线学习与考试系统学习实验室安全知识，并参加实验室安全准入考试。

（二）新入学的本科生应参加"实验室安全教育"课程学习，并取得相应学分。

（三）师生应按要求参加学校、学院组织的实验室安全教育培训讲座及应急演练。

（四）实验室责任人负责对使用本室的实验人员开展专项实验室安全教育培训。

（五）教学实验指导教师负责对任教班级学生开展实验课程中的实验室安全教育培训。

（六）开放实验指导老师负责对所指导的学生开展实验室安全教育培训。

第五条　准入资格的取得

按要求参加实验室安全教育培训的实验人员，在通过实验室安全准入考试后，自动获得准入资格。

第六条　准入资格的应用

（一）教师取得准入资格后，方可进入实验室开展教学科研工作。

（二）学生取得准入资格后，方可进入实验室开展实验活动。

（三）校外人员取得准入资格，并在学院申请备案后，方可进入申请实验室开展实验活动。

（四）未取得准入资格人员，严禁进入实验室学习、工作。

第七条　准入资格的管理

（一）未取得实验室准入资格擅自进入实验室开展实验活动者，按有关规定追究相关责任人责任。

（二）对初次违反实验室安全管理规定者，应及时给予批评教育。经批评教育无效者，应暂停其实验室准入资格，在作出深刻书面检查后，方可恢复其实验室准入资格。

（三）对违反实验室安全管理规定达三次及以上者，应取消其实验室准入资格。需重新参加实验室安全知识学习，并通过实验室安全准入考试后，方可恢复其实验室准入资格。

第八条　因违反本办法导致安全事故发生的，学院将按照有关规定从重追究相关责任人的责任。

第二节　实验室安全一般规则

实验室安全一般规则包括以下内容：

1. 实验开始前，必须认真预习，理清实验思路，了解实验中使用的药品的性能和可能引起的危害及相应的注意事项。还应仔细检查仪器是否有破损，掌握正确安装仪器的要点，并弄清水、电、气的管线开关和标记，保持清醒头脑，避免违规操作。

2. 实验中应仔细观察、认真思考。如实记录，并经常注意反应是否正常，有无碎裂和漏气的情况，及时排除各种事故隐患。

3. 有可能发生危险的实验，应采用防护措施进行操作，如戴防护手套、眼镜、面罩等。任何可能产生有毒有害气体而导致个人曝露，或产生可燃、可爆炸气体或蒸气而导致积聚的实验，都须在通风柜内进行。

4. 常压蒸馏、回流和反应，禁止用密闭体系操作，一定要保持与大气相连通。

5. 易燃、易挥发的溶剂不得在敞口容器中加热，该用水浴加热的不得直接用火加热，加热的玻璃仪器外壁不得有水珠，也不能用厚壁玻璃仪器加热，以免破裂引发火灾。

6. 各种药品需要妥善保管，不得随意遗弃和丢失。对于实验中的废气、废渣、废液，要按环保规定处理，不能随意排放。有机废液应集中收集处理，尽可能回收利用。

7. 严禁在实验室中吸烟、喝水和吃东西。

8. 正确使用温度计、玻璃棒和玻璃管，以免玻璃管、玻璃棒折断或破裂而划伤皮肤。

9. 熟悉灭火消防器材的存放位置和正确使用方法。

10. 实验结束后，要仔细关闭好水、电、气及实验室门窗，防止其他意外事故的发生。

第三节　实验室意外事故的预防、处理和急救

实验室意外事故的预防主要是要确保师生员工人身安全和避免学校财产损失，它包括防火、防爆炸、防中毒、防烫伤和灼伤、防触电、防割伤、防辐射、防溢水、防盗等，更重要的是，要清楚发生事故后如何处理和自我保护。

一、防火

火灾对实验室构成的威胁最为严重，最为直接。一场严重的火灾，将对实验室的人身、财产和资料造成致命打击。据统计，近年来理工院校实验室事故中，火灾、爆炸和灼伤等事故占 44.7%。引起火灾要有三个因素：易燃物、助燃物、点火能源。

1. 实验室火灾的类型

实验室常见的火灾包括易燃易爆物品引起的火灾、电器设备引起的火灾和生活用品引起的火灾等。

（1）易燃易爆物品引起的火灾

煤气、酒精、汽油等燃料，氢气、氧气等气体，乙醚、二甲苯、丙酮、三硝基苯磺酸、松节

油、苦味酸等液体,油脂、松香、硫黄、无机磷等固体,这些易燃易爆物品在一定条件下均能引起火灾和爆炸,必须妥善安置,正确使用。特别强调的是,漫不经心的举动有可能造成无可挽回的后果。例如,随手把剩余的乙醚倒入乙醇的瓶中,又错把乙醚当作乙醇倒入酒精灯中,若不及时发现,一点火势必引起火灾,甚至爆炸。

（2）电器设备引起的火灾

由于保险丝失灵、仪器控制器失灵,使得电器继续加热,达到周围物品的着火点就会引发火灾。最重要的是由于操作人员和管理人员的疏忽,例如,处于热风挡的电吹风用完不关闭,而把其放在实验台上,就容易将实验台烤糊、烤焦,从而引发火灾。使用烘箱干燥玻璃仪器时,将木制试管架混入烘箱中或者在烘箱里隔板铺上纸,都会引发火灾。

（3）生活用品引起的火灾

易引起火灾的最常见生活用品有火柴、打火机、香烟等,实验室内严禁吸烟,这是最起码的防范措施。

2. 火灾的预防

进入实验室工作,一定要清楚电源总开关、气瓶总开关、水源总开关的位置,以及洗眼器、紧急喷淋装置、急救药箱的位置。若出现异常情况,应关闭相对应的总开关,及时做好相应的自我救护。

火灾的预防应注意以下几点:

（1）不能用烧杯或敞口容器盛装易燃物,加热时,应根据实验要求及易燃物的特点选择热源,注意远离明火。

（2）尽量防止或减少易燃的气体外逸,倾倒时要熄灭火源,而且注意室内通风,及时排出室内的有机物蒸气。

（3）易燃及易挥发物不得倒入废液缸内。量大的要专门回收处理,量少的可倒入水槽用水冲走(与水有剧烈反应者除外,金属钠残渣要用乙醇销毁)。

（4）实验室不准存放大量易燃物。乙醚等易挥发品不能存放于普通冰箱(普通冰箱启动时有电火花出现,有可能引起火灾),而应使用防爆冰箱。

（5）对高压气体钢瓶要分类保管,直立固定,严禁将氯与氨、氢和氧、乙炔和氧混放在一个房间里,氢和氧可燃性的气体钢瓶与明火距离 10 m 以上。同时,应防止供气管道、阀门漏气。

3. 火灾的处理

实验室如果发生火灾事故,应沉着、镇静、及时地采取措施,防止事故扩大。首先,立即熄灭附近所有火源,切断电源,停止通风,移开未着火的易燃物。然后,根据易燃物的性质和火势设法扑灭。

灭火方法基本上是围绕破坏形成燃烧的三个条件(可燃物,助燃物,点火能源)中任何一个来进行,主要分为隔离法、冷却法、窒息法、化学中断法等。实验室常用的灭火器材有消防砂、石棉布、灭火毯和灭火器等。常用灭火器包括二氧化碳灭火器、四氯化碳灭火器和泡沫灭火器等。二氧化碳灭火器是实验室最常用的灭火器,灭火器内储放压缩的二氧化碳。使用时,一手提灭火器,一手应握在喷二氧化碳喇叭筒的把手上(不能用手直接握喇叭筒,以免冻伤),打开开关,二氧化碳即可喷出。这种灭火器灭火后的危害小,特别适用于油脂、电器及其他较贵重的仪器着火时灭火。四氯化碳灭火器和泡沫灭火器虽然也都具有比较好的灭火性能,但由于存在一些问题,如四氯化碳在高温下能生成剧毒的光气,而且与金属钠接触会发生爆炸,泡沫灭火器喷出大量的硫酸氢钠、氢氧化铝,污染严重,给后处理带来麻烦,因此,不到万不得已时,最好不用这两种灭火器。不管用哪一种灭火器,都是从火的周围开始向中心扑灭。

水在大多数场合下不能用来扑灭有机物的着火。因为一般有机物密度都比水的小,泼水后,火不但不熄灭,有机物反而漂浮在水面上继续燃烧,火随水流蔓延。

地面或桌面着火,如火势不大,可用淋湿的抹布来灭火;反应瓶内有机物着火,可用石棉板盖住瓶口,火即熄灭;身上着火时,切勿在实验室内乱跑,应就近卧倒,用石棉布等把着火部位包起来,或在地上滚动以熄灭火焰。

如果灭火器扑灭不了,赶快撤离,随手要将实验门关上,以免火势蔓延。不能见火就跑,本来用一块湿手巾就能把小火苗盖住,自己跑了,那是要追究责任的。在火灾中,烈火不是最危险的敌人,浓烟和恐慌才是导致死亡的主要原因,如 2004 年 2 月 15 日吉林市中百商厦的火灾,死亡 54 人,4 人是跳楼摔死的,绝大多数均被浓烟窒息而死,70 多人受伤,14 人重伤,也是跳楼摔成重伤的。出现火灾时,一定要冷静,做出正确的判断。

二、防爆炸

实验时,仪器堵塞或装配不当,减压蒸馏使用不耐压的仪器,违章使用易爆物,反应过于剧烈而难以控制,都有可能引起爆炸。

为了防止发生爆炸事故,应注意以下几点:

(1)常压操作时,切勿在封闭系统内进行加热或反应。在反应进行时,必须经常检查仪器装置的各部分有无堵塞现象。

(2)减压蒸馏时,不得使用机械强度不大的仪器(如锥形瓶、平底烧瓶等)。同时,应戴上防护面罩或防护眼镜。

(3)使用易燃易爆物(如氢气、乙炔和过氧化物)或遇水易燃烧爆炸的物质(如钠、钾等)时,应特别小心,严格按操作规程进行实验。

(4)反应过于剧烈,应根据不同情况采取冷却和控制加料速度等措施。

(5)必要时可设置防爆屏。

实验中还会经常使用高压储气钢瓶,如使用不当,也会导致爆炸,因此,实验人员应掌握高压储气钢瓶的有关常识和操作规程,具体要求见第七章的第二节。

三、防中毒

化学药品大多具有不同程度的毒性,毒物进入人体的途径主要有三种,即皮肤、消化道和呼吸道。因此,在实验中,要防止中毒,应切实做到以下几点:

(1)绝对不允许口尝鉴定试剂和未知物。

(2)不容许直接用鼻子嗅气味,应以手扇出少量气体。

(3)使用和处理有毒或腐蚀性物质时,应在通风橱中进行,并戴上防护用具,尽可能避免有机物蒸气在实验室内扩散。

(4)药品不要沾在皮肤上,尤其是极毒的药品。实验完毕后应立即洗手。称量任何药品都应使用工具,不得用手直接接触。

（5）对沾染过有毒物质的仪器和用具，实验完毕后应立即采取适当方法处理以破坏或消除其毒性。

一般药品溅到手上，通常是用水和乙醇洗去。实验时若有中毒特征，应立即到空气新鲜的地方休息，最好平卧，出现其他较严重的症状，如斑点、头昏、呕吐、瞳孔放大时，应及时送往医院急救。

四、防灼伤

皮肤接触了高温（如热的物体、火焰、蒸汽）、低温（如固体二氧化碳、液体氮），以及腐蚀性物质（如强酸、强碱、溴等），会造成热灼伤、冷灼伤或化学灼伤。因此，实验时，要避免皮肤与上述能引起灼伤的物质接触。预防灼伤应注意以下几点：

（1）在实验室稀释浓硫酸时，不能将水往浓硫酸里倒，而应将酸缓缓倒入水中，不断搅拌均匀。

（2）加热液体的试管口，不能对着自己或别人，以免烫伤。

（3）如被灼热的玻璃烫伤，应在患处涂上正红花油，然后擦一些烫伤软膏。

（4）不要佩戴隐形眼镜，如眼睛被溅上药品（Na 除外），立即用洗眼器冲洗。冲洗后，如果眼睛未恢复正常，应立即送医院就医。

（5）应经常检查橡胶或乳胶手套有无破损，特别是接触酸时。

（6）取用有腐蚀性化学药品时，应戴上橡胶手套和防护眼镜。实验中发生酸或碱灼伤时，应立即用大量水冲洗，再根据不同的灼伤情况分别采取不同的处理措施：

① 酸灼伤：用 1‰ 碳酸氢钠溶液冲洗，最后再用水冲洗。

② 碱灼伤：用 1‰ 硼酸溶液冲洗，最后再用水冲洗。

③ 溴灼伤：应立即用 2‰ 硫代硫酸钠溶液洗至伤处呈白色，然后用甘油加以按摩。

④ 严重者要消毒灼伤面，并涂上软膏，送医院就医。

五、防触电

实验室常用电为 50 Hz/200 V 的交流电。人体通过 1 mA 的电流，便有发麻或针刺的感觉，10 mA 以上人体肌肉会强烈收缩，25 mA 以上则呼吸困难，就有生命危险。直流电对人体也有类似的危险。

为防止触电，应做到以下几点：

（1）按电学仪器安全用量来选择适当保险丝、盒匣开关和电源，需要接地的一定要接地。

（2）修理或安装电器时，应先切断电源。

（3）使用电器时，手要干燥。

（4）电源裸露部分应有绝缘装置，电器外壳应接地线。

（5）不能用试电笔去试高压电。

（6）应用双手同时触及电器，防止触时电流通过心脏。

（7）一旦有人触电，应首先切断电源，然后抢救。

（8）发生火灾时，也应先切断电源开关，再灭火。

六、防割伤

预防玻璃仪器割伤,要注意以下几点:

(1) 玻璃管(棒)切割后,断面应在火上烧熔以消除棱角。

(2) 注意仪器的配套,避免仪器口径不合而勉强连接。

(3) 运用正确的操作技术。装配仪器时用力不能过猛或装配不当,用力处远离连接部位。

如果不慎发生割伤事故,要及时处理。先将伤口处的玻璃碎片取出。若伤口不大,用蒸馏水洗净伤口,再涂上红药水,撒上止血粉,再用纱布包扎好。伤口较大或割破主血管,则应用力按住主血管,防止大出血,及时送医院治疗。

七、防辐射

化学实验室的辐射主要是指 X 射线,长期反复接受 X 射线照射,会导致疲倦、记忆力减退、头痛、白细胞降低等。防护的方法是避免身体各部位(尤其是头部)直接受到 X 射线照射,操作时需要屏蔽和缩短时间,屏蔽物常用铅、铅玻璃等。

八、防溢水

用完水后,一定要关闭水龙头。特别是发生停水时,一定不能忘记关闭水龙头,否则一旦来水,便会发生溢水事故。如果水漏到楼下,楼下的房顶和墙壁会出现破损。如果水漏在电学仪器上,会造成仪器损坏。不能将有可能造成下水道堵塞的纸片等物品扔进水池中,要放入垃圾桶或专用回收容器中。如果发生自己不能解决的下水道堵塞,应及时报修。

九、防盗

离开实验室时一定要关好门窗,短暂离开也应关好门。实验室门窗如发生损坏,应及时报修。每个同学都要养成习惯,离开实验室前逐项检查,遇有生人一定要上前询问。

十、实验室常用急救用品

实验室应配备足够数量的急救药箱,常用的急救用品主要包括急救药品和急救工具两类。

1. 急救药品

急救药品有医用酒精、红药水、止血粉、龙胆紫、凡士林、玉树油或鞣酸油膏、烫伤膏、硼酸溶液(1%)、碳酸氢钠溶液(1%)、硫代硫酸钠溶液(2%)等。

2. 急救工具

急救工具有医用镊子、剪刀、纱布、药棉、绷带等。

实验室应保证所配备的急救药品数量充足,并定期检查,确保药品未过有效期。同时,急救药箱不能上锁,确保事故发生时能及时取用。

十一、汞的安全使用

汞是化学实验室的常用物质,毒性很大,且进入体内不易排出,形成积累性中毒。高汞盐(如 $HgCl_2$)0.1~0.3 g 可致人死亡,室温下汞的蒸气压为 0.001 2 mmHg(0.160 Pa),比安全浓度标准大 100 倍。

安全使用汞的操作规定如下：

（1）汞不能直接暴露于空气中，其上应加水或其他液体覆盖。

（2）任何剩余量的汞均不能倒入下水槽中。

（3）储汞容器必须是结实的厚壁器皿，且器皿应放在瓷盘上。

（4）装汞的容器应远离热源。

（5）万一汞掉在地上、台面上或水槽中，应尽可能用吸管将汞珠收集起来，再用能形成汞齐的金属片（Zn、Cu、Sn 等）在汞溅处多次扫过，最后用硫黄粉覆盖。

（6）实验室要通风良好。手上如有伤口，切勿接触汞。

第四节　实验室"三废"处理

一、实验室废弃物收集方法

（1）分类收集法：按废弃物的类别性质和状态不同，分门别类收集。

（2）按量收集法：根据实验过程中排出的废弃物的量的多少或浓度高低予以收集。

（3）相似归类收集法：性质或处理方式、方法等相似的废弃物应收集在一起。

（4）单独收集法：危险废弃物应予以单独收集处理。

二、实验室废弃物处理原则

（1）在证明废弃物已相当稀少而又安全时，可以排放到大气或排水沟中。

（2）尽量浓缩废液，使其体积变小，放在安全处隔离储存。

（3）利用蒸馏、过滤、吸附等方法，将危险物分离，而只弃去安全部分。

（4）无论液体或固体，凡能安全燃烧的则燃烧，但数量不宜太大，燃烧时切勿残留有害气体或烧余物。如不能焚烧时，要选择安全场所填埋，不应将其裸露在地面上。

（5）一般有毒气体可通过通风橱或通风管道，经空气稀释后排出。大量的有毒气体必须通过与氧充分燃烧或吸附处理后才能排放。

（6）废液应根据其化学特性选择合适的容器和存放地点，通过密闭容器存放，不可混合贮存，标明废弃物种类、贮存时间，定期处理。

三、实验室"三废"处理方法

1. 废气的处理

所有产生废气的实验必须备有吸收或处理装置。如 NO_2、SO_2、Cl_2、H_2S、HF 等可用导管通入碱液中使其大部分吸收后排出。在反应、加热、蒸馏中，不能冷凝的气体，排入通风橱之前，要进行吸收或其他处理，以免污染空气。常用的吸收剂及处理方法如下：

（1）氢氧化钠稀溶液：处理卤素、酸气（如 HCl、SO_2、H_2S、HCN 等）、甲醛、酰氯等等。

（2）稀酸（H_2SO_4 或 HCl）：处理氨气、胺类等等。

（3）浓硫酸：吸收有机物。

（4）活性炭、分子筛等吸附剂：吸收气体、有机物气体。

（5）水：吸收水溶性气体，如氯化氢、氨气等。为避免回吸，处理时用防止回吸的仪器。

（6）氢气、一氧化碳、甲烷气：如果排出量大，应装上单向阀门，点火燃烧。但要注意，反应体系空气排净以后再点火。最好事先用氮气将空气赶走再反应。

（7）较重的不溶于水的挥发物：导入水底，使下沉，吸收瓶吸入后再处理。

2. 废液的处理

实验室废液可以分别收集进行处理，下面介绍几种处理方法：

（1）无机酸类：将废酸慢慢倒入过量的含碳酸钠或氢氧化钙的水溶液中或用废碱互相中和，中和后用大量水冲洗。

（2）氢氧化钠、氨水：用 6 mol/L 盐酸水溶液中和，用大量水冲洗。

（3）含氰废液：加入氢氧化钠使 pH 在 10 以上，加入过量的高锰酸钾（3％）溶液，使 CN^- 氧化分解。如含量高，可加入过量的次氯酸钙和氢氧化钠溶液。

（4）普通简单的废液：如石油醚、乙酸乙酯、二氯甲烷等可直接倒入废液桶中，废液桶尽量不要密封，不能装太满（3/4 即可）。

（5）有特殊刺激性气味的液体倒入另一个废液桶内立即封盖，统一处理。

实验室废液不同于工业废水，实验室废液的成分及数量稳定性低，种类繁多且浓度高。所以，实验室废液处理的危险性也相对较高。在进行有关处理时，应注意如下事项：

（1）充分了解处理的方法。实验室废液的处理方法因其特性而异，任一废液如未能充分了解其处理方法，切勿尝试处理，否则极易发生意外。

（2）注意皮肤吸收致毒的废液。大部分的实验室废液触及皮肤仅有轻微的不适，少部分腐蚀性废液会伤害皮肤，有一部分废液则会经由皮肤吸收而致毒，最著名的例子为高雄县大树乡发生的苯胺废液泄漏事件，该事件造成 2 人死亡。会经由皮肤吸收产生剧毒的废液，搬运或处理时需要特别注意，不可接触皮肤。

（3）注意毒性气体的产生。处理实验室废液时，如操作不当会有毒性气体产生，最常见者列举如下：①氰类与酸混合会产生剧毒的氰酸。②漂白水与酸混合会产生剧毒性的氯气或偏次氯酸。③硫化物与酸混合会产生剧毒性的硫化物。

（4）注意爆炸性物质的产生。处理实验室废液时，应完全按照已知的方法进行处理，不可任意混杂其他废液，否则容易产生爆炸危险。一些较易产生爆炸危害的混合物列举如下：①叠氮化钠与铅或铜的混合。②胺类与漂白水的混合。③硝酸银与酒精的混合。④次氯酸钙与酒精的混合。⑤丙酮在碱性溶液下与氯仿的混合。⑥硝酸与醋酸酐的混合。⑦氧化银、氨水、酒精、酸性废液的混合。其他一些极容易产生过氧化物的废液（如异丙醚）也应特别注意。过氧化物极易因热、摩擦、冲击而引起爆炸，此类废液处理前应将其产生的过氧化物先消除。

（5）其他应注意事项。如实验室废液浓度较高，处理时因大量放热导致反应速率增加，容易引发意外。为了避免这种情形，在处理实验室废液时应把握下列原则：①少量废液进行处理，以防止大量反应。②处理剂倒入时应缓慢，以防止剧烈反应。③充分搅拌，以防止局部剧烈反应。必要时向水溶性废液中加水稀释，以缓和反应速率以及降低温度上升的速率。如处理设备含有移设装置则更佳。

3. 固体废弃物的处理

（1）黏附有有害物质的滤纸、包药纸、棉纸、废活性炭及塑料容器等，不要丢入垃圾箱内，要分类收集。

（2）废弃不用的药品可交还仓库保存或用合适的方法处理掉。

（3）废弃玻璃物品单独放入纸箱内，废弃注射器针头统一放入专用容器内，注射管放入垃圾箱内。

（4）干燥剂和硅胶可用垃圾袋装好后放入带盖的垃圾桶内；其他废弃的固体药品包装好后集中放入纸箱内，放到固体废弃物集中放置点，由专业回收公司处理（剧毒、易爆危险品要进行预处理）。

第三章　误差与实验数据处理

在化学实验中,为了得到准确的分析结果,一方面要尽量减少和消除实验误差,准确地进行测量;同时,还需要正确地记录和计算实验数据。

第一节　误差

在实际实验过程中,即使采用最可靠的分析方法,使用最精密的仪器和纯度最高的试剂,由技术很熟练的分析人员进行测定,也不可能每次都得到完全相同的实验结果。所以,误差在客观上难以避免。

一、误差的分类

根据误差产生的原因及性质,可以将误差分为系统误差、随机误差和过失误差。

1. 系统误差

系统误差是指由某种确定的原因造成的误差,根据产生的原因可分为:

(1) 方法误差:指由测量方法本身不够完善而引入的误差。例如,在二组分金属固液平衡相图实验中,系统受热不均匀,测定温度的是放在单独的测温套管中的热电偶,所以实际测出的温度不一定准确。

(2) 仪器误差:指由于仪器本身不够准确或未经校准引起的误差。例如,电位差计、旋光仪未经校正。

(3) 试剂误差:指由于试剂不纯或蒸馏水中含有微量杂质所引起的误差。例如,用电导率法测定乙酸的电离常数时,如用蒸馏水代替高纯水,使得所测电导值偏高。

(4) 主观误差:指由于操作人员的主观原因引起的误差。例如,对颜色的敏感程度不同;平行滴定时,总是想使这次的滴定结果与前面的结果相吻合等。

所以,系统误差具有以下特征:

(1) 重现性:系统误差是由确定的原因造成的,所以在相同条件下,重复测定时误差会重复出现。

(2) 可测性:在误差产生的原因能够确定的前提下,系统误差的大小可测。

(3) 单向性或周期性:系统误差一般有固定的大小和方向,这里指统一偏大或偏小,或按一定的规律变化。

要知道系统误差是否存在,对照试验是最有效的检查方法。即选择组成与试样相近的标准试样,用同样测定方法,以同样条件、同样试剂进行分析,将测定结果与标准值比对,用统计方法检验是否存在系统误差。

如果系统误差确实存在,可以根据产生的原因采用相应的措施来减免。

(1) 方法误差的减免:根据样品的含量和具体要求选择恰当的实验方法。另外,实验过程中每一步的测量误差都影响到最后的结果,所以要尽量减小各步的测量误差。

（2）仪器误差的减免：实验前应校准仪器,计算时用校正值等。

（3）试剂误差的减免：可做空白试验进行校正。所谓空白试验,指不加待测试样,用与分析试样完全相同的方法及条件进行平行测定。空白试验的目的是检查和消除试剂、蒸馏水、实验器皿和环境等带入的杂质的影响,所得结果称为空白值。从实验结果中扣除空白值,就可得到比较准确的实验结果。空白值不应过大,如果太大,直接扣除会引起较大误差,应该通过提纯试剂等方法来解决问题。

2. 随机误差

随机误差是指由一些难以控制的偶然因素所引起的误差,所以也称为偶然误差。例如,分析过程中室温、气压、湿度等条件的微小变化都会引起实验结果的波动,或者操作人员一时辨别的差异而使读数不一致等。实际分析中,虽然操作人员认真操作,分析方法相同,仪器相同,外界条件也尽量保持一致,但同一试样多次重复测定,结果往往仍有差别,这类误差就属于随机误差。

所以,随机误差具有以下特征：

（1）不可测性：造成随机误差的原因不明,所以误差的大小和方向都不固定。

（2）双向性：误差有时大,有时小;有时正,有时负。

随机误差是由偶然原因造成的,所以无法用实验的方法减免。但是,在同样条件下进行多次测定,我们发现随机误差的大小和方向服从统计学正态分布规律。如图 3-1 所示,图中 μ 是总体平均值,s 是总体标准偏差,横坐标为误差的大小,纵坐标为误差出现的频率。从图中可以看出：①大小相近的正、负误差出现机会相等。②小误差出现频率高,大误差出现频率较低。③无限多次测定时,误差的算术平均值极限为零。所以可用统计学方法来减免随机误差。即增加平行测定次数,取其平均值,可减小随机误差。

图 3-1 随机误差的正态分布曲线

3. 过失误差

除了上述两类误差外,还有一种过失误差,是由操作人员在操作中疏忽大意或不遵守操作规程造成的。例如器皿不洁净、溶液溅出、加错试剂、记录及计算错误等等,这些都会对分析结果带来严重影响。如果发现,应剔除所得结果。

二、误差的表示方法

1. 准确度与误差

准确度是指实验测量值与真实值接近的程度。它说明测定结果的可靠性,两者的差值越小,则实验数据的准确度就越高,实验结果越可靠。

准确度的高低可用误差的大小来衡量。误差分为绝对误差 E 和相对误差 E_r,其计算式如下：

绝对误差：测量值（x）与真实值（T）之差,用 E 表示,即：

$$E_i = x_i - T$$

通常对一个试样要平行测定多次,上式中 x_i 为个别测量值,E_i 为这次测量的绝对误差。测量结果一般用平均值 $\bar{x}$ 表示,绝对误差可表示为:

$$E = \bar{x} - T$$

绝对误差并不能完全反映测量的准确度,因为它与被测物质的总量没有联系起来。例如,两个试样的质量分别为 1 g 和 0.1 g,称量时的绝对误差都是 0.01 g,用绝对误差无法显示它们的不同,所以分析结果的准确度常用相对误差来表示。

相对误差:绝对误差在真实值中所占百分比,用 E_r 表示,即:

$$E_r = \frac{E}{T} \times 100\% = \frac{\bar{x} - T}{T} \times 100\%$$

上例中,两个试样的相对误差分别为 1% 和 10%。同样的绝对误差,如果被测定的量较大,相对误差就比较小,测定的准确度也就比较高。因此,用相对误差来表示各种情况下测定结果的准确度比较合理。

绝对误差和相对误差都有正值和负值。正值表示分析结果偏高,负值表示分析结果偏低。

2. 精密度与偏差

在实验之前,实验结果的真实值往往是不知道的,所以准确度无法获得。我们通常用另一种表达方式来说明分析结果的好坏,这就是精密度。

精密度:在相同条件下对同一试样进行多次测定,测定结果之间相互符合的程度。精密度体现了测定结果的再现性。

精密度的大小可以用以下三组偏差表示:

(1) 绝对偏差 d 和相对偏差 d_r

绝对偏差 d_i 就是单次测定结果 x_i 与多次测定结果 $\bar{x}$ 的平均值之间的差别。

$$d_i = x_i - \bar{x} \qquad d_r = \frac{d_i}{\bar{x}} \times 100\%$$

绝对偏差和相对偏差表示个别测量值偏离平均值的程度,对于平行测定的一组数据,通常用平均偏差和相对平均偏差表示。

(2) 平均偏差 $\bar{d}$ 和相对平均偏差 $\overline{d_r}$

平均偏差是各单个偏差绝对值的平均值,相对平均偏差是平均偏差在平均值中所占的百分数。

$$\bar{d} = \frac{\sum_{i=1}^{n} |x_i - \bar{x}|}{n} \qquad \overline{d_r} = \frac{\bar{d}}{\bar{x}} \times 100\%$$

平均偏差和相对平均偏差全部是正值,它们取绝对值的原因是各个偏差有正有负,偏差之和为零。

用平均偏差和相对平均偏差表示精密度,计算比较简单。但用这种偏差表示时,可能会把质量不高的测量掩盖住,也不能反映测量数据中的大偏差。在数理统计中,衡量测量结果精密度用得最多的是标准偏差。

（3）标准偏差 s 和变异系数 CV

标准偏差：各测量值对平均值的偏离程度。在一般的分析工作中,测定次数有限,统计学中有限次数时的样本标准偏差 s 的表达式为

$$s = \sqrt{\frac{\sum\limits_{i=1}^{n}(x_i - \bar{x})^2}{n-1}}$$

变异系数(Coefficient of Variation)：又称相对标准偏差,指标准偏差在平均值中占的百分数。

$$CV = \frac{s}{\bar{x}} \times 100\%$$

三种偏差的比较见表 3-1,标准误差和变异系数对一组测量中的较大误差或较小误差感觉比较灵敏,因此它是表示精度的较好方法,在近代科学中多采用标准误差。

表 3-1　三组偏差的比较

绝对偏差 d 和相对偏差 d_r	平均偏差 $\bar{d}$ 和相对平均偏差 $\overline{d_r}$	标准偏差 s 和变异系数 CV
$d_i = x_i - \bar{x}$ $d_r = \dfrac{d_i}{\bar{x}} \times 100\%$	$\bar{d} = \dfrac{\sum\limits_{i=1}^{n}\lvert x_i - \bar{x} \rvert}{n}$ $\overline{d_r} = \dfrac{\bar{d}}{\bar{x}} \times 100\%$	$s = \sqrt{\dfrac{\sum\limits_{i=1}^{n}(x_i - \bar{x})^2}{n-1}}$ $CV = \dfrac{s}{\bar{x}} \times 100\%$
表示个别测量值偏离平均值的程度	表示一组数据的精密度	能更正确、更灵敏地反映测定值的精密度,更好地说明数据的分散程度

3. 准确度与精密度的关系

系统误差与随机误差的比较见表 3-2,准确度是反映系统误差和随机误差两者的综合指标,是测量值与真实值接近的程度,精密度是测量值之间相互接近的程度,所以,精密度是保证准确度的先决条件。精密度差,所测结果不可靠,就失去了衡量准确度的前提。精密度好,不一定准确度高。只有在消除了系统误差的前提下,精密度好,准确度才会高。而准确度高,一定需要精密度高。

表 3-2　系统误差与随机误差的比较

项目	系统误差	随机误差
产生原因	固定的因素	不定的因素
分类	方法误差、仪器误差、 试剂误差、主观误差	
性质	重现性、单向性 或周期性、可测性	双向性、不可测性
影响	准确度	精密度
消除或减小的方法	校正	增加平行测定的次数

例如,有 A、B、C 三位实验者在相同的实验条件下测出的三组数据,每组四个值,它们的精密度和准确度如图 3-2 所示。

图 3-2　精密度和准确度(图中黑点为实验测定值)

A 测出的四个数据非常接近,说明精密度高,但四个数据的平均值与真值有一定距离,说明准确度差。

B 组数据离散,说明精密度和准确度都不好。

C 组数据的精密度高,且平均值与真值接近,所以准确度也高。

真实值一般是不可知的,通常以几种正确的测量方法和经校正过的仪器进行多次测量所得物理量的算术平均值或文献手册上的公认值作为真实值。

三、误差的传递

实验结果的获得有两种途径:直接测量和间接测量。直接测量获得的一般是比较简单的结果。例如,用温度计测量物体的温度,用天平称量物体的质量等。

在实验中常有一些被测量不容易直接测量,或者直接测量时由于条件限制而不易保证精度,所以常常采用间接测量的办法,即先测出与被测量有明确函数关系的某些简单量,然后代入该函数式,通过计算算出被测量。直接测量的数据有误差,误差会通过计算传递给计算结果,这就是间接测量中的误差传递。误差传递符合一定的基本公式。

1. 系统误差的传递

如果 A、B 和 C 是三个测量值,R 是测量结果,E 表示相应各项的误差。

(1)加减法:实验结果的绝对误差是各测量步骤绝对误差的代数和或差。

如果 $R = A + B - C$,则,$E_R = E_A + E_B - E_C$

如果有关项有系数 m,例如:

$R = A + mB - C$,则,$E_R = E_A + mE_B - E_C$

(2)乘除法:实验结果的相对误差是各测量步骤相对误差的代数和。

如果 $R = \dfrac{A \times B}{C}$,则,$\dfrac{E_R}{R} = \dfrac{E_A}{A} + \dfrac{E_B}{B} - \dfrac{E_C}{C}$

如果计算公式带有系数 m,误差传递关系式不变。

如 $R = m \times \dfrac{A \times B}{C}$,则,$\dfrac{E_R}{R} = \dfrac{E_A}{A} + \dfrac{E_B}{B} - \dfrac{E_C}{C}$

在乘法运算中,分析结果的相对误差是各个测量值的相对误差之和,而除法则是它们的差。

(3)指数关系:实验结果的相对误差为测量值的相对误差的指数倍。

如果 $R = mA^n$,则,$\dfrac{E_R}{R} = n\dfrac{E_A}{A}$

(4)对数关系

如果 $R = m\lg A$,则,$E_R = 0.434m\dfrac{E_A}{A}$

说明:此处的 0.434 是 $1/\ln 10$。

2. 随机误差的传递

如果 A、B 和 C 是三个测量值，R 是测量结果，s 表示相应各项的标准偏差。

（1）加减法：实验结果的标准偏差的平方是各测量步骤标准偏差的平方总和。

如果 $R = A + B - C$，则，$s_R^2 = s_A^2 + s_B^2 + s_C^2$

如果 $R = aA + bB - cC$，则，$s_R^2 = a^2 s_A^2 + b^2 s_B^2 + c^2 s_C^2$

如果公式中的某些项有系数，那么，实验结果的标准偏差的平方是各测量步骤标准偏差的平方与系数平方乘积的总和。

（2）乘除法：实验结果的相对标准偏差的平方是各测量步骤相对标准偏差的平方的总和。

如果 $R = \dfrac{A \times B}{C}$，则，$\dfrac{s_R^2}{R^2} = \dfrac{s_A^2}{A^2} + \dfrac{s_B^2}{B^2} + \dfrac{s_C^2}{C^2}$

如果计算公式带有系数 m，误差传递关系式不变。

如 $R = m \times \dfrac{A \times B}{C}$，则，$\dfrac{s_R^2}{R^2} = \dfrac{s_A^2}{A^2} + \dfrac{s_B^2}{B^2} + \dfrac{s_C^2}{C^2}$

（3）指数关系：实验结果的相对误差为测量值的相对误差的指数倍。

如果 $R = mA^n$，则，$\left(\dfrac{s_R}{R}\right)^2 = n^2 \left(\dfrac{s_A}{A}\right)^2$ 或 $\dfrac{s_R}{R} = n\dfrac{s_A}{A}$

（4）对数关系

如果 $R = m\lg A$，则，$s_R = 0.434m\dfrac{s_A}{A}$

在一系列的实验步骤中，如果某一步骤引入 1% 的误差（或标准偏差），而其余都在 0.1%，则最后的实验结果的误差（或标准偏差）也仍在 1% 以上。

通过间接测量结果误差的求算，可以知道哪个直接测量值的误差对间接测量结果影响最大，从而可以有针对性地提高测量仪器的精度，获得更准确的结果。

四、有限量数据的统计处理

前面提到，无限次测量的随机误差分布服从正态分布，而在实际测定中，测定次数是有限的，有限次测量的平均值不一定就是无限次测量的平均值。因此，我们有必要在一定的概率条件下，估计一个包含真实值的范围或区间，这个区间称为置信区间，置信区间中包含真实值的概率称为置信度，表示估计的可靠程度。英国化学家戈塞特（Gosset）用统计方法推导出总体平均值 μ 所在的置信区间，公式如下：

$$\mu = \bar{x} \pm \frac{ts}{\sqrt{n}}$$

式中，μ 为无限次测量结果的平均值（若系统误差已消除，总体平均值 μ 可视为真实值）；$\bar{x}$ 为有限次测量结果的平均值；n 为平行测量次数；s 为样本标准偏差；t 为一定置信度下的概率系数。各置信度下的 t 值见表 3-3。

表 3-3 t 分布表

自由度 $f = n - 1$	置信度				
	50%	90%	95%	99%	99.5%
1	1.000	6.314	12.706	63.657	127.32
2	0.816	2.920	4.303	9.925	14.089
3	0.765	2.353	3.182	5.841	7.453
4	0.741	2.132	2.776	4.604	5.598
5	0.727	2.015	2.571	4.032	4.773
6	0.718	1.943	2.447	3.707	4.317
7	0.711	1.895	2.365	3.500	4.029
8	0.706	1.860	2.306	3.355	3.832
9	0.703	1.833	2.262	3.250	3.690
10	0.700	1.812	2.228	3.169	3.581
20	0.687	1.725	2.086	2.845	3.153
∞	0.674	1.645	1.960	2.576	2.807

显然,测量次数越多,t 值越小,置信区间的范围越窄,即测定平均值与总体平均值 μ 越接近。

例如,有一组实验数据:38.61%,38.58%,38.50%,38.47%,38.51%,38.62%,分别求出置信度为 90% 和 95% 时平均值的置信区间。

先求出这组数据的平均值,$\bar{x} = 38.55\%$。

根据相关公式计算这组数据的标准偏差,$s = 0.000\ 6$。

置信度为 90% 时,查 t 分布表,$n = 6$,$t = 2.015$,根据相关公式可得

$$\mu = 38.55\% \pm \frac{2.015 \times 0.000\ 6}{\sqrt{6}} = (38.55 \pm 0.05)\%$$

即置信区间为 38.50%~38.60%,此范围内包含真实值的概率为 90%。

置信度为 95% 时,$n = 6$ 时,$t = 2.571$,$\mu = (38.55 \pm 0.06)\%$,即在 38.49%~38.61% 区间内包含真实值的概率为 95%。

显然,置信区间越大,置信度越高。

在进行化学实验时,不仅要尽量减免误差,准确地进行测量,还应该正确地记录和计算,这样才能得到准确的分析结果。

第二节　实验数据处理

一、实验原始数据的记录

1. 数据记录

实验过程中,实验人员应该及时准确地记录测量数据,保证原始记录的客观、真实、规范、完整,记录的数据不能随意删除、修改或增减,不能伪造、编造数据。

（1）实验数据可用蓝色或黑色钢笔、签字笔记录,不得用铅笔、圆珠笔,字迹要工整、清晰。

（2）实验数据应在实验过程中及时记录,不允许事后补记或追记。

（3）实验数据中的有效数字、单位、符号的填写应符合现行有效的国家标准和国家法定计量单位,不得出现以"0"代表"0.0"及"0.00"等类似错误。

（4）实验数据不允许涂擦、挖补,如认为确实记错,允许更改。改正时应在原数据上画一横线（仍要能看清原数据）,再将新数据写在其上方,要保证修改前记录能够辨认,以便需要时还能进行对比、分析。

（5）对带数据自动记录和处理功能的仪器,将测试数据转抄在记录表上,并同时附上仪器记录纸。

2. 有效数字

在记录测量数据时,应根据所用仪器的精度和仪器刻度来确定数据的位数,不得随意增删。记录的数据应只有最后一位是可疑数字。这是因为记录的数字既表示了数量的大小,也反映了测量的精确程度。例如用普通的分析天平称量,称出某物体的质量为 2.168 0 g,这个数值中,2.168 是准确的,最后一位数字"0"是估计的,可能有正负一个单位的误差,也就是说,实际质量是$(2.168\ 0\pm0.000\ 1)$g 范围内的某一个数值。若记录为 2.168,则说明"8"是估计的,该物体的实际质量为(2.168 ± 0.001)g 范围内的某一数值。最后一位"0"从数学角度看写不写都行,但在实验中这样记录显然降低了测量的精确程度。

有效数字中"0"具有双重意义。例如 0.033 0,前面的两个"0"只起定位作用,不是有效数字。而后面的一个"0"表示该数据准确到小数点后第三位,第四位可能会有±1的误差,所以这个"0"是有效数字。

某些数字如 3 300,末位的两个"0"可能是有效数字,也可能仅是定位的非有效数字。为了防止混淆,最好用科学记数法来表示,写成 3.3×10^3、3.30×10^3 或 3.300×10^3 等。

3. 数据的修约

在整理数据和运算中,几个实验数据的有效数字的位数不相同时,常常要舍去多余的数字,这就是数据的修约。

舍去的方法按"四舍六入五留双"的原则进行。即被修约的数小于或等于 4,则舍去;大于或等于 6,则进位;若等于 5 时,5 的前一位是奇数则进位,而 5 的前一位是偶数则舍去。

例如,保留两位有效数字:$2.148\rightarrow2.1$;$8.396\rightarrow8.4$;$0.835\rightarrow0.84$;$65.5\rightarrow66$。

如果被修约的数等于 5,但"5"后面还有数字,则该数字总是比 5 大,此时应进位。

例如,保留两位有效数字:62.500 1→63。

只能一次修约到所需位数,不能分次修约,这样可能会产生误差。

例如,保留两位有效数字:一次修约:4.5473→4.5;

两次修约:4.5473→4.55→4.6。

常用的"四舍五入",其缺点是见五就进,会使修约后的总体值偏高。而"四舍六入五留双",逢五有舍有入,则由五的舍入所引起的误差本身可以自相抵消。

数据的修约规则参考了中华人民共和国国家标准《数值修约规则与极限数值的表示和判定》(GB/T 8170—2008)中的数值修约规则部分。

二、实验原始数据的处理

1. 可疑数据的取舍

在实验数据中,常常有个别数据与其他数据相差很大,称为可疑值。如果确实知道这个数据是由过失误差造成的,可以舍去,否则不能随意剔除,应该根据一定的统计学方法决定其取舍。统计学处理取舍的方法有多种,例如 Dixon 法、Grubbs 法,下面介绍一种常用的方法——Q 检验法。检验步骤如下:

(1) 将测定值按从小到大的顺序排列:x_1,x_2,$\cdots$,x_n。

(2) 计算可疑值的摒弃商 Q 值,可疑值在一组测定值中不是最大(x_n)就是最小(x_1),其 Q 值的计算方法是用可疑值与最邻近数据之差除以极差(最大值与最小值之差,$x_n - x_1$)即:

$$Q = \frac{x_n - x_{n-1}}{x_n - x_1} \quad 或 \quad Q = \frac{x_2 - x_1}{x_n - x_1}$$

(3) 根据测量次数 n 和置信度查 Q 值表(见表3-4),得 $Q_表$。如果 $Q > Q_表$,则舍去可疑值;反之,则应予保留。

表 3-4   Q 值表

测量次数 n	3	4	5	6	7	8	9	10
$Q_{0.90}$	0.94	0.76	0.64	0.56	0.51	0.47	0.44	0.41
$Q_{0.95}$	0.97	0.84	0.73	0.64	0.59	0.54	0.51	0.48
$Q_{0.99}$	0.99	0.93	0.82	0.74	0.68	0.63	0.60	0.57

表中,$Q_{0.90}$、$Q_{0.95}$ 和 $Q_{0.95}$ 分别表示置信度为 90%、95% 和 99% 时的 Q 值。

例如,有一组平行测定的数据如下:22.42%、22.51%、22.55%、22.68%、22.54%、22.52%、22.53%、22.52%。试用 Q 检验法判断,置信度 90% 时是否有可疑值要舍去。

首先,先按递增顺序排列:

22.42%、22.51%、22.52%、22.52%、22.53%、22.54%、22.55%、22.68%。

如果没有指定可疑值,一般需要检验最大值和最小值。先检验与平均值相差较大的那个,计算最大值 22.68% 的 Q 值:

$$Q = \frac{22.68\% - 22.55\%}{22.68\% - 22.42\%} = 0.5$$

查表：$n=8$ 时，$Q_{0.90}=0.47$，显然 $Q>Q_{表}$，22.68% 应该舍去。

再检验最小值，由于 22.68% 已经舍去，此时的最大值为 22.55%。

$$Q = \frac{22.51\% - 22.42\%}{22.55\% - 22.42\%} = 0.69$$

查表：$n=7$ 时，$Q_{0.90}=0.51$，显然 $Q>Q_{表}$，22.42% 应该舍去。

再检验新的最大值 22.55%，算得其 $Q=0.25$，而 $n=6$ 时 $Q_{0.90}=0.56$，$Q<Q_{表}$，所以 22.55% 应予保留。检验最小值 22.51%，算得其 $Q=0.25$，$Q<Q_{表}$，所以 22.51% 应予保留。

通过检验，这组数据要舍去 22.68% 和 22.42% 两个数据。

分析实验结果时，应该先对数据进行检验，看是否有可疑值要舍弃，然后再进行相关的数据处理，如计算平均值、标准偏差等。

2. 有效数字运算规则

(1) 几个数据相加减，和或差只保留一位可疑数字。

例如：0.023 <u>1</u>+35.7<u>4</u>+2.063 <u>7</u>2=37.8<u>2682</u>，(画线部分为可疑数字)

计算结果保留这么多位可疑数字完全没有必要，结果应为 37.8<u>3</u>。

所以说，加减法的有效数字的保留，应根据原始数据中小数点后位数最少的数(即绝对误差最大的那个数)确定。

(2) 几个数据的乘除运算，积或商的有效数字位数根据原始数据中有效数字位数最少(即相对误差最大)的数确定。

例如：0.023×35.74=0.822 02→0.82

(3) 在计算过程中，可以先计算，后修约。如果先对原始数据进行修约，为避免修约造成误差的积累，可多保留一位有效数字进行计算，最后将计算结果按修约规则进行修约。

(4) 乘除法运算时，如果遇到第一位数字是大于或等于 8 的大数，有效数字可多算一位。

例如：计算 0.083 3×54.28×621.34=? 时，式中 0.083 3 的第一位数字为 8,8(一位有效数字)与 10(两位有效数字)接近，故 0.083 3 可视为四位有效数字，计算结果应为四位有效数字。

(5) 乘方或开方时，结果有效数字位数不变。

例如：$3.12^2 = 9.73$

(6) 如果在计算过程中遇到倍数、分数关系，因为这些倍数、分数并非测量所得，不必考虑其有效数字的位数，或视为无限多位有效数字。

(7) 对数的有效数字的位数应与真数的有效位数相等。

(8) 计算误差或偏差时，有效数字取一位即可，最多两位。

3. 实验数据的表达

(1) 列表法

将实验数据列成表格，可以清晰地表示变量间的数量关系，化繁为简，让人一目了然，是数据处理中最简单、最常用的方法。列表可以方便地对获得的实验结果进行比较,找出实验结果的规律性。设计数据表格,总的原则是简单明了,还要注意以下几个问题:

① 表格要有序号和名称,使人一见便知其内容,例如,表 3-5 为水在不同温度下的饱和蒸气压。

表 3-5　水在不同温度下的饱和蒸气压

温度		饱和蒸气压	
$t/℃$	T/K	$p(H_2O)/kPa$	$p(H_2O)/mmHg$
0		0.611 29	
1		0.657 16	
2		0.706 05	
3		0.758 13	
4		0.813 59	

② 表格中,一般先列自变量,再列因变量,变量可根据需要安排在表格的顶端或表格最左侧,称为"表头",表头包括变量名称及量的单位,两者以相除的形式表示,因为物理量本身有单位,除以它的单位,即等于表中的纯数字。可以将原始数据和处理结果列在同一个表中,在表格下面列出算式或计算过程。

③ 表格中,数字要排列整齐,同一列数据的小数点要对齐,数据按自变量递增或递减的次序排列。如果数据特大或特小,且各数据的数量级相同时,可将 10 的指数写在表头中量的名称旁边或单位旁边,以与物理量符号相乘的形式表示。

(2) 作图法

作图法就是将实验数据之间的关系或其变化情况用图线直观地表示出来,是实验中最常用的数据处理方法。作图法能够形象直观地反映物理量之间的规律和关系,形象地表达出数据的特点,如极大值、极小值、拐点等,并可进一步用图解求积分、微分、外推、内插值。作图应注意如下几点:

① 每一张图都要有序号和名称。

② 作图要用正规坐标纸,化学实验中一般用直角坐标纸,只有三组分相图使用三角坐标纸。

③ 在直角坐标中,通常以自变量作横坐标(x 轴),因变量作纵坐标(y 轴)。坐标轴确定后,用粗实线在坐标纸上描出坐标轴,并注明坐标轴所代表物理量的符号和单位,符号和单位以两者相除的形式表示。

坐标的比例和分度应与实验测量的精度相同,坐标轴上的最小分度(1 mm)对应于实验数据的最后一位准确数字。坐标比例确定后,在坐标轴上均匀地标出所代表物理量的整齐数值,横坐标和纵坐标的原点不一定从零开始,可以用略小于实验数据最小值的数值作为坐标轴的起始点,略大于实验数据最大值的数值作为终点,这样图纸可以被充分利用。坐标轴的标度应该用有效数字表示。坐标纸每小格所对应的数值应该能够方便计算,一般多采用 1、2、5 或 10 的倍数。如果数据特大或特小，且各数据的数量级相同时，可以用 10 的指数表示，以相乘的形式写在变量旁。

④ 用铅笔描实验数据点时，可用"○""△""□""×"等符号表示，将其准确地标在位置上，若在同一张图上作几条实验曲线，可以用不同的符号描点，以示区别。

实验数据点不要过分集中于某一区域，应该尽量分散、匀称地分布在全图，图形的长、宽比例要适当，力求表现出极大值、极小值、转折点等曲线的特殊性质。

⑤ 由实验数据点描绘出的曲线或直线，应该尽可能接近或贯穿所有的点，对于不能通过的点，根据随机误差理论，实验数据应均匀分布在曲线两侧，与曲线的距离尽可能小，并使两边点的数目和点离线的距离大致相等，这样描出的线才能较好地反映出实验测量的总体情况。作曲线要用曲线板等拟合，描出的曲线应平滑均匀。

仪器仪表的校准曲线和定标曲线，连接时应将相邻的两点连成直线，整个曲线呈折线形状。

4. 实验数据方程拟合的处理

物理化学实验涉及热力学、动力学、电化学、表面化学、胶体化学和结构化学等方面，实验原理各不相同，会得到各种类型的实验数据。根据这些数据，如何找到其变化规律，继而得到可靠的结论呢？首先必须对实验数据进行必要的整理和科学的分析。用数学方程式表达实验数据，不但方式简单精练，而且便于进一步求解，例如积分、微分、内插等。

通常先找出变量之间的函数关系，然后找出其直线关系，进一步求出直线方程的斜率 k 和截距 b，写出直线方程。或者将变量之间的关系直接写成多项式，通过计算机进行曲线拟合，求出方程系数。

（1）直线方程

求直线方程系数一般有三种方法：

① 图解法

将实验数据处理后，在坐标纸上作图，得一直线，设直线方程为 $y = kx + b$。

在直线上紧靠实验数据两个端点的内侧取两点 $A(x_1, y_1)$、$B(x_2, y_2)$，为使求得的斜率值更准确，所选的两点距离不要太近，最好不要直接使用原始测量数据点计算斜率和截距。

则斜率 k 和截距 b 分别为：

$$k = \frac{y_2 - y_1}{x_2 - x_1} \qquad b = y_1 - kx_1$$

② 平均法

若将测得的 n 组数据分别代入直线方程式，则得 n 个直线方程：

$$y_1 = kx_1 + b$$
$$y_2 = kx_2 + b$$
$$\vdots$$
$$y_n = kx_n + b$$

将这些方程分成两组，分别将各组的 x、y 值累加起来，得到两个方程：

$$\sum_{i=1}^{k} y_i = k \sum_{i=1}^{k} x_i + kb$$

$$\sum_{i=k+1}^{n} y_i = k \sum_{i=k+1}^{n} x_i + (n-k)b$$

解此联立方程,可得 k、b 值。

③ 最小二乘法

最小二乘法通过将误差的平方和最小化来寻找数据的最佳函数匹配,得到直线方程。这里的误差是指所有实验数据点与计算得到的直线之间的偏差,最小二乘法是一种数学优化技术,是比较精确的一种方法。

下面,我们讨论最简单的一种情况,若实验测量得到一组数据是 x_i、y_i($i = 1, 2, \cdots, n$),线性方程 $y = kx + b$。

若每个测量值精度相等,且假定 x 和 y 值中只有 y 有明显的测量随机误差。如果 x 和 y 均有误差,只要把误差相对较小的变量作为 x 即可。y 的测量偏差记为 E_1,E_2,$\cdots$,E_n,如图 3-3 所示。

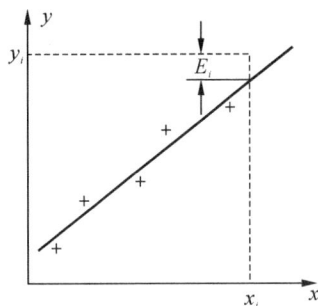

图 3-3 y_i 的测量偏差

将实验数据 (x_i, y_i) 代入方程 $y = kx + b$,可得:

$$y_1 - (kx_1 + b) = E_1$$
$$y_2 - (kx_2 + b) = E_2$$
$$\vdots$$
$$y_n - (kx_n + b) = E_n$$

利用上述方程组如何确定 k 和 b 值呢?显然,使 E_1,E_2,$\cdots$,E_n 的数值都比较小的 k 和 b 值比较合理。但是,每次测量的误差不一定相等,E_1,E_2,$\cdots$,E_n 大小不一,符号也不一定相同。所以只能要求总的偏差最小(最小二乘法),即 $\sum_{i=1}^{n} E_i^2 \rightarrow \min$。

令 $$S = \sum_{i=1}^{n} E_i^2 = \sum_{i=1}^{n} (y_i - kx_i - b)^2$$

S 最小的条件是 $\dfrac{\partial S}{\partial k} = 0$,$\dfrac{\partial S}{\partial b} = 0$,$\dfrac{\partial^2 S}{\partial k^2} > 0$,$\dfrac{\partial^2 S}{\partial b^2} > 0$,据此解得:

$$k = \frac{\sum_{i=1}^{n} x_i \sum_{i=1}^{n} y_i - n \sum_{i=1}^{n} (x_i y_i)}{\left(\sum_{i=1}^{n} x_i\right)^2 - n \sum_{i=1}^{n} x_i^2} \qquad b = \frac{\sum_{i=1}^{n} x_i \sum_{i=1}^{n} (x_i y_i) - \sum_{i=1}^{n} x_i^2 \sum_{i=1}^{n} y_i}{\left(\sum_{i=1}^{n} x_i\right)^2 - n \sum_{i=1}^{n} x_i^2}$$

令 $$\bar{x} = \frac{1}{n} \sum_{i=1}^{n} x_i, \quad \bar{y} = \frac{1}{n} \sum_{i=1}^{n} y_i, \quad \overline{x^2} = \frac{1}{n} \sum_{i=1}^{n} x_i^2, \quad \overline{xy} = \frac{1}{n} \sum_{i=1}^{n} (x_i y_i)$$

所以, $$b = \bar{y} - k\bar{x} \qquad k = \frac{\bar{x} \cdot \bar{y} - \overline{xy}}{(\bar{x})^2 - \overline{x^2}}$$

如果实验是在已知 y 和 x 满足线性关系下进行的,那么用上述最小二乘法线性拟合,(又称一元线性回归),可解得斜率 k 和截距 b,从而得出回归方程,由此得出的 y 值称为最佳值。

利用最小二乘法可以简便地求得未知的数据,并使得这些求得的数据与实际数据之间误差的平方和为最小。最小二乘法还可用于曲线拟合。其他一些优化问题也可通过最小化能量或最大化熵用最小二乘法来表达。

（2）曲线方程——计算机拟合

遇到比较复杂的实验数据,难于直接从数据中找到有用的化学信息,可以运用化学、数学分析软件帮助我们处理数据。用于图形处理的软件非常多,例如 Excel、Origin 等软件。

以 Origin 软件为例,它有强大的数据处理和图形化功能,可以对实验数据进行常规处理和一般的统计分析,如计数、排序、求平均值和标准偏差、t 检验、快速傅里叶变换、比较两列均值的差异、进行回归分析等。另外,还可用数据作图,用图形显示不同数据之间的关系,用多种函数拟合曲线等等,已被化学工作者广泛应用。关于 Origin 等图形处理软件的使用,需要的读者可自行学习,这里就不再赘述了。

第四章　常用仪器的使用

第一节　加热、干燥仪器及其使用

一、加热用仪器

在实验室中加热常用酒精灯、酒精喷灯、煤气灯、电炉、电热板、电热套、红外灯等。见图 4-1。

（1）酒精灯：提供的温度不高。酒精易燃，使用时要特别注意安全。必须用火柴点燃，绝不能用另一燃着的酒精灯来点燃，否则会把酒精洒在外面而引起火灾或烧伤。不用时将灯罩罩上，火焰即熄灭，不能用嘴吹灭。酒精灯温度通常可达 400～500 ℃。

（2）酒精喷灯：使用前，先在预热盆上注入酒精至满，然后点燃盆内的酒精，以加热铜质灯管。待盆内的酒精将燃完时，开启开关，这时酒精在灼热燃管内汽化，并与来自气孔的空气混合，用火柴在管口点燃，温度可达 700～1 000 ℃。调节开关螺丝，可以控制火焰的大小。用毕，向右旋紧开关，可使灯焰熄灭。应该注意，在开启开关、点燃以前，灯管必须充分灼烧，否则酒精在灯管内不会全部汽化，会有液态酒精由管口喷出，形成"火雨"，甚至会引起火灾。不用时，必须关好储罐的开关，以免酒精漏失，造成危险。

（3）煤气灯：实验室中如果备有煤气，在加热操作中，可用煤气灯。使用方法如下：

① 煤气由导管输送到实验台上，用橡皮管将煤气龙头和煤气灯相连。

② 煤气的点燃：旋紧金属灯管，关闭空气入口，点燃火柴，打开煤气开关，将煤气点燃，观察火焰的颜色。

③ 调节火焰：旋紧金属管，调节空气进入量，观察火焰颜色的变化，待火焰分为三层时，即得正常火焰。当煤气完全燃烧时，生成不发光亮的无色火焰，可以得到最大的热量。如果点燃煤气时，空气入口开得太大，进入的空气太多，就会产生"侵入火焰"。此时煤气在管内燃烧，发出"嘘嘘"的响声，火焰的颜色变绿色，灯管被烧得很热。发生这种现象时，应该关上煤气，待灯管冷却后，再关小空气入口，重新点燃。煤气量的大小一般可由煤气龙头来调节，也可用煤气灯下的螺丝来调节。

④ 关闭煤气灯：往里旋转螺旋形针阀，关闭煤气灯开关，火焰即灭。

（4）电炉：根据发热量不同有不同规格，如 800 W、1 000 W 等。使用时注意以下几点：

① 电源电压与电炉电压要相符。

② 加热容器与电炉间要放一块石棉网，以使加热均匀。

③ 耐火炉盘的凹渠要保持清洁，及时清除烧灼焦煳的杂物，以保证炉丝传热良好，延长使用寿命。

酒精灯   酒精喷灯

煤气灯   灯的正常火焰温度分布

图 4-1　常用加热灯具

（5）电热板、电热套：电炉做成封闭式称为电热板。由控制开关和外接调压变压器调节加热温度。电热板升温速度较慢，且受热是平面的，不适合加热圆底容器，多用作水浴和油浴的热源，也常用于加热烧杯、锥形瓶等平底容器。电热套（包）是专为加热圆底容器而设计的，使用时应根据圆底容器的大小选用合适的型号。电热套相当于一个均匀加热的空气浴。为有效地保温，可在包口和容器间用玻璃布围住。

（6）红外灯：红外灯用于低沸点易燃液体的加热。使用时，受热容器应正对灯面，中间留有空隙，再用玻璃布或铝箔将容器和灯泡松松包住，既保温又可防止灯光刺激眼睛，并能保护红外灯不被溅上冷水或其他液滴。

二、干燥用仪器

（1）干燥箱（烘箱）：用于烘干玻璃仪器和固体试剂。工作温度从室温起至最高温度。在此温度范围内可任意选择，借助自动控制系统使温度恒定。箱内装有鼓风机，促使箱内空气对流，温度均匀。工作室内设有两层网状搁板以放置被干燥物（图 4-2）。使用时应注意：

① 洗净的仪器尽量把水沥干后放入，并使口朝下，烘箱底部放有搪瓷盘承接从仪器上滴下的水，使水不能滴到电热丝上。升温时应定时检查烘箱的自动控温系统，如若自动控温系统失效，会造成箱内温度过高，导致水银温度计炸裂。

② 易燃、易挥发物不能放进烘箱，以免发生爆炸。

（2）电吹风：用于局部加热，快速干燥仪器。

图 4-2　电热干燥箱

三、灼烧用仪器

灼烧除用电炉外，还常用高温炉。高温炉是利用电热丝或硅碳棒加热，用电热丝加热的高温炉的最高使用温度为 950 ℃,用硅碳棒加热的高温炉温度高达 1 300～1 500 ℃。高温炉根据形状分为箱式和管式,箱式高温炉又称马弗炉。高温炉的炉温由高温计测量,它由一对热电偶和一只毫伏表组成。使用时应注意:

① 查看高温炉所接电源电压是否与电炉所需电压相符,热电偶是否与测量温度相符,热电偶正负极是否接反。

② 调节温度控制器的定温调节使定温指针指示所需温度处。打开电源开关升温,当温度升至所需温度时即能恒温。

③ 灼烧完毕,先关电源,不要立即打开炉门,以免炉膛骤冷碎裂。一般当温度降至 200 ℃ 以下时方可打开炉门。用坩埚钳取出样品。

④ 高温炉应放置在水泥台上,不可放置在木质桌面上,以免引起火灾。

⑤ 炉膛内应保持清洁,炉的周围不要放置易燃物品,也不可放精密仪器。

第二节 台秤、天平及其使用

一、台秤

在实验中,由于对质量的准确度要求不同,可选用不同类型的称量仪器进行称量。常用的有台秤(见图 4-3)、分析天平等。台秤的准确度只能达到 0.1 g 或 0.01 g,而分析天平的准确度可达到 0.000 1 g。

1—标尺;2—指针;3—游码;4—刻度尺;
5—托盘;6—平衡调节螺丝。

图 4-3 台秤

在称量前,首先检查台秤的指针是否停在刻度盘的中间位置,如果指针不在中间,可调节托盘下面的平衡调节螺丝,使指针停在中间的位置,称之为“零点”。称量重物时,左盘放置被称量的物品,右盘放砝码。5 g 以上的砝码放在砝码盒内,5 g 以下的砝码通过移动(或旋转)游码来添加。砝码添加到台秤两边平衡,即指针停在中间的位置上为止。此时砝码和游码所示的质量就是被称量物品的质量。

称量时必须注意以下几点:

(1) 台秤不能称量热的物体。

(2) 称量物品不能直接放在托盘上,视情况决定称量物品放在纸上、表面皿上或放在玻璃容器内。

(3) 砝码只能放在砝码盒内或干净的台秤托盘上,不能放在其他地方。

(4) 称量完毕,记录数据,放回砝码,使台秤各部分恢复原状。

(5) 保持台秤的整洁,托盘上有污物时应立即清除。

二、电子天平

电子天平是新一代的天平,它是利用电子装置完成电磁力补偿的调节,使物体在重力场中实现力的平衡,或通过电磁力矩的调节,使物体在重力场中实现力矩的平衡。电子天平最基本的功能是自动调零、自动校准、自动扣除空白和自动显示称量结果。

1. 基本结构

电子天平的结构设计一直在不断改进和提高,向着功能多、平衡快、体积小、重量轻和操作简便的趋势发展。但就其基本结构和称量原理而言,各种型号的都差不多。图 4-4 是 AY220 型电子分析天平。

2. AY220 型电子天平的使用方法

一般情况下,只使用开/关键(POWER/BRK)、除皮/调零键(TARE)和校准/调整键。使用时的操作步骤如下:

(1) 在使用前观察水平仪是否水平,如果没有水平,需调整水平调节脚。扫、擦净天平秤盘和底盘。

(2) 接通电源,预热 60 min 后方可开启显示器。

图 4-4 AY220 型电子分析天平

(3) 轻按 POWER/BRK 键,如果显示不正好是 0.000 0 g,则需按一下除皮/调零键(TARE)。

(4) 将容器(或被称量物)轻轻放在秤盘上,待显示数字稳定并出现质量单位"g"后,即可读数,并记录称量结果。若需清零、去皮重,轻按除皮/调零键(TARE),显示 0.000 0 g,随即出现全零状态,容器质量显示值已去除,即为去皮重。可继续在容器中加入药品进行称量,显示出的是药品的质量。当拿走称量物后,就出现容器质量的负值。

(5) 称量完毕,取下被称物,按一下开/关键(POWER/BRK)(如不久还要称量,可不拔掉电源),让天平处于待命状态。再次称量时按一下开/关键(POWER/BRK)即可。最后使用完毕,应拔下电源插头,盖上防尘罩。

三、天平的称量方法

常用的称量方式有增量法和减量法。

(1) 增量法(直接称量法):此法主要用于称取不易吸水、在空气中性质稳定的物质,如金属、矿石等。

(2) 减量法(又称差减法):减量法用于称取容易吸水、氧化或与二氧化碳反应的粉状物质。步骤如下:将适量试样装入洁净干燥的称量瓶,在分析天平上称得其准确质量 m_1,然后取出称量瓶,从称量瓶中小心倾出试样于一洁净干燥的容器中(按图 4-5、图 4-6 所示,将称量瓶放在容器的上方,使其倾斜,用称量瓶盖轻轻敲瓶口上部,使试样慢慢落入容器中,当倾出的试样已接近所需要的质量时,慢慢地将称量瓶拿起,用称量瓶盖轻敲瓶口,使黏附在瓶口的试样落下),然后盖好瓶盖,将称量瓶放回天平盘上。称出质量 m_2,计算称出的质量 m,$m = m_1 - m_2$。

如果是采用电子天平称量,轻按开关键使天平处于称量状态,则只要将装有试样的称量瓶放在秤盘上,按除皮/调零键去皮后,再按上述的步骤进行,倾出的试样质量 m 直接以负值显示在电子天平的屏幕上。要求1～3次倾出所需的质量。减量法操作时要戴好细纱手套取放称量瓶,也可用一纸带套在称量瓶上,如图 4-5、图 4-6 所示,严禁直接用手抓取,倾出试样时不能把试样撒在容器外。

图 4-5　称量瓶拿法

图 4-6　从瓶中倾出样品

无论使用哪类天平(包括台秤)均不得将湿的容器直接放入秤盘称量,如果不慎将试样撒落在天平内,应及时清除,可用毛刷刷净,必要时要用干净的软布擦洗称量盘及天平内台面。

第五章　有机化学实验的基本知识

第一节　有机化学实验常用的仪器和装置

了解有机化学实验中所用仪器的性能、选用适合的仪器并正确地使用所用仪器是对每一个实验者最基本的要求。

一、有机化学实验常用的玻璃仪器

玻璃仪器一般是由软质或硬质玻璃制作而成的。软质玻璃耐温、耐腐蚀性较差,但是价格便宜。因此,一般用它制作的仪器均不耐温,如普通漏斗、量筒、吸滤瓶、干燥器等。硬质玻璃具有较好的耐温和耐腐蚀性,制成的仪器可在温度变化较大的情况下使用,如烧瓶、烧杯、冷凝管等。

玻璃仪器一般分为普通和标准磨口两种。在实验室常用的普通玻璃仪器有非磨口锥形瓶、烧杯、布氏漏斗、吸滤瓶、普通漏斗等,见图 5-1(a)。常用标准磨口仪器有磨口锥形瓶、圆底烧瓶、三颈烧瓶、蒸馏头、冷凝管、接收管等,见图 5-1(b)。

锥形瓶　　　　　　烧杯　　　　布氏漏斗　　吸滤瓶

量筒　　　　　　漏斗

图 5-1(a)　常用普通玻璃仪器

图 5-1(b) 中各仪器编号为 (1)~(23)。

1—圆底烧瓶；2—三口烧瓶；3—磨口锥形瓶；4—磨口玻璃塞；5—U 形干燥管；6—弯头；7—蒸馏头；
8—标准接头；9—克氏蒸馏头；10—真空接收管；11—弯形接收管；12—分水器；13—恒压漏斗；
14—滴液漏斗；15—梨形分液漏斗；16—球形分液漏斗；17—直形冷凝管；18—空气冷凝管；
19—球形冷凝管；20—蛇形冷凝管；21—分馏柱；22—刺形分馏头；23—索氏(Soxhlet)提取器。

图 5-1(b)　常用标准磨口玻璃仪器

　　标准磨口玻璃仪器是具有标准磨口或磨塞的玻璃仪器。由于口塞尺寸的标准化、系统化，磨砂密合，凡属于同类规格的接口，均可任意互换，各部件能组装成各种配套仪器。当不同类型规格的部件无法直接组装时，可使用变接头使之连接起来。使用标准磨口玻璃仪器既可免去配塞子的麻烦手续,又能避免反应物或产物被塞子沾污的危险。口塞磨砂性能良好,使密合性可达较高真空度,对蒸馏尤其减压蒸馏有利,对于毒物或挥发性液体的实验较为安全。

标准磨口玻璃仪器均按国际通用的技术标准制造。当某个部件损坏时,可以选购新的替换。

标准磨口仪器的每个部件在其口、塞的上或下显著部位均具有烤印的白色标志,表明规格。常用的有 10、12、14、16、19、24、29、34、40 等。

表 5-1 是标准磨口玻璃仪器的编号与大端直径。

表 5-1   标准磨口玻璃仪器的编号与大端直径

编　　号	10	12	14	16	19	24	29	34	40
大端直径/mm	10	12.5	14.5	16	18.8	24	29.2	34.5	40

有的标准磨口玻璃仪器有两个数字,如 10/30,10 表示磨口大端的直径为 10 mm,30 表示磨口的高度为 30 mm。

学生使用的常量仪器一般是 19 号的磨口仪器,半微量实验中采用的是 14 号的磨口仪器。使用磨口仪器时应注意以下几点:

(1) 使用时,应轻拿轻放。

(2) 不能用明火直接加热玻璃仪器(试管除外),加热时应垫石棉网。

(3) 不能用高温加热不耐热的玻璃仪器,如吸滤瓶、普通漏斗、量筒。

(4) 玻璃仪器使用完后应及时清洗,特别是标准磨口仪器放置时间太久,容易黏结在一起,很难拆开。如果发生此情况,可用热水煮黏结处或用电吹风吹磨口处,使其膨胀而脱落,还可用木槌轻轻敲打黏结处。

(5) 带旋塞或具塞的仪器清洗后,应在塞子和磨口的接触处夹放纸片或抹凡士林,以防黏结。

(6) 标准磨口仪器磨口处要干净,不得粘有固体物质。清洗时,应避免用去污粉擦洗磨口。否则,会使磨口连接不紧密,甚至会损坏磨口。

(7) 安装仪器时,应做到横平竖直,磨口连接处不应受歪斜的应力,以免仪器破裂。

(8) 一般使用时,磨口处无须涂润滑剂,以免粘有反应物或产物。但是反应中使用强碱时,则要涂润滑剂,以免磨口连接处因碱腐蚀而黏结在一起,无法拆开。减压蒸馏时,应在磨口连接处涂润滑剂,保证装置密封性好。

(9) 使用温度计时,应注意不要用冷水冲洗热的温度计,以免炸裂,尤其是水银球部位,应冷却至室温后再冲洗。不能用温度计搅拌液体或固体物质,以免损坏后,因为有汞或其他有机液体而不好处理。

二、有机化学实验常用装置

有机化学实验中常见的实验装置如图 5-2 至图 5-12 所示。

图 5-2　减压过滤装置　　　　图 5-3　气体吸收装置　　　　图 5-4　温度计及套管

图 5-5　简单回流装置　　图 5-6　带干燥管的回流装置　　图 5-7　带气体吸收装置的回流装置

图 5-8　带分水器的回流装置　　　　图 5-9　带有滴加装置的回流装置

图 5-10 普通蒸馏装置

图 5-11 带干燥装置的蒸馏装置

图 5-12 简单分馏装置

三、仪器的选择、装配与拆卸

有机化学实验的各种反应装置都是由一件件玻璃仪器组装而成的,实验中应根据实验要求选择合适的仪器。一般选择仪器的原则如下:

(1) 烧瓶的选择。根据液体的体积而定,一般液体的体积应占容器体积的 1/3~1/2。进行水蒸气蒸馏和减压蒸馏时,液体体积不应超过烧瓶容积的 1/3。

(2) 冷凝管的选择。一般情况下回流用球形冷凝管,蒸馏用直形冷凝管。但是当蒸馏温度超过 140 ℃时应改用空气冷凝管,以防温差较大时,由于仪器受热不均匀而造成冷凝管破裂。

(3) 温度计的选择。实验室一般备有 150 ℃和 300 ℃两种温度计,根据所测温度可选用不同的温度计。一般选用的温度计要高于被测温度 10~20 ℃。

有机化学实验中仪器装配的正确与否与实验的成败有很大关系。

首先,在装配一套装置时,所选用的玻璃仪器和配件都要是干净的。否则,往往会影响产物的产量和质量。

其次,所选用的器材要恰当。例如,在需要加热的实验中,如需选用圆底烧瓶时,应选用质量好的,其容积大小应使所盛反应物占其容积的 1/2 左右为好,最多也应不超过 2/3。

最后,安装仪器时,应选好主要仪器的位置,要先下后上,先左后右,逐个将仪器边固定边组装。拆卸的顺序则与组装相反。拆卸前,应先停止加热,移走加热源,待稍微冷却后,先取下产物,然后再逐个拆掉。拆冷凝管时注意不要将水洒到电热套上。

总之,仪器装配要求做到严密、正确、整齐和稳妥。在常压下进行反应的装置,应与大气相通,防止密闭。铁夹的双钳内侧贴有橡皮或绒布,或缠上石棉绳、布条等。否则,容易将仪器损坏。

使用玻璃仪器时,最基本的原则是,切勿对玻璃仪器的任何部分施加过度的压力或使其扭歪。实验装置若安装得马虎,不仅看起来别扭,还可能埋下安全隐患。因为一旦玻璃被扭歪,受热时容易破裂,有时甚至静置时也可能崩裂。

四、常用玻璃器皿的洗涤和干燥

(一)玻璃器皿的洗涤

进行化学实验必须使用清洁的玻璃仪器。

实验用过的玻璃器皿必须立即洗涤,应该养成习惯。由于污垢的性质在当时是清楚的,用适当的方法进行洗涤是容易办到的。若时间长了,会增加洗涤的困难。

洗涤的一般方法是用水、洗衣粉、去污粉刷洗。刷子是特制的,如瓶刷、烧杯刷、冷凝管刷等,但用腐蚀性洗液时则不用刷子。若难于洗净时,则可根据污垢的性质选用适当的洗液进行洗涤。如果是酸性(或碱性)的污垢用碱性(或酸性)洗液洗涤,有机污垢用碱液或有机溶剂洗涤。下面介绍几种常用洗液。

1. 铬酸洗液

这种洗液氧化性很强,对有机污垢破坏力很强。倾去器皿内的水,慢慢倒入洗液,转动器皿,使洗液充分浸润不干净的器壁,数分钟后把洗液倒回洗液瓶中,用自来水冲洗。若壁上粘有少量炭化残渣,可加入少量洗液,浸泡一段时间后在小火上加热,直至冒出气泡,炭化残渣可被除去。但当洗液颜色变绿,表示洗液失效,应该弃去,不能倒回洗液瓶中。

2. 盐酸

用浓盐酸可以洗去附着在器壁上的二氧化锰或碳酸钙等残渣。

3. 碱液和合成洗涤剂

配成浓溶液即可。用以洗涤油脂和一些有机物(如有机酸)。

4. 有机溶剂洗涤液

当胶状或焦油状的有机污垢用上述方法不能洗去时,可选用丙酮、乙醚、苯浸泡,要加盖以免溶剂挥发,或用 NaOH 的乙醇溶液亦可。用有机溶剂作洗涤剂,使用后可回收重复使用。

若用于精制或有机分析用的器皿,除用上述方法处理外,还须用蒸馏水冲洗。

器皿是否清洁的标志是:加水倒置,水顺着器壁流下,内壁被水均匀润湿,有一层既薄又均匀的水膜,不挂水珠。

(二)玻璃仪器的干燥

有机化学实验经常要使用干燥的玻璃仪器,故要养成在每次实验后马上把玻璃仪器洗净和倒置使之干燥的习惯,以便下次实验时使用。干燥玻璃仪器的方法有下列几种:

1. 自然风干

自然风干是指把已洗净的仪器放在干燥架上自然风干,这是常用和简单的方法。但必须注意,若玻璃仪器洗得不够干净时,水珠便不易流下,干燥就会较为缓慢。

2. 烘干

把玻璃器皿按从上层往下层顺序放入烘箱烘干,放入烘箱中干燥的玻璃仪器一般要求不带水珠,器皿口朝下。带有磨砂口玻璃塞的仪器,必须取出活塞后才能烘干。烘箱内的温度保持在 $100\sim105\ ℃$ 约 $0.5\ h$,待烘箱内的温度降至室温时才能取出。切不可把很热的玻璃仪器取出,以免破裂。当烘箱已工作时则不能往上层放入湿的器皿,以免水滴下落,使热的器皿骤冷而破裂。

3. 吹干

有时仪器洗涤后需立即使用,可使用吹干方法,即用气流干燥器或电吹风把仪器吹干。首先将水尽量沥干后,加入少量丙酮或乙醇摇洗并倾出,先通入冷风吹 $1\sim2\ min$,待大部分溶剂挥发后,吹入热风至完全干燥为止,最后吹入冷风使仪器逐渐冷却。

五、常用仪器的保养

有机化学实验中常用的各种玻璃仪器的性能是不同的,必须掌握它们的性能、保养和洗涤方法,才能正确使用,保证实验效果,避免不必要的损失。下面介绍几种常用的玻璃仪器的保养和清洗方法:

1. 温度计

温度计水银球部位的玻璃很薄,容易破损,使用时要特别小心。一不能用温度计当搅拌棒使用;二不能测定超过温度计的最高刻度的温度;三不能把温度计长时间放在高温的溶剂中。否则,会使水银球变形,读数不准。

温度计用后要让它慢慢冷却,特别在测量高温之后,切不可立即用水冲洗。否则可能会破裂或水银柱断裂。应将温度计悬挂在铁架台上,待冷却后把它洗净抹干,放回温度计盒内,盒底要垫上一小块棉花。如果是纸盒,放回温度计时要检查盒底是否完好。

2. 冷凝管

冷凝管通水后很重,所以安装冷凝管时应将夹子夹在冷凝管的重心的位置,以免翻倒。洗刷冷凝管时要用特制的长毛刷,如用洗涤液或有机溶液洗涤时,则用软木塞塞住一端。不用时,应直立放置,使之易干。

3. 分液漏斗

分液漏斗的活塞和盖子都是磨砂口的,若非原配的,就可能不严密,所以,使用时要注意保护它。各个分液漏斗之间也不要相互调换活塞,用后一定要在活塞和盖子的磨砂口间垫上纸片,以免时间长了以后难以打开。

4. 砂芯漏斗

砂芯漏斗在使用后应立即用水冲洗,不然难以洗净。滤板不太稠密的漏斗可用较大的水流冲洗,如果是较稠密的,则用抽滤的方法冲洗。必要时用有机溶剂洗涤。

第二节　有机化学反应的实施方法

一、加热方法

某些化学反应在室温下难以进行或进行得很慢。为了加快反应速度，要采用加热的方法。温度升高，反应速度加快，一般温度每升高 10 ℃，反应速度增加 1 倍。

有机实验常用的热源是电热套或煤气灯。直接用火焰加热的玻璃器皿很少被采用，因为玻璃对于剧烈的温度变化和这种不均匀的加热是不稳定的。由于局部过热，可能引起有机化合物的部分分解。此外，从安全的角度来看，因为许多有机化合物能燃烧甚至爆炸，应该避免用火焰直接接触被加热的物质。可根据物料及反应特性采用适当的间接加热方法。最简单的方法是通过石棉网用明火电炉加热，这样烧杯(瓶)受热面扩大，且受热较均匀。用火焰加热时，火焰要对准石棉块，以免铁丝网被烧断，或局部温度过高。

间接加热法是有机化学实验中最常用的加热方法，可以避免直接加热带来的问题。加热时，可根据液体的沸点、有机化学物的特征和反应要求选用适当的加热方法。下面介绍几种间接加热方法。

1. 水浴

当所加热温度在 100 ℃ 以下时，可将容器浸入水浴中，使用水浴加热。但是当用到金属钾或钠的操作时，绝不能在水浴上进行。使用水浴时，热浴液面应略高于容器中的液面，勿使容器底触及水浴锅底。控制温度稳定在所需范围内。若长时间加热，水浴中的水会汽化蒸发，要适当添加热水，或者在水面上加几片石蜡，石蜡受热熔化后铺在水面上，可减少水的蒸发。

电热多孔恒温水浴用起来较为方便。

如果加热温度稍高于 100 ℃，则可选用适当的无机盐类的饱和溶液作为热浴液，它们的沸点列于表 5-2 中。

表 5-2　某些无机盐的饱和溶液作热浴液时的沸点

盐　类	饱和水溶液的沸点/ ℃
NaCl	109
$MgSO_4$	108
KNO_3	116
$CaCl_2$	180

2. 油浴

加热温度在 100～250 ℃ 之间可用油浴，也常用电热套加热。

油浴所能达到的最高温度取决于所用油的种类。

(1) 甘油可以加热到 140～150 ℃，温度过高时则会分解。甘油吸水性强，放置过久的甘油使用前应首先加热蒸去所吸的水分，之后再用于油浴。

（2）甘油和邻苯二甲酸二丁酯的混合液适用于加热到 $140\sim180\ ℃$，温度过高则分解。

（3）植物油如菜油、蓖麻油和花生油等可以加热到 $220\ ℃$。若在植物油中加入 1% 的对苯二酚，可提高油在受热时的稳定性。

（4）液体石蜡可加热到 $220\ ℃$，温度稍高虽不易分解，但易燃烧。

（5）固体石蜡也可加热到 $220\ ℃$ 以上，其优点是室温下为固体，便于保存。

（6）硅油在 $250\ ℃$ 时仍较稳定，透明度好，安全，是目前实验室中较为常用的油浴之一。

用油浴加热时，要在油浴中装置温度计（温度计感温头如水银球等，不应放到油浴锅底），以便随时观察和调节温度。加热完毕取出反应容器时，仍用铁夹夹住反应容器离开液面悬置片刻，待容器壁上附着的油滴完后，用纸或干布拭干。

油浴所用的油中不能溅入水，否则加热时会产生泡珠或爆溅。使用油浴时，要特别注意避免油蒸气污染环境和引起火灾。为此，可用一块中间有圆孔的石棉板覆盖油锅。

3. 空气浴

空气浴就是让热源把局部空气加热，空气再把热能传导给反应容器。

电热套加热就是简便的空气浴加热，能从室温加热到 $200\ ℃$ 左右。安装电热套时，要使反应瓶外壁与电热套内壁保持 $2\ cm$ 左右的距离，以便利用热空气传热和防止局部过热等。

4. 砂浴

加热温度达 $200\ ℃$ 或 $300\ ℃$ 以上时，往往使用砂浴。

将清洁而又干燥的细砂平铺在铁盘上，把盛有被加热物料的容器埋在砂中，加热铁盘。由于砂对热的传导能力较差而散热却较快，所以容器底部与砂浴接触处的砂层要薄些，以便于受热。由于砂浴温度上升较慢，且不易控制，因而使用不广。

除了以上介绍的几种加热方法外，还可用熔盐浴、金属浴（合金浴）、电热法等更多的加热方法，以满足实验的需要。无论用何种方法加热，都要求加热均匀而稳定，尽量减少热损失。

二、冷却方法

有时反应中会产生大量的热，使得反应温度迅速升高，如果控制不当，可能引起副反应。温度过高还会使反应物蒸发，甚至会发生冲料和爆炸事故。要把温度控制在一定范围内，就要进行适当的冷却。有时为了降低溶质在溶剂中的溶解度或加速结晶析出，也要采用冷却的方法。

1. 冰水冷却

可用冷水在容器外壁流动，或把反应器浸在冷水中。也可用水和碎冰的混合物作冷却剂，其冷却效果比单用冰块好，如果水不影响反应进行时，也可把碎冰直接投入反应器中，以更有效地保持低温。

2. 冰盐冷却

要在 $0\ ℃$ 以下进行操作时，常用按不同比例混合的碎冰和无机盐作为冷却剂。可把盐研细，把冰砸碎成小块（或用冰片花），使盐均匀包在冰块上。冰-食盐混合物（质量比 $3:1$）可冷却至 $-5\sim-18\ ℃$，其他盐类的冰-盐混合物冷却温度见表 5-3。

表 5-3　冰-盐混合物的质量分数及温度

盐　名　称	盐的质量分数	冰的质量分数	温度/℃
六水合氯化钙	100	246	−9
	100	123	−21.5
	100	70	−55
六水合氯化钙	100	81	−40.3
硝酸铵	45	100	−16.8
硝酸钠	50	100	−17.8
溴化钠	66	100	−28

3. 干冰或干冰与有机溶剂混合冷却

干冰(固体的二氧化碳)和乙醇、异丙醇、丙酮、乙醚或氯仿混合,可冷却到 −50～−78 ℃,当加入干冰时会猛烈起泡。

应将这种冷却剂放在杜瓦瓶(广口保温瓶)中或其他绝热效果好的容器中,以保持其冷却效果。

4. 液氮

液氮可冷至−196 ℃(77 K),用有机溶剂可以调节所需的低温浴浆。一些可作低温恒温浴的化合物列在表 5-4 中。

液氮和干冰是两种方便获取而又廉价的冷冻剂,这种低温恒温冷浆浴的制法是:在一个清洁的杜瓦瓶中注入纯的液体化合物,其用量不超过容积的 3/4,在良好的通风橱中缓慢地加入新取的液氮,并用一支结实的搅拌棒迅速搅拌,最后制得的冷浆稠度应类似于黏稠的麦芽。

表 5-4　可作低温恒温浴的化合物

化　合　物	冷浆浴温度/℃
乙酸乙酯	−83.6
丙二酸乙酯	−51.5
异戊烷	−160.0
乙酸甲酯	−98.0
乙酸乙烯酯	−100.2
乙酸正丁酯	−77.0

5. 低温浴槽

低温浴槽是一个小冰箱,冰室口向上,蒸发面用筒状不锈钢槽代替,内装酒精。外设压缩机,循环氟利昂制冷。压缩机产生的热量可用水冷或风冷散去。可装外循环泵,使冷酒精与冷凝器连接循环。还可装温度计等指示器。反应瓶浸在酒精液体中,适用于−30～30 ℃范围的反应中。

以上制冷方法供选用。注意温度低于−38 ℃时,由于水银会凝固,因此不能用水银温度计。对于较低的温度,应采用添加少许颜料的有机溶剂(酒精、甲苯、正戊烷)温度计。

三、干燥方法

干燥是常用的除去固体、液体或气体中少量水分或少量有机溶剂的方法。如在进行有机物波谱分析、定性或定量分析以及测物理常数时,往往要求预先干燥,否则测定结果不准确。液体有机物在蒸馏前也需干燥,否则沸点前馏分较多,产物易损失,甚至沸点也不准。此外,许多有机反应需要在无水条件下进行,因此,溶剂、原料和仪器等均要干燥。可见在有机化学实验中,试剂和产品的干燥具有重要的意义。

1. 基本原理

干燥方法可分为物理方法和化学方法两种。

(1) 物理方法

物理方法中有烘干、晾干、吸附、分馏、共沸蒸馏和冷冻等。近年来,还常用离子交换树脂和分子筛等方法进行干燥。

离子交换树脂是一种不溶于水、酸、碱和有机溶剂的高分子聚合物。分子筛是含硅铝酸盐的晶体。

(2) 化学方法

化学方法采用干燥剂来除水。根据除水作用原理又可分为两种:

① 能与水可逆地结合,生成水合物,例如

$$CaCl_2 + nH_2O \Longrightarrow CaCl_2 \cdot nH_2O$$

② 与水发生不可逆的化学变化,生成新的化合物,例如:

$$2Na + 2H_2O \longrightarrow 2NaOH + H_2 \uparrow$$

使用干燥剂时要注意以下几点:

① 干燥剂与水的反应为可逆反应时,反应达到平衡需要一定的时间。因此,加入干燥剂后,一般最少要两个小时或更长一点的时间后才能收到较好的干燥效果。因反应可逆,不能将水完全除尽,故干燥剂的加入量要适当,一般为溶液体积的 5% 左右。当温度升高时,这种可逆反应的平衡向脱水方向移动,所以在蒸馏前,必须将干燥剂滤除,否则被除去的水将返回液体中。另外,若把盐倒(或留)在蒸馏瓶底,受热时会发生迸溅。

② 干燥剂与水发生不可逆反应时,使用这类干燥剂在蒸馏前不必滤除。

③ 干燥剂只适用于干燥少量水分。若水的含量大,干燥效果不好。为此,萃取时应尽量将水层分净,这样干燥效果好,且产物损失少。

2. 液体有机化合物的干燥

(1) 干燥剂的选择

干燥剂应与被干燥的液体有机化合物不发生化学反应,包括不发生溶解、络合、缔合和催化等作用,例如酸性化合物不能用碱性干燥剂等。

(2) 使用干燥剂时要考虑干燥剂的吸水容量和干燥效能

干燥效能是指达到平衡时液体被干燥的程度。对于形成水合物的无机盐干燥剂,常用吸水后结晶水的蒸气压来表示干燥剂效能。如硫酸钠形成 10 个结晶水,蒸气压为 260 Pa;氯化钙最多能形成带 6 个结晶水的水合物,其吸水容量为 0.97,在 25 ℃ 时水蒸气压力为 39 Pa。因此硫酸钠的吸水容量较大,但干燥效能弱;而氯化钙吸水容量较小,但干燥效能强。在干燥含水量较大而又不易干燥的化合物时,常先用吸水容量较大的干燥剂除去大部分水,再用干燥效能强的干燥剂进行干燥。

（3）干燥剂的用量

根据水在液体中的溶解度和干燥剂的吸水量,可算出干燥剂的最低用量。但是,干燥剂的实际用量是大大超过计算量的。一般干燥剂的用量为每 10 mL 液体约需 0.5～1 g 干燥剂。但在实际操作中,主要是通过现场观察判断:

① 观察被干燥液体

干燥前,液体呈浑浊状,经干燥后变成澄清,这可简单地作为水分基本除去的标志。例如在环己烯中加入无水氯化钙进行干燥,未加干燥剂之前,由于环己烯中含有水,环己烯不溶于水,溶液处于浑浊状态。当加入干燥剂吸水之后,环己烯呈清澈透明状,这时即表明干燥合格。否则应补加适量干燥剂继续干燥。

② 观察干燥剂

例如用无水氯化钙干燥乙醚时,乙醚中的水除净与否,溶液总是呈清澈透明状。判断干燥剂用量是否合适则应看干燥剂的状态。加入干燥剂后,因其吸水变黏,粘在器壁上,摇动不易旋转,表明干燥剂用量不够,应适量补加无水氯化钙,直到新加的干燥剂不结块,不粘壁,干燥剂棱角分明,摇动时旋转并悬浮（尤其是 $MgSO_4$ 等小晶粒干燥剂）,表示所加干燥剂用量合适。

由于干燥剂还能吸收一部分有机液体,影响产品收率,故干燥剂用量应适中。应加入少量干燥剂后静置一段时间,观察用量不足时再补加。一般每 100 mL 样品约需加入 0.5～1 g 干燥剂。

（4）干燥时的温度

对于生成水合物的干燥剂,加热虽可加快干燥速度,但远远不如水合物放出水的速度快,因此,干燥通常在室温下进行。

（5）操作步骤与要点

① 首先把被干燥液体中水分尽可能除净,不应有任何可见的水层或悬浮水珠。

② 把待干燥的液体放入锥形瓶中,取颗粒大小合适（如无水氯化钙,应为黄豆粒大小并不夹带粉末）的干燥剂,放入液体中,用塞子盖住瓶口,轻轻振摇,经常观察,判断干燥剂是否足量,静置（最少静置半小时,最好过夜）。

③ 把干燥好的液体滤入蒸馏瓶中,然后进行蒸馏。

3. 固体有机化合物的干燥

干燥固体有机化合物,主要是为除去残留在固体中的少量低沸点溶剂,如水、乙醚、乙醇、丙酮、苯等。由于固体有机物的挥发性比溶剂小,所以采取蒸发和吸附的方法来达到干燥的目的,常用干燥法如下:

（1）晾干。

（2）烘干:①用恒温烘箱烘干或用恒温真空干燥箱烘干;②用红外灯烘干。

（3）冻干。

（4）若遇难抽干溶剂时,把固体从布氏漏斗中转移到滤纸上,上下均放 2～3 层滤纸,挤压,使溶剂被滤纸吸干。

（5）干燥器干燥:①普通干燥器;②真空干燥器;③真空恒温干燥器（干燥枪）。

4. 气体的干燥

在有机实验中常用的气体有 N_2、O_2、H_2、Cl_2、NH_3、CO_2，有时要求气体中含很少或几乎不含 CO_2、H_2O 等。因此，就需要对上述气体进行干燥。

干燥气体常用的仪器有干燥管、干燥塔、U 形管、各种洗气瓶（常用来盛液体干燥剂）等。常用气体干燥剂列于表 5-5 中。

表 5-5　用于干燥气体的常用干燥剂

干　燥　剂	可干燥气体
CaO、碱石灰、NaOH、KOH	NH_3 类
无水 $CaCl_2$	H_2、HCl、CO_2、CO、SO_2、N_2、O_2、低级烷烃、醚、烯烃、卤代烃
P_2O_5	H_2、N_2、O_2、CO_2、SO_2、烷烃、乙烯
浓 H_2SO_4	H_2、N_2、HCl、CO_2、Cl_2、烷烃
$CaBr_2$、$ZnBr_2$	H_2、O_2、N_2、CO_2、HBr

四、水蒸气蒸馏

1. 水蒸气蒸馏的原理

当两种互不相溶（或难溶）的液体 A 与 B 共存于同一体系时，每种液体都有各自的蒸气压，其蒸气压力的大小与每种液体单独存在时的蒸气压力一样（彼此不相干扰）。根据道尔顿（Dalton）分压定律，混合物的总蒸气压为各组分蒸气压之和。即

$$p = p_A + p_B$$

混合物的沸点是总蒸气压等于外界大气压时的温度，因此混合物的沸点比其中任一组分的沸点都要低。水蒸气蒸馏就是利用这一原理，将水蒸气通入不溶或难溶于水的有机化合物中，使该有机化合物在 100 ℃ 以下便能随水蒸气一起蒸馏出来。当馏出液冷却后，有机液体通常可从水相中分层析出。

根据气态方程式，在馏出液中，随水蒸气蒸出的有机物与水的物质的量之比（n_A、n_B 表示此两种物质在一定容积的气相中的物质的量）等于它们在沸腾时混合物蒸气中的分压之比。即

$$\frac{n_A}{n_B} = \frac{p_A}{p_B}$$

而 $n_A = W_A/M_A$，$n_B = W_B/M_B$。其中 W_A、W_B 为各物质在一定容积中蒸气的质量，M_A、M_B 为其相对分子质量。因此这两种物质在馏出液中的相对质量可按下式计算：

$$\frac{W_A}{W_B} = \frac{M_A \cdot n_A}{M_B \cdot n_B} = \frac{M_A \cdot p_A}{M_B \cdot p_B}$$

例如，1-辛醇和水的混合物用水蒸气蒸馏时，该混合物的沸点为 99.4 ℃，我们可以从数据手册查得纯水在 99.4 ℃ 时的蒸气压为 744 mmHg（99.192 kPa），因为 p 必须等于 760 mmHg（101.325 kPa），因此1-辛醇在 99.4 ℃ 时的蒸气压必定等于 16 mmHg（2.133 kPa），所以馏出液中 1-辛醇与水的质量比为：

$$\frac{1-辛醇的质量}{水的质量}=\frac{130\times16}{18\times744}\approx\frac{0.155}{1}$$

即蒸出 1 g 水能够带出 0.155 g 1-辛醇,1-辛醇在馏出液中的质量分数为 13.42%。

上述关系式只适用于与水互不相溶或难溶的有机物,而实际上很多有机化合物在水中或多或少会溶解,因此这样的计算仅为近似值,而实际得到的要比理论值低。如果被分离提纯的物质在 100 ℃以下的蒸气压为 1~5 mmHg(约 133.3~666.6 Pa),则其在馏出液中的含量约占 1%,甚至更低,这时就不能用水蒸气蒸馏来分离提纯,而要用过热水蒸气蒸馏,方能提高被分离或提纯物质在馏出液中的含量。

水蒸气蒸馏是分离和纯化有机化合物的重要方法之一,它广泛用于从天然原料中分离出液体和固体产物,特别适用于分离那些在其沸点附近易分解的物质,适用于分离含有不挥发性杂质或大量树脂状杂质的产物,也适用于从较多固体反应混合物中分离被吸附的液体产物,其分离效果较常压蒸馏或重结晶好。

使用水蒸气蒸馏法时,被分离或纯化的物质应具备下列条件:

(1) 一般不溶或难溶于水。

(2) 在沸腾条件下与水长时间共存而不发生化学反应。

(3) 在 100 ℃左右时应具有一定的蒸气压[一般不小于 10 mmHg(1.333 kPa)]。

2. 水蒸气蒸馏的装置

水蒸气蒸馏装置由水蒸气发生器和简单蒸馏装置组成,图 5-13 给出了实验室常用水蒸气蒸馏装置。当用直接法进行水蒸气蒸馏时,用简单蒸馏或分馏装置即可。

图 5-13　水蒸气蒸馏装置

在水蒸气发生器的上方安装一根较长的玻璃管,并将此管插入发生器底部,使其距底部约 1~2 cm,可用来调节体系内部的压力并可防止系统因堵塞而引发危险。蒸汽出口管与冷阱连接。冷阱是一支玻璃三通管,它的一端与发生器连接,另一端与蒸馏装置连接,下口接一段软的橡皮管,并用螺旋夹夹住,以便调节蒸汽量。在与蒸馏系统连接时管路越短越好,否则水蒸气冷凝后会降低蒸馏瓶内压,影响蒸馏效果。

3. 水蒸气蒸馏的操作要点

（1）蒸馏瓶可选用圆底烧瓶，也可用三口烧瓶。被蒸馏液体的体积不应超过蒸馏瓶容积的1/3。将混合液加入蒸馏瓶后，打开冷阱上的螺旋夹。开始加热水蒸气发生器，使水沸腾。当有水从冷阱下面喷出时，将螺旋夹拧紧，使蒸汽进入蒸馏系统。调节进汽量，保证蒸汽在冷凝管中全部冷凝下来。

（2）在蒸馏过程中，若在插入水蒸气发生器中的玻璃管内，蒸汽突然上升至几乎喷出时，说明蒸馏系统内压增高，系统内可能发生堵塞。此时应立刻打开螺旋夹，移走热源，停止蒸馏，待故障排除后方可继续蒸馏。当蒸馏瓶内的压力大于水蒸气发生器内的压力时，将发生液体倒吸现象。此时，应打开螺旋夹或对蒸馏瓶进行保温，加快蒸馏速度。

（3）当馏出液不再浑浊时，用表面皿取少量流出液，在日光或灯光下观察是否有油珠状物质。如果没有，可停止蒸馏。

（4）停止蒸馏时，先打开冷阱上的螺旋夹，移走热源，待稍冷却后，将水蒸气发生器与蒸馏系统断开。收集馏出物或残液（有时残液是产物），最后拆除仪器。

五、萃取

萃取是物质从一相向另一相转移的操作过程。它是有机化学实验中用来分离或纯化有机化合物的基本操作之一。应用萃取可以从固体或液体混合物中提取出所需要的物质，也可以用来洗去混合物中少量杂质。通常前者称为"萃取"（或"抽提"），后者称为"洗涤"。

根据被提取物质状态的不同，可将萃取分为两种：一种是用溶剂从液体混合物中提取物质，称为液-液萃取；另一种是用溶剂从固体混合物中提取所需物质，称为液-固萃取。

1. 基本原理

（1）液-液萃取

液-液萃取是利用物质在两种互不相溶（或微溶）的溶剂中溶解度或分配系数的不同，使物质从一种溶剂内转移到另一种溶剂中。分配定律是液-液萃取的主要理论依据。在两种互不相溶的混合溶剂中加入某种可溶性物质时，它能以不同的溶解度分别溶解于此两种溶剂中。实验证明，在一定温度下，若该物质的分子在此两种溶剂中不发生分解、电离、缔合和溶剂化等作用，则此物质在两液相中浓度之比是一个常数，不论所加物质的量是多少都是如此。用公式表示即：

$$\frac{c_A}{c_B} = K$$

式中，c_A、c_B 表示一种物质在 A、B 两种互不相溶的溶剂中的物质的量浓度。K 是一个常数，称为"分配系数"，它可以近似地看作是物质在两溶剂中的溶解度之比。

由于有机化合物在有机溶剂中一般比在水中溶解度大，因而可以用与水不互溶的有机溶剂将有机物从水溶液中萃取出来。为了节省溶剂并提高萃取效率，根据分配定律，用一定量的溶剂一次加入溶液中萃取，则不如将同量的溶剂分成几份作多次萃取效率高。可用下式来说明。

设 V 为被萃取溶液的体积（mL）；W 为被萃取溶液中有机物（X）的总量（g）；W_n 为萃取 n 次后有机物（X）剩余量（g）；S 为萃取溶剂的体积（mL）。经 n 次提取后有机物（X）剩余量可用下式计算：

$$W_n = W\left(\frac{KV}{KV+S}\right)^n$$

当用一定的溶剂萃取时,希望在水中的剩余量越少越好。而上式 $KV/(KV+S)$ 总是小于 1,所以 n 越大,W_n 就越小。即将溶剂分成数份作多次萃取比用全部量的溶剂作一次萃取的效果好。但是,萃取的次数也不是越多越好,因为溶剂总量不变时,萃取次数 n 增加,S 就要减小。当 $n>5$ 时,n 和 S 两个因素的影响就几乎相互抵消了,n 再增加,$W_n/(W_n+1)$ 的变化很小,所以一般同体积溶剂分为 3～5 次萃取即可。

一般从水溶液中萃取有机物时,选择合适萃取溶剂的原则是:要求溶剂在水中溶解度很小或几乎不溶;被萃取物在溶剂中要比在水中溶解度大;溶剂与水和被萃取物都不反应;萃取后溶剂易于和溶质分离开,因此最好用低沸点溶剂,萃取后溶剂可用常压蒸馏回收。此外,价格便宜、操作方便、毒性小、不易着火也是需考虑的因素。

经常使用的溶剂有乙醚、苯、四氯化碳、氯仿、石油醚、二氯甲烷、二氯乙烷、正丁醇、醋酸酯等。一般水溶性较小的物质可用石油醚萃取,水溶性较大的可用苯或乙醚萃取,水溶性极大的用乙酸乙酯萃取。

常用的液-液萃取操作包括:

① 用有机溶剂从水溶液中萃取有机反应物。

② 通过水萃取,从反应混合物中除去酸碱催化剂或无机盐类。

③ 用稀碱或无机酸溶液萃取有机溶剂中的酸或碱,使之与其他的有机物分离。

(2) 液-固萃取

从固体混合物中萃取所需要的物质是利用固体物质在溶剂中的溶解度不同来达到分离、提取的目的。通常是用长期浸出法或采用 Soxhlet 提取器(脂肪提取器,见图 5-14)来提取物质。前者是用溶剂长期的浸润溶解而将固体物质中所需物质浸出来,然后用过滤或倾析的方法把萃取液和残留的固体分开。这种方法效率不高,时间长,溶剂用量大,实验室不常采用。

Soxhlet 提取器是利用溶剂加热回流及虹吸原理,使固体物质每一次都能为纯的溶剂所萃取,因而效率较高并节约溶剂,但对受热易分解或变色的物质不宜采用。Soxhlet 提取器由三部分构成,上面是冷凝管,中部是带有虹吸管的提取管,下面是烧瓶。萃取前应先将固体物质研细,以增加液体浸溶的面积。然后将固体物质放入滤纸套内,并将其置于中部,内装物不得超过虹吸管,溶剂由上部经中部虹吸加入烧瓶中。当溶剂沸腾时,蒸气通过通气侧管上升,被冷凝管凝成液体,滴入提取管中。当液面超过

图 5-14　Soxhlet 提取器

虹吸管的最高处时,产生虹吸,萃取液自动流入烧瓶中,因而萃取出溶于溶剂的部分物质。再蒸发溶剂,如此循环多次,直到被萃取物质大部分被萃取为止。固体中可溶物质富集于烧瓶中,然后用适当方法将萃取物质从溶液中分离出来。

固体物质还可用热溶剂萃取,特别是有的物质冷时难溶、热时易溶,则必须用热溶剂萃取。一般采用回流装置进行热提取,固体混合物在一段时间内被沸腾的溶剂浸润溶解,从而将所需的有机物提取出来。为了防止有机溶剂的蒸气逸出,常用回流冷凝装置,使蒸气不断地在冷凝管内冷凝,返回烧瓶中。回流的速度应控制在溶剂蒸气上升的高度不超过冷

凝管的 1/3 为宜。

2. 萃取的操作方法

萃取常用的仪器是分液漏斗。使用前应先检查下口活塞和上口塞子是否有漏液现象。在活塞处涂少量凡士林，旋转几圈将凡士林涂均匀。在分液漏斗中加入一定量的水，将上口塞子塞好，上下摇动分液漏斗中的水，检查是否漏水。确定不漏后再使用。

将待萃取的原溶液倒入分液漏斗中，再加入萃取剂（如果是洗涤应先将水溶液分离后再加入洗涤溶液），将塞子塞紧，用右手的拇指和中指拿住分液漏斗，食指压住上口塞子，左手的食指和中指夹住下口管，同时，食指和拇指控制活塞。然后将漏斗平放，前后摇动或做圆周运动，使液体振动起来，两相充分接触，如图 5-15。在振动过程中应注意不断放气，以免萃取或洗涤时内部压力过大，造成漏斗的塞子被顶开，使液体喷出。情况严重时会引起漏斗爆炸，造成伤

图 5-15 手握分液漏斗的姿势

人事故。放气时，将漏斗的下口向上倾斜，使液体集中在下面，用控制活塞的拇指和食指打开活塞放气，注意不要对着人，一般动两三次就放一次气。经几次摇动放气后，将漏斗放在铁架台的铁圈上，将塞子上的小槽对准漏斗上的通气孔，静置 2～5 min。待液体分层后将萃取相倒出（即有机相），放入一个干燥好的锥形瓶中，萃余相（水相）再加入新萃取剂继续萃取。重复以上操作过程，萃取后，合并萃取相，加入干燥剂进行干燥。干燥后，先将低沸点的物质和萃取剂用简单蒸馏的方法蒸出，然后视产品的性质选择合适的纯化手段。

当被萃取的原溶液量很少时，可采取微量萃取技术进行萃取。取一支离心分离管放入原溶液和萃取剂，盖好盖子，用手摇动分离管或用滴管向液体中鼓气，使液体充分接触，并注意随时放气。静止分层后，用滴管将萃取相吸出，在萃取剩余相中加入新的萃取剂继续萃取。以后的操作如前所述。

在萃取操作中应注意以下几个问题：

(1) 分液漏斗中的液体不宜太多，以免摇动时影响液体接触而使萃取效果下降。

(2) 液体分层后，上层液体由上口倒出，下层液体由下口经活塞放出，以免污染产品。

(3) 在溶液呈碱性时，常产生乳化现象。有时由于存在少量轻质沉淀，两液相密度接近或两液相部分互溶等都会引起分层不明显或不分层。此时，静置时间应长一些，或加入一些食盐，增加两相的密度，使絮状物溶于水中，迫使有机物溶于萃取剂中，或加入几滴酸、碱、醇等，以破坏乳化现象。如上述方法不能将絮状物破坏，在分液时，应将絮状物与萃取的剩余相（水层）一起放出。

(4) 液体分层后应正确判断萃取相（有机相）和萃取剩余相（水相），一般根据两相的密度来确定，密度大的在下面，密度小的在上面。如果一时判断不清，应将两相分别保存起来，等待弄清后，再弃掉不要的液体。

六、固体有机化合物的提纯方法

从有机反应中或是从天然物中获取的固体有机物常含有杂质，必须加以纯化。重结晶和升华是实验室常用的固体有机化合物的提纯方法。

第六章　实验技术和有机化合物的制备

实验一　熔点测定及温度计校正

【目的与要求】

1. 了解熔点测定的基本原理及应用。
2. 掌握熔点的测定方法和温度计的校正方法。

【基本原理】

熔点是指在一个大气压下[注1]固体化合物固相与液相平衡时的温度。这时固相和液相的蒸气压相等。纯净的固体有机化合物一般都有一个固定的熔点。图 6-1 表示一个纯化合物相组分、总供热量和温度之间的关系。当以恒定速率供给热量时,在一段时间内温度上升,固体不熔。当固体开始熔化时,有少量液体出现,固-液两相之间达到平衡,继续供给热量使固相不断转变为液相,两相间维持平衡,温度不会上升,直至所有固体都转变为液体,温度才上升。反过来,当冷却一种纯化合物液体时,在一段时间内温度下降,液体未固化。当开始有固体出现时,温度不会下降,直至液体全部固化后,温度才会再下降。所以纯化合物的熔点和凝固点是一致的。

图 6-1　化合物的相随时间和温度的变化

图 6-2　物质的温度与蒸气压关系

因此,要得到正确的熔点,就需要足够量的样品、恒定的加热速率和足够的平衡时间,以建立真正的固液之间的平衡。但实际上有机化学工作者一般情况下不可能获得这样大量的样品,而微量法仅需极少量的样品,操作又方便,故广泛采用微量法。但是微量法不可能达到真正的两相平衡,所以不管是毛细管法还是各种显微电热法的结果都是一个近似值。在微量法中应该观测到初熔和全熔两个温度,这一温度范围称为熔程。物质温度与蒸气压的关系如图 6-2 所示,曲线 AB 代表固相的蒸气压随温度的变化,BC 是液体蒸气压随温度变化的曲线,两曲线相交于 B 点。在这特定的温度和压力下,固液两相并存,这时的温度 T_0 即为该物质的熔点。当温度高于 T_0 时,固相全部转变为液相;低于 T_0 值时,液相全部转变为固相。只有固液相并存时,固相和液相的蒸气压是一致的。一旦温度超过 T_0(甚至只有几分之一摄氏度时),只要有足够的时间,固体就可以全部转变为液体,这就是纯的有机化合物有敏锐熔点的原因。因此,在测定熔点过程中,当温度接近熔点时,加热速度一定要慢。一般每分钟升温不能超过 $1\sim2\ ℃$。只有这样,才能使熔化过程近似于相平衡条件,精确测得熔点。

纯物质熔点敏锐,微量法测得的熔程一般不超过 $0.5\sim1\ ℃$。

当含有非挥发性杂质时,根据拉乌尔(Raoult)定律,液相的蒸气压将降低。通常,此时的液相蒸气压随温度变化的曲线 DE 在纯化合物之下,固-液相在 D 点达平衡,熔点降低。杂质越多,化合物熔点越低。一般有机化合物的混合物显示这种性质。图 6-3 是二元混合物的相图。a 代表化合物 A 的熔点,b 代表化合物 B 的熔点。如果加热含 80%A 和 20%B 的固体混合物,当温度达到 e 时,A 和 B 将以恒定的比例(60%A 和 40%B 共熔组分)共同熔化,温度也保持不变。可是当化合物 B 全部熔化后,只有固体 A 与熔化的共熔组分保持平衡。随着 A 的继续熔化,溶液中 A 的比例升高,其蒸气压增大,固体 A 与溶液维持平衡的温度也将升高,平衡温度与熔融溶液组分之间的关系可用曲线 EC 来描述。当温度升至 C 时,A 就全部熔化。即 B 的存在使 A 的熔点降低,并有较宽的熔程($e\sim c$)。反过来,A 作为杂质可使化合物 B 的熔程变长($e\sim d$),熔点降低。但应注意,样品组成恰好和最低共熔点组分相同时,就会像纯化合物那样显示敏锐的熔点,但这种情况是极少见的。

图 6-3 AB 二元组分相图

当化合物中混有杂质时,其熔点会降低,同时熔程也会变长。这一性质可用于化合物的鉴定。这种方法称作混合熔点法。当测得一未知物的熔点同已知某物质的熔点相同或相近时,可将该已知物与未知物混合,测量混合物的熔点,至少要按 $1:9$、$1:1$、$9:1$ 这三种比例混合。若它们是相同的化合物,则熔点值不降低;若是不同的化合物,则熔点降低,且熔程变长。

【测定熔点的方法】

1. 毛细管法

毛细管法是最常用的熔点测定法,装置如图 6-4 所示,操作步骤如下:

基础化学实验(下册)

第一步：取少许(约 0.1 g)干燥的粉末状样品放在表面皿上研细后堆成小堆，将熔点管(专门用于测熔点的 1 mm×100 mm 毛细管)的开口端插入样品中，装取少量粉末。然后把熔点管竖立起来，在桌面上顿几下，使样品掉入管底。这样重复取样品几次，装入 1～2 mm 高样品。最后使熔点管从一根长约 50～60 cm 高的玻璃管中掉到表面皿上(图 6-4a)，多重复几次，使样品粉末装填紧密。否则，装入样品如有空隙则传热不均匀，影响测定结果。

第二步：向提勒(Thiele)管(又称 b 形管)中装入载热体(可根据所测物质的熔点选择，一般用甘油、液体石蜡、硫酸、硅油等)。

第三步：用橡皮圈把毛细管捆在温度计上(图 6-4c)，尽量使橡皮圈偏上，避免橡皮圈碰到载热体。毛细管中的样品应位于水银球的中部，用有缺口的木塞或橡皮塞作支撑套入温度计放到提勒管中，并使水银球处在提勒管的两叉口中部。

第四步：在图 6-4b 所示位置加热。载热体被加热后在管内呈对流循环，使温度变化比较均匀。

图 6-4 熔点测定装置图

在测定已知熔点的样品时，可先以较快速度加热，在距离熔点 10 ℃时，再以每分钟 1～2 ℃的速度加热，愈接近熔点，加热速度愈慢，直到测出熔程。在测定未知熔点的样品时，应先粗测熔点范围，再如上述方法细测。测定时，应观察和记录样品开始塌落并有液相产生时(初熔)和固体完全消失时(全熔)的温度读数，所得数据即为该物质的熔程。同时还要观察和记录在加热过程中是否有萎缩、变色、发泡、升华及炭化等现象，以供分析参考。

熔点测定至少要有两次重复数据，每次要用新毛细管重新装入样品[注2][注3]。

2. 显微熔点仪测定熔点

这类仪器型号较多，但共同的特点是使用样品量少(2～3 颗小结晶)，能测量室温至 300 ℃样品的熔点，可观察晶体在加热过程中的变化情况，如结晶的失水、多晶的变化及分解。其具体操作如下：

在干净且干燥的载玻片上放微量晶粒并盖一片载玻片，放在加热台上。调节反光镜、物镜和目镜，使显微镜焦点对准样品，开启加热器，先快速后慢速加热，温度快升至熔点时，控制温度上升的速度为每分钟 1～2 ℃。当样品开始有液滴出现时，表示熔化已开始，记录初熔温度。样品逐渐熔化直至完全变成液体，记录全熔温度。

使用这类仪器前必须认真听取教师讲解或仔细阅读使用指南，严格按操作规程进行操作。

3. 温度计校正

为了进行准确测量,一般从市场购来的温度计在使用前需对其进行校正。校正温度计的方法有如下几种:

(1)比较法。选一只标准温度计与要进行校正的温度计在同一条件下测定温度。比较其所指示的温度值。

(2)定点法。选择数种已知准确熔点的标准样品(见表6-1),测定它们的熔点,以观察到的熔点(t_2)为纵坐标,以此熔点(t_2)与准确熔点(t_1)之差(Δt)作横坐标,如图6-5所示,从图中求得校正后的正确温度误差值,例如测得的温度为 100 ℃,则校正后应为 101.3 ℃。

表 6-1　部分有机化合物的熔点

样品名称	熔点/℃	样品名称	熔点/℃
水-冰	0	尿素	132～135
对二氯苯	53.1	水杨酸	159
对二硝基苯	174	D-甘露醇	168
邻苯二酚	105	对苯二酚	173～174
苯甲酸	123.4	马尿酸	188～189
二苯胺	53	对羟基苯甲酸	214.5～215.5
萘	80.55	蒽	216.2～216.4
乙酰苯胺	114.3	酚酞	262～263

图 6-5　定点法温度计校正示意图

【实验内容】

1. 测定下列化合物的熔点:
(1)二苯胺(A.R.)　　53～55 ℃;
(2)萘(A.R.)　　80.55 ℃;
(3)苯甲酸(A.R.)　　123.4 ℃;
(4)水杨酸(A.R.)　　159 ℃;
(5)对苯二酚(A.R.)　　173～174 ℃;
(6)尿素(A.R.)　　132～135 ℃。

2. 记录测得的数据,作出温度计校正曲线。

3. 测定指导教师提供的未知物熔点,并测定未知物与尿素的混合物(约1∶1)的熔点,确定该化合物是尿素(132~135 ℃)还是肉桂酸(135~136 ℃)。

【附注】

[1] 1个大气压=101.325 kPa。

[2] 不能将已测过熔点的熔点管冷却,使其中的样品固化后再作第二次测定。这是因为有些物质在测定熔点时可能发生了部分分解或变成了具有不同熔点的其他结晶形式。

[3] 测定易升华物质的熔点时,应将熔点管的开口端烧熔封闭,以免升华。

【思考题】

1. 纯物质熔距短,熔距短的是否一定是纯物质? 为什么?

2. 测熔点时,如遇下列情况,将产生什么后果? (1)加热太快。(2)样品研得不细或装得不紧。(3)样品管贴在提勒管壁上。

实验二　简单蒸馏

【目的与要求】

1. 学习蒸馏的基本原理。
2. 掌握简单蒸馏的实验操作方法。

【基本原理】

当液态物质受热时,由于分子运动使其从液体表面逃逸出来,形成蒸气压。随着温度的升高,蒸气压增大。待蒸气压和大气压或所给压力相等时,液体沸腾,这时的温度称为该液体的沸点。每种纯液态有机化合物在一定压力下均具有固定的沸点。利用蒸馏可将沸点相差较大(如相差30 ℃)的液态混合物分开。所谓蒸馏就是将液态物质加热到沸腾变为蒸气,又将蒸气冷凝为液体这两个过程的联合操作。如蒸馏沸点差别较大的液体时,沸点较低的先蒸出,沸点较高的随后蒸出,不挥发的留在蒸馏器内,这样,可达到分离和提纯的目的。故蒸馏为分离和提纯液态有机化合物常用的方法之一,是重要的基本操作,必须熟练掌握。但在蒸馏沸点比较接近的混合物时,各种物质的蒸气将同时蒸出,只不过低沸点的多一些,故难以达到分离和提纯的目的,只好借助于分馏。纯液态有机化合物在蒸馏过程中沸点范围很小(0.5~1 ℃)。所以,可以利用蒸馏来测定沸点,用蒸馏法测定沸点的方法叫常量法,此法用量较大,要10 mL以上。若样品不多时,可采用微量法。

为了消除蒸馏过程中的过热现象并保证沸腾的平稳,常加入素烧瓷片或沸石,或上端封口的毛细管。这些物质能防止加热时的暴沸现象,因此被称为止暴剂。

在加热蒸馏前就应加入止暴剂。当加热后发觉未加止暴剂或原有止暴剂失效时,千万不能匆忙地投入止暴剂。因为在液体接近沸腾或过热时投入止暴剂,将会引起猛烈的暴沸,液体易冲出瓶口,若是易燃的液体,将会引起火灾。所以,应使接近沸腾的液体冷却至沸点以下后才能加入止暴剂。切记!如蒸馏中途停止,而后来又需要继续蒸馏,也必须在加热前补添新的止暴剂,以免出现暴沸。

蒸馏操作是有机化学实验中常用的实验操作,一般用于下列几方面:

(1) 分离液体混合物,仅当混合物中各成分的沸点有较大差别时才能达到有效的分离。

(2) 测定化合物的沸点。

(3) 提纯,除去不挥发的杂质。

(4) 回收溶剂,或蒸出部分溶剂以浓缩溶液。

【蒸馏过程】

常压蒸馏由安装仪器、加料、加热、收集馏出液四个步骤组成。

1. 仪器安装

常压蒸馏装置由蒸馏瓶(长颈或短颈圆底烧瓶)、蒸馏头、温度计套管、温度计、直形冷凝管、接收管、接收瓶等组装而成,见普通蒸馏装置(图 5-10)。

在装配过程中应注意:

(1) 为了保证温度测量的准确性,温度计水银球的位置应如图 5-10 所示,即温度计水银球上限与蒸馏头支管下限在同一水平线上。

(2) 任何蒸馏或回流装置均不能密封。否则,当液体蒸气压增大时,轻者蒸气冲开连接口,使液体冲出蒸馏瓶,重者会发生装置爆炸而引起火灾。

(3) 安装仪器时,应首先确定仪器的高度,一般在铁架台上放一块 2 cm 厚的板,将电热套放在板上,再将蒸馏瓶放置于电热套中间。然后,按自下而上、从左至右的顺序组装,仪器组装应做到横平竖直,铁架台一律整齐地放置于仪器背后。

2. 常压蒸馏操作

(1) 加料。做任何实验都应先组装仪器后再加原料。加液体原料时,取下温度计和温度计套管,在蒸馏头上口放一个长颈漏斗,注意长颈漏斗下口处的斜面应低于蒸馏头支管,慢慢地将液体倒入蒸馏瓶中。

(2) 加沸石。为了防止液体暴沸,再加入 2~3 粒沸石。沸石为多孔性物质,刚加入液体中小孔内有许多气泡,它可以将液体内部的气体导入液体表面,形成沸腾中心。如加热中断,再加热时应重新加入新沸石,因原来沸石上的小孔已被液体充满,不能再起沸腾中心的作用。同理,分馏和回流时也要加沸石。

(3) 加热。在加热前,应检查仪器装配是否正确,原料、沸石是否加好,冷凝水是否通入,一切无误后再开始加热。开始加热时,电压可以调得略高一些,一旦液体沸腾,水银球部位出现液滴,开始控制调压器电压,以蒸馏速度每秒 1~2 滴为宜。蒸馏时,温度计水银球上应始终保持有液滴存在,如果没有液滴说明可能有两种情况:一是温度低于沸点,体系内气-液相没有达到平衡,此时,应将电压调高;二是温度过高,出现过热现象,此时,温度已超过沸点,应将电压调低。

(4) 馏分的收集。在第一阶段,随着加热的进行,蒸馏瓶内的混合液不断汽化,当液体的饱和蒸气压与施加给液体表面的外压相等时,液体沸腾。一旦水银球部位有液滴出现(说明体系正处于气-液平衡状态),温度计内水银柱急剧上升,直至接近易挥发组分的沸点时,水银柱的上升速度逐渐变缓慢,开始有液体被冷凝而流出。我们将这部分流出液称为前馏分(或馏头)。由于这部分液体的沸点低于要收集组分的沸点,因此,应作为杂质弃去。有时被蒸馏的液体几乎没有馏头,应将蒸馏出来的前1～2滴液体作为冲洗仪器的馏头去掉,不要收集到馏分中去,以免影响产品质量。

在第二阶段,馏头蒸出后,温度稳定在沸程范围内,沸程范围越小,组分纯度越高。此时,流出来的液体称为正馏分,这部分液体是所要的产品。随着正馏分的蒸出,蒸馏瓶内的混合液体的体积不断减少,直至温度超过沸程,即可停止接收。

在第三阶段,如果混合液中只有一种组分需要收集,此时,蒸馏瓶内剩余液体应作为馏尾弃去。如果是多组分蒸馏,第一组分蒸完后温度上升到第二组分沸程前流出的液体,则既是第一组分的馏尾又是第二组分的馏头,称为交叉馏分,应单独收集。当温度稳定在第二组分沸程范围内时,即可接收第二组分。如果蒸馏瓶内液体很少时,温度会自动下降。此时应停止蒸馏。无论进行何种蒸馏操作,蒸馏瓶内的液体都不能蒸干,以防蒸馏瓶过热或有过氧化物存在而发生爆炸。

(5)停止蒸馏。馏分蒸完后,如不需要接收第二组分,可停止蒸馏。应先停止加热,将变压器调至零点,关掉电源,取下电热套。待稍冷却后馏出物不再继续流出时,用接收瓶保存好产物,关掉冷却水,按安装仪器的相反顺序拆除仪器,即按次序取下接收瓶、接收管、冷凝管和蒸馏烧瓶,并加以清洗。

【注意事项】

1. 蒸馏前应根据待蒸馏液体的体积选择合适的蒸馏瓶。一般被蒸馏的液体占蒸馏瓶容积的2/3为宜,蒸馏瓶越大,产品损失越多。

2. 在加热开始后发现没加沸石,应停止加热,待稍冷却后再加入沸石。千万不可在沸腾或接近沸腾的溶液中加入沸石,以免在加入沸石的过程中发生暴沸。

3. 对于沸点较低又易燃的液体,如乙醚,应用水浴加热,而且蒸馏速度不能太快,以保证蒸气全部冷凝。如果室温较高,接收瓶应放在冷水中冷却,在接收管支口处连接橡胶管,将未被冷凝的蒸气导入流动的水中带走。

4. 在蒸馏沸点高于140 ℃的液体时,应用空气冷凝管。主要原因是温度较高时,若用水作为冷却介质,冷凝管内外温差较大,会使冷凝管接口处因局部骤然遇冷而容易断裂。

【实验内容】

工业酒精和水的简单蒸馏:取10 mL工业酒精和10 mL水(自来水)进行简单蒸馏,分别记录0～76 ℃、76～80 ℃、80～98 ℃、98～102 ℃时的馏出液体积。根据温度和体积画出蒸馏曲线。馏出液可以用阿贝折射仪检定其纯度。(阿贝折射仪的使用详见第三篇物理化学实验部分第七章第四节)

【思考题】

1. 蒸馏过程中应注意哪些问题?
2. 沸石在蒸馏中的作用是什么?忘记加沸石时,应如何补加?
3. 蒸馏时瓶中加入的液体体积为什么要控制在蒸馏烧瓶容积的1/3和2/3之间?

实验三 分馏

【目的与要求】

1. 学习分馏的基本原理。
2. 掌握分馏的实验操作方法。

【分馏原理】

分馏主要用于分离两种或两种以上沸点相近且混溶的有机溶液。分馏在实验室和工业生产中应用广泛,工程上常称为精馏。

简单蒸馏只能使液体混合物得到初步的分离。为了获得高纯度的产品,理论上可以采用多次部分汽化和多次部分冷凝的方法,即将简单的蒸馏得到的馏出液,再次部分汽化和冷凝,以得到纯度更高的馏出液。而将简单蒸馏剩余的混合液再次部分汽化,则得到易挥发组分更低、难挥发组分更高的混合液。只要上面的这一过程足够多,就可以将两种沸点相差很近的有机溶液分离成纯度很高的单一组分。简言之,分馏即为反复多次的简单蒸馏。在实验室常采用分馏柱来实现,而工业上采用精馏塔。

【分馏装置】

分馏装置与简单蒸馏装置类似,不同之处是在蒸馏瓶与蒸馏头之间加了一根分馏柱,见图6-6。

分馏柱的种类很多,实验室常用韦氏分馏柱(头)。微型实验一般用填料柱,即在一根玻璃管内填上惰性材料,如环形、螺旋形、马鞍形等各种形状的玻璃、陶瓷或小金属片。

【分馏过程及操作要点】

当液体混合物沸腾时,混合物蒸气进入分馏柱(可以是填料塔,也可以是板式塔),蒸气沿柱身上升,通过柱身进行热交换,在塔内进行反复多次的冷凝-汽化-再冷凝-再汽化过程,以保证达到柱顶的蒸气为纯的易挥发组分,而蒸馏瓶中的液体为难挥发组分,从而高效率地将混合物分离。分馏柱沿柱身存在着

图6-6 简单分馏装置

动态平衡,不同高度段存在着温度梯度,此过程是一个热和质的传递过程。

1. 在分馏过程中,不论是用哪种分馏柱,都应防止回流液体在柱内聚集(称为液泛),否则会减少液体和蒸气接触面积,或者使得上升的蒸气将液体冲入冷凝管中,达不到分馏的目的。为了避免这种情况的发生,需在分馏柱外面包一定厚度的保温材料,以保证柱内具有一定的温度梯度,防止蒸气在柱内冷凝太快。当使用填充柱时,往往由于填料装得太紧或不均匀,造成柱内液体聚集,这时需要重新装柱。

2. 对分馏来说,在柱内保持一定的温度梯度是极为重要的。在理想情况下,柱底的温度与蒸馏瓶内液体沸腾时的温度接近。柱内自下而上温度不断降低,直至柱顶接近易挥发组分的沸点。一般情况下,柱内温度梯度的保持可以通过调节馏出液速度来实现。若加热速度快,蒸出速度也快,会使柱内温度梯度变小,影响分离的效果。若加热速度慢,蒸出速度也慢,会发生液泛。另外可以通过控制回流比来保持柱内温度梯度和提高分离效率。所谓回流比,是指冷凝液流回蒸馏瓶的速度与柱顶蒸气通过冷凝管流出速度的比值。回流比越大,分离效果越好。回流比的大小根据物系和操作情况而定,一般回流比控制在 4∶1,即冷凝液流回蒸馏瓶每 4 滴,柱顶馏出液为 1 滴。

3. 液泛能使柱身及填料完全被液体浸润,在分离开始时,可以人为地利用液泛将液体均匀地分布在填料表面,充分发挥填料本身的效率,这种情况叫作预液泛。一般分馏时,先将电压调得稍大些,一旦液体沸腾就应注意将电压调小,当蒸气冲到柱顶还未达到水银球部位时,通过控制电压使蒸气保证在柱顶全回流,这样维持 5 min。再将电压调至合适的位置,此时,应控制好柱顶温度,使馏出液以每两三秒 1 滴的速度平稳流出。

【实验内容】

乙醇和水的分馏:取 10 mL 工业酒精和 10 mL 水(自来水)进行常压分馏,分别记录 0∼76 ℃、76∼80 ℃、80∼98 ℃、98∼102 ℃时的馏出液体积。根据温度和体积画出分馏曲线,并与简单蒸馏曲线比较。馏出液可以用阿贝折射仪检定其纯度。

【思考题】

1. 为什么分馏时柱身的保温十分重要?
2. 为什么分馏时加热要平稳并控制好回流比?
3. 如改变温度计水银球的位置,测量的温度会有何变化?
4. 进行预液泛的目的是什么?

实验四　正溴丁烷的制备

【目的与要求】

1. 进一步学习由正丁醇与氢溴酸反应制备正溴丁烷的合成原理。
2. 掌握回流及气体吸收装置的安装和使用。

【基本原理】

卤代烷制备中的一个重要方法是由醇与氢卤酸发生亲核取代反应来制备。在实验室制备正溴丁烷是用正丁醇与氢溴酸反应得到。氢溴酸是一种极易挥发的无机酸,因此在制备时用溴化钠与硫酸作用产生氢溴酸直接参与反应。在反应中,过量的硫酸可以起到移动平衡的作用,通过产生更高浓度的氢溴酸促使反应加速,还可以将反应中生成的水质子化,阻止卤代烷通过水的亲核进攻而返回到醇。但硫酸的存在易使醇生成烯和醚等副产品,因而要控制硫酸的量。

反应 $$NaBr + H_2SO_4 \longrightarrow HBr + NaHSO_4$$

$$CH_3CH_2CH_2CH_2OH + HBr \xrightarrow{H_2SO_4} CH_3CH_2CH_2CH_2Br + H_2O$$

并有如下副反应：

$$CH_3CH_2CH_2CH_2OH \xrightarrow{H_2SO_4} CH_3CH_2CH=CH_2 + H_2O$$

$$2CH_3CH_2CH_2CH_2OH \xrightarrow{H_2SO_4} (CH_3CH_2CH_2CH_2)_2O + H_2O$$

$$2HBr + H_2SO_4 \longrightarrow Br_2 + SO_2 + 2H_2O$$

工业上有时采用正丁醇在红磷存在下与溴作用来制备正溴丁烷：

$$10CH_3CH_2CH_2CH_2OH + 5Br_2 \xrightarrow{P} 10CH_3CH_2CH_2CH_2Br + P_2O_5 + 5H_2O$$

【试剂与规格】

浓硫酸 C.P.   正丁醇 C.P.
溴化钠 C.P.   无水氯化钙 C.P.
饱和碳酸氢钠溶液

【物理常数及化学性质】

正丁醇(n-butylalcohol)：相对分子质量为 74.12,沸点为 117.7 ℃, n_D^{20} 为 1.399 2, d_4^{20} 为 0.809 8。无色透明易燃液体,溶于水、苯,易溶于丙酮,与乙醚、丙酮可以任何比例混合。20 ℃本品在水中的溶解度为 7.7%（质量分数）。本品是一种用途广泛的重要有机化工原料。

正溴丁烷(n-bromobutane)：相对分子质量为 138.90,沸点为 101.6 ℃, n_D^{20} 为 1.439 9, d_4^{20} 为 1.276 4。无色液体,不溶于水,易溶于醇、醚,本品是一种有机合成原料。

【操作步骤】

1. 常量实验

在 250 mL 的圆底烧瓶中加入 10 mL 水,小心加入 8.3 mL 浓硫酸,混合均匀后,冷却至室温。依次加入 5 g(6.2 mL,0.068 mol)正丁醇及 8.3 g(0.08 mol)研细的溴化钠粉末。充分振摇后,加入 2～3 粒沸石。装上回流冷凝管,在冷凝管上端安上真空搅拌器套管,并接一根橡皮管,再通过橡皮管连接一只漏斗,将漏斗倒扣,半浸在盛有适量水的烧杯中,作为气体吸收装置[注1]（见图 6-7）。将烧瓶用电炉加热回流 30～40 min,回流过程中不断振摇烧瓶。反应完毕,稍冷却后,改作蒸馏装置,加热蒸出正溴丁烷粗产品[注2]。

图 6-7 带气体吸收装置的回流装置

将馏出液转入分液漏斗中加入 10 mL 水洗涤[注3]，分出水层。将有机层用 10 mL 浓硫酸洗涤[注4]，尽量分离干净硫酸层。有机层再依次用水、饱和碳酸氢钠溶液及水各 10 mL 洗涤[注5]。分出粗正溴丁烷，置于带塞的干燥锥形瓶中，加入 2 g 无水氯化钙，干燥 0.5～1 h。干燥后的粗产物滤入 50 mL 茄形瓶中，加入沸石进行蒸馏，收集 99～103 ℃的馏分。产量 6.5 g 左右，产率约为 60％～65％。

2. 半微量实验

在 50 mL 的圆底烧瓶中，加入 5 mL 水及搅拌磁子，小心加入 4.8 mL 浓硫酸，混合均匀后，冷却至室温。把烧瓶放在电磁加热搅拌器上，依次加入 3.0 mL(2.43 g，32.8 mmol)正丁醇及 4.0 g(38.9 mmol)研细的溴化钠粉末，待搅拌均匀后，加入 2～3 粒沸石。装上回流冷凝管，在冷凝管上端安上真空搅拌器套管，并接一根橡皮管，再通过橡皮管连接一只漏斗，将漏斗倒扣，半浸在盛有适量水的烧杯中，作为气体吸收装置。在电磁加热搅拌器上加热，搅拌回流 1.5 h。稍冷却后，改作蒸馏装置，用电热套加热蒸出正溴丁烷粗产品，至馏出液澄清为止。

将馏出液转入分液漏斗中，加入 3 mL 水洗涤，分出水层。有机层用 2 mL 浓硫酸洗涤，分净硫酸层。有机层再依次用 5 mL 水、5 mL 饱和碳酸氢钠溶液及 5 mL 水洗涤。分出粗正溴丁烷，置于带塞的干燥锥形瓶中，加入适量无水氯化钙，干燥 0.5～1 h。干燥后的粗产物滤入干燥的 10 mL 茄形瓶中，加入沸石进行蒸馏，收集 98～103 ℃的馏分。产量为 1.5～1.8 g 左右，产率约为 33％～40％。

【附注】

[1] 在回流过程中，尤其是停止回流时，要密切注意勿使漏斗全部埋入水中，以免倒吸。

[2] 正溴丁烷是否蒸完，可以从下列现象判断：(1) 蒸出液是否由浑浊变为澄清。(2) 反应瓶内漂浮油层是否消失。(3) 取一试管，收集几滴馏液，加水摇动，观察有无油珠出现。

[3] 如水洗后粗产物尚呈红色，是由于浓硫酸的氧化作用生成游离溴的原因，可加入数毫升饱和亚硫酸氢钠溶液洗涤除去。

$$2NaBr + 3H_2SO_4(浓) \longrightarrow Br_2 + SO_2 + 2H_2O + 2NaHSO_4$$

$$Br_2 + 3NaHSO_3 \longrightarrow 2NaBr + NaHSO_4 + 2SO_2 + H_2O$$

[4] 浓硫酸的作用是溶解并除去粗产物中少量未反应的正丁醇及副产物正丁醚等杂质。因为正丁醇可与正溴丁烷形成共沸物(沸点为 98.6 ℃，含正丁醇 13％)，蒸馏时很难除去，因此用浓硫酸洗涤时，要充分振摇。

[5] 各步洗涤，均需注意何层取之，何层弃之。若不知密度，可根据水溶性判断。

【思考题】

1. 加料时，为什么不可以先使溴化钠与浓硫酸混合，然后加入正丁醇及水？
2. 反应后的粗产物可能含有哪些杂质？各步洗涤的目的是什么？
3. 用分液漏斗洗涤产物时，正溴丁烷时而在上层，时而在下层，用什么简便方法判断？

实验五　环己酮的制备

【目的与要求】

1. 学习由醇氧化制备酮的基本原理。
2. 掌握由环己醇氧化制备环己酮的实验操作。

【基本原理】

环己酮常用作有机合成中间体和有机溶剂。工业上最常用的制备方法是环己烷空气催化氧化和环己醇催化脱氢。例如：

在实验室中，多用氧化剂氧化环己醇，酸性重铬酸钠（钾）是最常用的氧化剂之一。例如：

$$Na_2Cr_2O_7 + H_2SO_4 \longrightarrow 2CrO_3 + Na_2SO_4 + H_2O$$

总反应式：

反应中，重铬酸盐在硫酸作用下先生成铬酸酐，再和醇发生氧化反应，因酮比较稳定，不易进一步被氧化，故一般能得到较高的产率。为防止因进一步氧化而发生断链，控制反应条件仍然十分重要。

本实验用重铬酸钠氧化环己醇制备环己酮。

【试剂与规格】

浓硫酸 C.P.　　　　　　　环己醇 C.P.
重铬酸钠 C.P.　　　　　　无水碳酸钾 C.P.
草酸 C.P.　　　　　　　　精盐

【物理常数及化学性质】

环己醇（Cyclohexanol）：相对分子质量为 100.16，沸点为 161.1 ℃. d_4^{20} 为 0.949 3。微

溶于水,溶于乙醇、乙醚。本品具有中等毒性。

环己酮(Cyclohexanone):相对分子质量为 98.14,沸点为 155.65 ℃,n_D^{20} 为 1.450 7,d_4^{20} 为 0.947 8。无色可燃性液体,微溶于水,能与醇、醚及其他有机溶剂混溶。本品是生产聚酰胺的重要原料。

【操作步骤】

1. 常量实验

在 500 mL 圆底烧瓶中放入 120 mL 冰水,慢慢加入 20 mL 浓硫酸。充分混合后,搅拌下慢慢加入 20 g(25 mL,0.2 mol)环己醇。在混合液中放一温度计,并将溶液温度降至 30 ℃以下。

将重铬酸钠 21 g(0.07 mol)溶于盛有 12 mL 水的烧杯中。将此溶液分批加入圆底烧瓶中,并不断振摇使之充分混合。氧化反应开始后,混合液迅速变热,且橙红色的重铬酸盐变为墨绿色的低价铬盐。当烧瓶内温度达到 55 ℃时,可用冷水浴适当冷却,控制温度不超过 60 ℃。待前一批重铬酸盐的橙色消失之后,再加入下一批。加完后继续振摇直至温度有自动下降的趋势为止,最后加入 1 g 草酸使反应液完全变成墨绿色[注1]。

反应瓶中加入 100 mL 水,并改为蒸馏装置[注2]。将环己酮和水一起蒸馏出来(环己酮与水的共沸点为 95 ℃),直至馏出液澄清后再多蒸 10～15 mL,共收集馏液 80～90 mL[注3]。将馏出液用 15～20 g 精盐饱和,分液漏斗分出有机层,水层用 60 mL 乙醚萃取 2 次,合并有机层和萃取液,用无水碳酸钾干燥。粗产品进行蒸馏,先蒸出乙醚,改用空气冷凝管冷却,收集 150～156 ℃的馏分。产品重 12～13 g,产率约 62%～67%。

2. 半微量实验

在 50 mL 圆底烧瓶中放入 10 mL 冰水,慢慢加入 3.5 mL 浓硫酸。充分混合后,搅拌下缓慢加入环己醇 1.92 g(2 mL,19.24 mmol)。在混合液中放一温度计,并将溶液温度降至 30 ℃以下。

将重铬酸钠 3.5 g(11.6 mmol)溶于盛有 2 mL 水的烧杯中。将此溶液用滴管分批加入圆底烧瓶中,并不断振摇使之充分混合。氧化反应开始后,混合液迅速变热,且橙红色的重铬酸盐变为墨绿色的低价铬盐。当瓶内温度达到 55 ℃时,可用冷水浴适当冷却,控制温度不超过 60 ℃。待前一批重铬酸盐的橙色消失之后,再加入下一批。加完后继续振摇直至温度有自动下降的趋势为止,最后加入 0.15 g 草酸使反应液完全变成墨绿色。

反应瓶中加入 12 mL 水,用简易水蒸气蒸馏装置将环己酮和水一起蒸馏出来(环己酮与水的共沸点为 95 ℃),直至馏出液澄清。将馏出液用适量精盐饱和,分液漏斗分出有机层,水层用 6 mL 乙醚萃取 2 次,合并有机层和萃取液,用无水碳酸钾干燥。蒸出乙醚,烧瓶中剩余物即为产品。产品重 1.2～1.3 g,产率约 62%～66%。

【附注】

[1] 若不除去过量的重铬酸钠,在后面蒸馏时,环己酮将进一步被氧化,开环成己二酸。

[2] 这实际上是简易水蒸气蒸馏装置。

[3] 31 ℃时,环己酮在水中的溶解度为 3.4 g,即使用盐析,仍不可避免有少量环己酮损失,故水的馏出量不宜过多。

【思考题】

1. 为什么要将重铬酸钠溶液分批加入反应瓶中？
2. 当氧化反应结束时，为何要加入草酸？

实验六　三苯甲醇的制备

【目的与要求】

1. 学习利用格氏反应制备结构复杂的醇。
2. 进一步熟悉格氏反应的各步操作。

【基本原理】

三苯甲醇在工业上是用苯做原料，在 $AlCl_3$ 存在下，以 CCl_4 作烷基化试剂，生成三苯氯甲烷与 $AlCl_3$ 的复合物，再经酸化水解而得。还可用三苯甲烷氧化制备。在实验室中主要用格氏（Grignard）反应制备。利用格氏反应制备，又因原料不同而分为两种方法。

1. 苯甲酸乙酯与苯基溴化镁反应

2. 二苯酮与苯基溴化镁反应

上述两种方法的副反应都是：

本实验采用第一种方法。

【试剂与规格】

溴苯(干燥)C.P.   苯甲酸乙酯 C.P.(精制)

镁屑 C.P.   碘 C.P.

无水乙醚 C.P.   乙醇 C.P.,含量为 95%

氯化铵 C.P.   稀盐酸 6 mol·L^{-1}

【物理常数及化学性质】

苯甲酸乙酯(Ethyl Benzoate)：相对分子质量为 150.12,沸点为 213 ℃,n_D^{20} 为 1.500 1,d_4^{20} 为 1.050 9。无色澄清液体,具有芳香气味,微溶于水,溶于乙醇和乙醚。本品是一种香料和溶剂,亦是有机合成中间体。

溴苯(Bromobenzene)：相对分子质量为 157.02，沸点为 156 ℃，n_D^{20} 为 1.569 7，d_4^{20} 为 1.495 2。无色油状液体，不溶于水，溶于苯、乙醇、醚、氯苯等有机溶剂，易燃。本品是有机合成原料，可用于合成医药、农药、染料等。

三苯甲醇(Triphenylcarbinol)：相对分子质量为 260.33，熔点为 164.2 ℃。白色晶体，不溶于水，易溶于苯、醇、醚和冰醋酸。本品是一种有机合成原料。

【操作步骤】

在干燥的 250 mL 三口瓶中加入 1.5 g(0.062 mol)镁屑和一粒碘，并安装搅拌器、带有氯化钙干燥管的球形冷凝管和筒形滴液漏斗[注1]，在滴液漏斗中加入 9.5 g(6.4 mL，0.061 mol)溴苯和 25 mL 无水乙醚混合液。先滴入 8～10 mL 溴苯-乙醚混合液，此时镁表面明显形成气泡，溶液出现轻微浑浊，球形冷凝器下端出现回流。如不反应，可稍微温热[注2]。待反应趋于平稳后，开始搅拌，从球形冷凝器上端加入 10 mL 无水乙醚，再慢慢滴加溴苯和无水乙醚的混合液，控制滴加速度，保持乙醚的正常回流。滴加完毕，继续搅拌回流 15 min，以使镁屑尽量反应完全[注3]。

用冷水浴冷却三口瓶，搅拌下从滴液漏斗中慢慢滴入 3.8 g(3.6 mL，0.025 mol)苯甲酸乙酯和 10 mL 无水乙醚的混合液，控制滴加速度以使乙醚保持回流。滴加完毕，在搅拌下缓慢加热回流 1 h。在冷水浴冷却下从滴液漏斗中慢慢加入 7.5 g 氯化铵与 28 mL 水配制好的饱和溶液，以分解加成产物[注4]。

改成蒸馏装置，先在低温下蒸出乙醚，然后进行水蒸气蒸馏，以除去溴苯等有机物，直至馏液不再有油状物为止。烧瓶中三苯甲醇呈固体析出，冷却，用布氏漏斗抽滤。粗产物称重，用 95% 的乙醇重结晶[注5]。得纯品 4～5 g，产率 61%～76%。本实验约需 9～12 h。

【附注】

[1] 所有反应仪器及试剂都必须充分干燥。苯甲酸乙酯经无水硫酸镁干燥后减压蒸馏。

[2] 可用手捂热，亦可用电热套微热，但严禁明火。整个反应期间不准有火种。

[3] 镁屑未完全反应，可适当延长回流时间，若仍不消失，实验则可继续往下进行。

[4] 如反应中絮状氢氧化镁未全溶时，可加入 5～8 mL 6 mol·L^{-1} 盐酸，使其全部溶解。

[5] 亦可用石油醚-乙醇(体积比为 2∶1)重结晶。

【思考题】

1. 实验中溴苯加入过快会产生什么不良影响？

2. 为什么用饱和氯化铵溶液分解产物？还有何试剂可代替饱和氯化铵溶液？

3. 进行重结晶时，何时加入活性炭为宜？若用混合溶剂重结晶，加入大量不良溶剂会产生什么不良影响？抽滤后的结晶应用什么溶剂洗涤？

4. 格氏试剂与哪些化合物反应可以制得伯、仲、叔醇？写出各自的化学反应式。

实验七　乙酸乙酯的制备

【目的与要求】

1. 学习酯化反应的基本原理和制备方法。
2. 掌握分液操作。

【基本原理】

羧酸酯一般是由羧酸和醇在少量浓硫酸或干燥的氯化氢、磺酸或阳离子交换树脂等有机强酸催化下脱水而制得的。酯化反应是可逆反应，为了促使反应向正反应方向进行，通常采用增加酸或醇的浓度或连续地移去产物（由形成恒沸混合物来移去反应中的酯和水）的方式。提高反应温度可加速反应。醇、酸的结构对反应速度也有很大影响。一般来说，醇的反应活性是伯醇＞仲醇＞叔醇，酸的反应活性是 $RCH_2COOH > R_2CHCOOH > R_3CCOOH$。

$$R \overset{O}{\overset{\|}{-C}} -OH + R'OH \underset{}{\overset{H_2SO_4}{\rightleftharpoons}} R \overset{O}{\overset{\|}{-C}} -OR' + H_2O$$

本实验采用由乙酸和乙醇在浓硫酸的催化下反应制备乙酸乙酯。乙酸乙酯和水能形成二元共沸物，沸点 70.4 ℃，比乙醇（78 ℃）和乙酸（118 ℃）的沸点都低。而乙酸乙酯的沸点为 77.06 ℃，因此，乙酸乙酯很容易蒸出。反应式：

$$CH_3COOH + CH_3CH_2OH \underset{}{\overset{H_2SO_4}{\rightleftharpoons}} CH_3COOC_2H_5 + H_2O$$

羧酸酯还可由酰氯、酸酐或腈和醇反应而制得。用羧酸经过酰卤再与醇反应生成酯，虽然经过两步，结果往往比直接酯化好，这也是一个广泛用于合成酯的方法。

【试剂与规格】

95％乙醇 C.P.　　　　　碳酸钠 C.P.
浓硫酸 C.P.　　　　　　食盐 C.P.
冰醋酸 C.P.　　　　　　氯化钙 C.P.
无水硫酸镁 C.P.

【物理常数及化学性质】

乙酸乙酯（Ethyl Acetate）：相对分子质量为 88.11，沸点为 77.06 ℃，n_D^{20} 为 1.371 9，d_4^{20} 为 0.894 6。无色澄清液体，有芳香味。易溶于氯仿、丙酮、醇、醚等有机溶剂，稍溶于水，遇水有极缓慢的水解。易挥发，遇明火、高热易燃。本品是用途最广的脂肪酸酯之一，具有优异的溶解能力。

【操作步骤】

1. 常量实验
在 100 mL 三口瓶中加入 9.5 g（12 mL，0.20 mol）95％乙醇，分次加入 12 mL 浓硫酸和几

粒沸石,不断摇动,使其混合均匀。三口瓶上依次安装蒸馏装置、60 mL 长颈滴液漏斗和温度计,滴液漏斗末端及温度计水银球插入反应液内,滴液漏斗中加入 9.5 g(12 mL,0.20 mol)95%乙醇及 13.6 g(12 mL,0.23 mol)冰醋酸的混合液。先从滴液漏斗滴加 3~4 mL 混合液,慢慢加热反应瓶,使反应液温度升至 120~125 ℃左右,并有液体蒸出。滴加其余的混合液,控制滴入速度与蒸出速度大致相等,并维持反应液温度仍在 120~125 ℃之间[注1]。滴加完毕,继续加热,直到液温达 130 ℃,同时不再有液体蒸出为止。

在不断振摇下,将饱和碳酸钠溶液(约 10 mL)慢慢加到馏出液中,直到无二氧化碳气体[注2]逸出为止。馏出液移入分液漏斗,分去水层。有机层先用 10 mL 饱和食盐水[注3]洗涤,再用 10 mL 饱和氯化钙溶液洗涤两次后,移入干燥的锥形瓶中,用适量无水硫酸镁干燥约 0.5~1 h。将粗产物滤入 25 mL 圆底烧瓶,安装好蒸馏装置并进行蒸馏,收集 73~78 ℃的馏分[注4]。产量为 11~13 g,产率为 60%~70%。

2. 半微量实验

在 50 mL 单口烧瓶中加入 4.8 g(6 mL,103.8 mmol)无水乙醇和 3.8 mL(3.96 g,66.4 mmol)冰醋酸,再加入 1.6 mL 浓硫酸及两粒沸石,同时不断摇动,使其混合均匀。烧瓶上安装回流冷凝管,用电热套以较低的电压加热,使溶液保持微沸,回流约 30 min。冷却后,换成韦氏分馏头,改为蒸馏装置。加热蒸出约 2/3 的液体。大致蒸到蒸馏液泛黄、馏出速度减慢为止。

在不断振摇下,将饱和碳酸钠溶液(约 3.8 mL)慢慢加到馏出液中,直到无二氧化碳气体逸出为止。馏出液移入分液漏斗,分去水层。有机层先用 5 mL 饱和食盐水洗涤,再用 5 mL 饱和氯化钙溶液和水各洗涤一次,分去水层,有机层移入干燥的三角瓶中,用适量无水硫酸镁干燥约 0.5~1 h。将干燥好的粗产物滤入合适的圆底烧瓶,安装好蒸馏装置进行蒸馏,收集 73~78 ℃的馏分。产量为 3.0~3.8 g,产率为 35%~50%。

【附注】

[1] 温度过高会增加副产物乙醚的含量。

[2] 可用湿润的蓝色石蕊试纸检验二氧化碳的存在。

[3] 每 17 份水可溶解 1 份乙酸乙酯。为减少酯的损失并除去碳酸钠,要先用饱和食盐水洗涤。

[4] 乙酸乙酯可与水、醇形成二元、三元共沸物,其组成及沸点见表 6-2。

表 6-2　二元、三元共沸物及沸点

沸点/ ℃	组成/%		
	乙酸乙酯	乙醇	水
70.2	83.6	8.4	8
70.4	91.9		8.1
71.8	69.0	31.0	

因此,当粗产品中含有水、醇时,沸点降低,前馏分增加,影响产率。

基础化学实验（下册）

【思考题】

1. 为什么反应开始时先加入 3～4 mL 乙醇与醋酸的混合液,然后再控制滴入速度与蒸出速度相等?
2. 反应馏出液中含有哪些杂质?
3. 对馏出液各步洗涤、分离的目的何在? 如先用饱和氯化钙洗,再用饱和食盐水洗,可以吗? 为什么?

实验八　乙酸正丁酯的制备

【目的与要求】

1. 学习羧酸与醇反应制备酯的原理和方法。
2. 学习利用恒沸去水以提高酯化反应收率的方法。
3. 学习使用分水器回流去水的原理和使用方法。

【实验原理】

主反应:

副反应:

【试剂与规格】

正丁醇 C.P.　　　　　　碳酸钠 C.P.
浓硫酸 C.P.　　　　　　冰醋酸 C.P.
无水硫酸镁 C.P.

【物理常数及化学性质】

正丁醇(见"正溴丁烷的制备")
乙酸正丁酯(n-butyl acetate):相对分子质量为 116.16,沸点为 126.5 ℃,n_D^{20} 为 1.395 1,d_4^{20} 为 0.882。无色液体。

【实验装置图】

回流分水装置见图 6-8,蒸馏装置见图 6-9。

图 6-8 回流分水装置   图 6-9 蒸馏装置

【操作步骤】

在干燥的 50 mL 圆底烧瓶中装入 4.6 mL（3.72 g，0.05 mol）正丁醇和 2.88 mL（3 g，0.05 mol）冰醋酸，再加入 1～2 滴浓硫酸[注1]。混合均匀，投入沸石，然后安装分水器及回流冷凝管，并在分水器中预先加水至略低于支管口[注2]。加热回流[注3]，反应一段时间后把水逐渐分去，保持分水器中水层液面在原来的高度。约 40 min 后不再有水生成，表示反应完毕[注4]。停止加热，记录分出的水量。冷却后卸下回流冷凝管，把分水器中分出的上层（酯层）和圆底烧瓶中的反应液一起倒入分液漏斗中。用 5 mL 水洗涤，分去水层。酯层用 5 mL 10%碳酸钠溶液洗涤，检验是否仍有酸性（如仍有酸性怎么办？），分去水层。将酯层再用 5 mL 水洗涤一次，分去水层。将酯层倒入小锥形瓶中，加少量无水硫酸镁干燥。

将干燥后的乙酸正丁酯倒入干燥的 50 mL 蒸馏烧瓶中（注意不要把硫酸镁倒进去！），加入沸石，安装好蒸馏装置（见图 6-9），加热蒸馏。收集 124～126 ℃的馏分。前馏分倒入指定的回收瓶中。

产物的纯度用气相色谱检查。用邻苯二甲酸二壬酯为固定液，柱温和检测温度为 100 ℃，汽化温度为 150 ℃，热导检测器以氢气为载体，流速为 45 mL/min。

产量约 4 g。

【附注】

［1］加入浓硫酸后须振荡，以使反应物混合均匀。实验中的浓硫酸仅起催化作用，故只需少量，不可多加。

［2］在分水器中预先加水至分水器回流支管口，从分水器下口放出 1 mL 水（用量筒量取），以保证醇能及时回到反应体系继续参加反应。注意：只要水不回流到反应体系中就不要放水。

［3］在回流过程中，要控制加热速度，一般以上升气环的高度不超过球形冷凝管的 1/3 为宜，回流速度每秒 1～2 滴。

［4］反应终点的判断：分水器中不再有水珠下沉，水面不再升高，出水接近理论量。反应大约需要 40 min。

【思考题】

1. 本实验是根据什么原理来提高乙酸正丁酯的产率的？
2. 计算反应完全时应分出多少水。

实验九　苯胺的制备

【目的与要求】

1. 学习硝基还原为氨基的基本原理。
2. 掌握铁粉还原法制备苯胺的实验步骤。

【基本原理】

芳香族硝基化合物在酸性介质中还原，可以得到相应的芳香族伯胺。常用的还原剂有铁-盐酸、铁-醋酸、锡-盐酸等。

工业上苯胺可以用铜作催化剂催化氢化硝基苯来合成：

较新的工业制苯胺的方法是用苯酚氨解：

实验室制备一般是用硝基苯还原：

反应分步进行：

另外，还可能发生下列副反应：

1.

2.

3.

　　用铁还原硝基苯，盐酸仅为理论量的 1/40，因为这里除产生新生态氢以外，主要由生成的亚铁盐来还原，反应过程中所包括的变化用下列方程式表示：

1. 铁和酸生成亚铁离子

$$Fe + 2H^+ \longrightarrow Fe^{2+} + 2[H]$$

2. 硝基苯被还原成苯胺

3. 铁离子与水作用生成氧化铁并再生成氢离子

$$2Fe^{3+} + 6H_2O \longrightarrow 6H^+ + 2Fe(OH)_3$$

$$2Fe(OH)_3 \longrightarrow Fe_2O_3 + 3H_2O$$

4. 三氧化二铁与氧化亚铁化合，得四氧化三铁

$$Fe_2O_3 + FeO \longrightarrow Fe_3O_4$$

【试剂与规格】

硝基苯 C.P.　　　　　　　铁粉 40～100 目

乙酸 C.P.　　　　　　　　食盐 C.P.

乙醚 C.P.　　　　　　　　氢氧化钠 C.P.

【物理常数及化学性质】

硝基苯(Nitrobenzene)：相对分子质量为 123.11，沸点为 210.8 ℃，n_D^{20} 为 1.552 9，d_4^{20}

为 1.203 7。无色透明油状液体，具有苦杏仁油的特殊臭味。微溶于水，易溶于乙醇、乙醚、苯、甲苯等有机溶剂，能随水蒸气蒸发，易燃易爆，高毒性。本品是一种重要的基本有机合成原料。

苯胺(Aniline)：相对分子质量为 93.13，沸点为 184.4 ℃，92 ℃(4.4 kPa)，熔点为 −63 ℃，n_D^{20} 为 1.586 3，d_4^{20} 为 1.022 0。无色或淡黄色透明油状液体，有特殊气味。暴露空气中或见光会逐渐变成棕色，能随水蒸气挥发，能与醇、醚、苯、硝基苯及其他多种有机溶剂混溶。苯胺在水中的溶解度为 3.5%(25 ℃)或 3.7%(30 ℃)。苯胺是重要的有机化工原料，以它为原料能生产的较重要的有机化工产品达 300 多种，在涂料、橡胶、染料、医药等工业中有广泛的用途。

【操作步骤】

在 250 mL 圆底烧瓶中加入 40 g 铁粉(0.72 mol)、40 mL 水和 2 mL 乙酸，用力振摇使混合均匀。安装回流冷凝管，缓缓加热微沸 5 min[注1]。稍冷，从冷凝管顶端分批加入 25 g (21 mL, 0.2 mol)硝基苯，每次加完后要进行振荡，使反应物充分混合。反应剧烈放热，足以使溶液沸腾[注2]。加完后，用电热套加热回流 0.5～1 h，并不断振摇，以使还原反应完全[注3]。

将反应液转入 500 mL 长颈圆底烧瓶中，进行水蒸气蒸馏，直到馏出液澄清[注4]为止。约收集 200 mL。分出有机层，水层用食盐(约 40～50 g)饱和后，每次用 20 mL 乙醚萃取三次。合并有机层[注5]和乙醚萃取液，用固体氢氧化钠干燥。将干燥好的有机溶液进行蒸馏，先蒸出乙醚，再加热收集 180～185 ℃的馏分[注6]。产量为 13～14 g，产率为 69%～74%。本实验约需 8 h。

【附注】

[1] 该步骤主要作用是活化铁。铁与乙酸作用生成乙酸铁，这样做可缩短反应时间。

[2] 若反应剧烈放热，引起暴沸，可备好冷水浴随时冷却。

[3] 硝基苯为黄色油状物，如果回流液中黄色油状物消失而转变为乳白色油珠，表明反应已经完成。也可用滴管吸取少量反应液于试管中，加几滴浓盐酸，看是否有黄色油珠下沉。如果回流冷凝器内壁沾有黄色油珠，可用少量水冲下，再继续反应一段时间。还原反应必须完全，否则，残留的硝基苯很难分离。

[4] 馏出液中若有硝基苯必须设法除去，见表 6-3。

表 6-3　苯胺的蒸气压及温度

苯胺的蒸气压/kPa	0.13	1.33	5.33	13.33	101.31
温度/ ℃	34.8	69.4	96.7	119.9	184.13

[5] 苯胺毒性较大，需小心处理。它很易透过皮肤被吸收，引起青紫。一旦触及皮肤，先用水冲洗，再用肥皂和温水洗涤。

[6] 新蒸苯胺为无色油状液体，当暴露于空气或受光照射时，颜色变暗。

【思考题】

1. 本实验在水蒸气蒸馏前为何不进行中和？若以盐酸代替醋酸是否需要中和？
2. 本实验为何选择水蒸气蒸馏的方法把苯胺从反应混合物中分离出来？
3. 如果粗产物苯胺中含有硝基苯，应如何分离提纯？
4. 在精制苯胺时，为什么用粒状氢氧化钠作干燥剂而不用硫酸镁或氯化钙？

实验十　乙酰苯胺的制备

【目的与要求】

1. 掌握苯胺乙酰化反应的原理和实验操作。
2. 进一步熟悉固体有机物的提纯方法——重结晶。

【基本原理】

芳胺的乙酰化在有机合成中有着重要的作用，例如保护氨基。一级和二级芳胺在合成中通常被转化为它们的乙酰化衍生物，以降低芳胺对氧化剂的敏感性或避免与其他功能基或试剂（如 $RCOCl$、$—SO_2Cl$、HNO_2 等）之间发生不必要的反应。同时，氨基经酰化后，降低了氨基在亲电取代（特别是卤化）中的活化能力，使其由很强的第 I 类定位基变为中强度的第 I 类定位基，使反应由多元取代变为有用的一元取代；由于乙酰基的空间效应，对位取代产物的比例提高。在合成的最后步骤，氨基很容易通过酰胺在酸碱催化下水解被游离出来。

芳胺可用酰氯、酸酐或冰醋酸来进行酰化。冰醋酸易得，价格便宜，但需要较长的反应时间，适合于规模较大的制备。酸酐一般来说是比酰氯更好的酰化试剂。用游离胺与纯乙酸酐进行酰化，常伴有二乙酰胺[ArN(COCH_3)_2]副产物的生成。但如果在醋酸-醋酸钠的缓冲溶液中进行酰化，由于酸酐的水解速度比酰化速度慢得多，可以得到高纯度的产物。但这一方法不适合于硝基苯胺和其他碱性很弱的芳胺的酰化。

本实验中用冰醋酸作乙酰化试剂。

【试剂与规格】

苯胺 C.P. ≥99%　　　　　　　　冰醋酸 C.P. ≥99%

【物理常数及化学性质】

苯胺（aniline）：相对分子质量为 93.13，沸点为 184 ℃，n_D^{20} 为 1.586 3，d_4^{20} 为

1.022。微溶于水(3.7 g/100 g水),易溶于乙醇、乙醚和苯。本品有毒,吸入、口服或皮肤接触都有危害。

乙酰苯胺(acetanilide):相对分子质量为135.17,熔点为114 ℃,d_4^{20} 为1.219。微溶于冷水,易溶于乙醇、乙醚及热水。本品具有刺激性,经皮肤接触或由呼吸和消化系统可进入体内,能抑制中枢神经系统和心血管。

【操作步骤】

在50 mL圆底烧瓶中加入5 mL(5.1 g,0.055 mol)苯胺[注1]、7.5 mL(7.85 g,0.13 mol)冰醋酸及少许锌粉(约0.05 g)[注2],装上一短的刺形分馏柱[注3],其上端装一温度计,支管通过支管接引管与接收瓶相连,接收瓶外部用冷水浴冷却。

将圆底烧瓶缓缓加热,使反应物保持微沸约15 min。然后逐渐升高温度,当温度计读数达到100 ℃左右时,支管即有液体流出。反应回流时,必须强热,蒸气高度应超过2/3冷凝管的高度。若加热强度不够时,则可能产生苯胺乙酸盐,而难以产生乙酰苯胺,维持温度在100~110 ℃之间反应约1.5 h,生成的水及大部分醋酸已被蒸出[注4],此时温度计读数下降,表示反应已经完成。在搅拌下趁热将反应物倒入200 mL冰水中[注5],冷却后抽滤析出固体,用冷水洗涤。粗产物用水重结晶。产量4~5 g,熔点113~114 ℃。

重结晶:用适当的溶剂进行重结晶是纯化固体化合物最常用的方法之一。

固体有机物在溶剂中的溶解度与温度有密切关系。一般温度升高,溶解度增大。若把待纯化的固体有机物溶解在热的溶剂中达到饱和,冷却时,由于溶解度降低,溶液变成过饱和而析出晶体。重结晶就是利用溶剂对被提纯物质及杂质的溶解度不同,让杂质全部或大部分留在溶液中(或被过滤除去),从而达到分离纯化的目的。

重结晶一般过程为:

1. 溶剂的选择

在进行重结晶时,选择理想的溶剂是关键,理想的溶剂必须具备下列条件:

(1) 不与被提纯物质起化学反应。

(2) 温度高时,被提纯物质在溶剂中溶解度大,在室温或更低温度下溶解度很小。

(3) 杂质在溶剂中的溶解度非常大或非常小(前一种情况是使杂质留在母液中不随被提纯晶体一同析出,后一种情况是使杂质在趁热过滤时除去)。

(4) 溶剂沸点较低,易挥发,易与结晶物分离除去。

此外还要考虑能否得到较好的结晶,溶剂的毒性、易燃性和价格等因素。

在重结晶时需要知道用哪一种溶剂最合适和物质在该溶剂中的溶解度情况。若为早已研究过的化合物,可从查阅手册或辞典中"溶解度"一栏中找到有关适当溶剂的资料;若从未研究过,则须先用少量样品进行反复实验。在进行实验时必须应用"相似相溶"原理,即物质往往易溶于结构和极性相似的溶剂中。

若不能选到单一的合适溶剂,常可应用混合溶剂。一般是由两种能互溶的溶剂组成,其中一种对被提纯的化合物溶解度较大,而另一种溶解度较小,常用的混合溶剂有乙醇-水、醋酸-水、苯-石油醚、乙醚-甲醇等。

2. 固体的溶解

要使重结晶得到的产品纯度高且回收率高,溶剂的用量是关键。溶剂用量太大,会使待提纯物过多地留在母液中造成损失;但用量太少,在随后的趁热过滤中又易析出晶体而损失产品,并且还会给操作带来麻烦。因此一般比理论需要量(刚好形成饱和溶液的量)多加约 10%～20% 的溶剂。

3. 脱色

不纯的有机物常含有有色杂质,若遇这种情况,常可向溶液中加入少量活性炭来吸附这些杂质,加入活性炭的方法是:待沸腾的溶液稍冷后加入,活性炭用量视杂质多少而定,一般为干燥的粗品重量的 1%～5%。然后煮沸 5～10 min,并不时搅拌以防暴沸。

4. 热过滤

除去不溶性杂质和活性炭需要趁热过滤。由于在过滤的过程中溶液的温度下降,往往导致结晶析出,因此常使用保温漏斗(热水漏斗)过滤。保温漏斗要用铁夹固定好,注入热水,并预先烧热。若是易燃的有机溶剂,应熄灭火焰后再进行热滤;若溶剂是不可燃的,则可煮沸后一边加热一边热滤。

为了提高过滤速度,滤纸最好折成扇形滤纸(又称折叠滤纸或菊花形滤纸)。具体折法如图 6-10 所示。

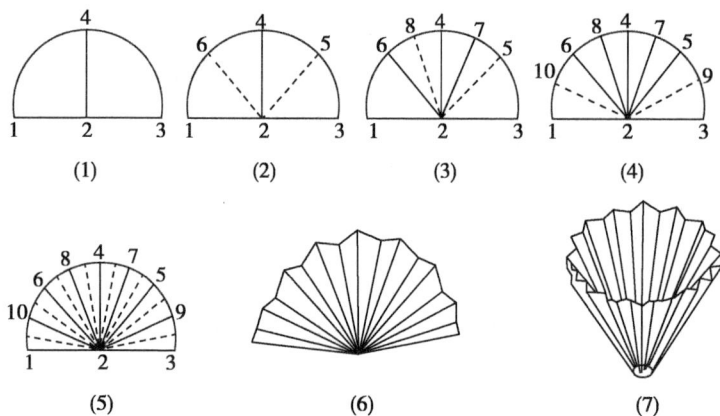

图 6-10 扇形滤纸的叠法

将圆形滤纸对折,然后再对折成四分之一,以边 3、边 1 对边 4 叠成边 5、6,以边 4 对边 5 叠成边 7,以边 4 对边 6 叠成边 8,依次以边 1 对边 6 叠成边 10,边 3 对边 5 叠成边 9,这时折得的滤纸外形如图。在折叠时应注意,滤纸中心部位不可用力压得太紧,以免在过滤时,滤纸底部由于磨损而破裂。然后将滤纸在 1 和 10、6 和 8、4 和 7 等之间各朝相反方向折叠,做成扇形,打开滤纸呈图 6-10(7)状,最后做成如图的折叠滤纸,即可放在漏斗中使用。

5. 结晶

让热滤液在室温下慢慢冷却,结晶随之形成。如果冷却时无结晶析出,可加入一小颗晶种(原来固体的结晶)或用玻璃棒在液面附近的玻壁上稍用力摩擦引发结晶。

所形成的晶体太细或过大都不利于纯化。太细则表面积大,易吸附杂质;过大则在晶体中夹杂溶液且干燥困难。让热滤液快速冷却或振摇会使晶体很细,使热滤液极缓慢地冷却则产生的晶体较大。

6. 抽气过滤(减压过滤)

把结晶与母液分离一般采用布氏漏斗抽气过滤的方法,其装置见图 6-11。

图 6-11　减压过滤装置　　　　图 6-12　玻璃钉过滤装置

根据需要选用大小合适的布氏漏斗和刚好覆盖住布氏漏斗底部的滤纸。先用与待滤液相同的溶剂湿润滤纸,然后打开水泵,并慢慢关闭安全瓶上的活塞使吸滤瓶中产生部分真空,使滤纸紧贴漏斗。将待滤液及晶体倒入漏斗中,液体穿过滤纸,晶体收集在滤纸上。关闭水泵前,先将安全瓶上的活塞打开或拆开抽滤瓶与水泵连接的橡皮管,以免水倒吸流入抽滤瓶中。

过滤少量的结晶(1~2 g 以下),可用玻璃钉抽气装置,如图 6-12 所示。

7. 干燥结晶

用重结晶法纯化后的晶体,其表面还吸附有少量溶剂,应根据所用溶剂及结晶的性质选择恰当的方法进行干燥。固体的干燥方法有很多,可根据重结晶所用溶剂及晶体的性质选择。常用的方法有如下几种:① 空气干燥;② 烘干;③ 干燥器干燥。

【附注】

[1] 久置的苯胺色深,有杂质,会影响乙酰苯胺的质量,故最好用新蒸的苯胺。

[2] 加入锌粉的目的是防止苯胺在反应过程中被氧化,生成有色的杂质。

[3] 因属少量制备,最好用微量分馏管代替刺形分馏柱。分馏管支管用一段橡皮管与一玻璃弯管相连,玻璃管下端伸入试管中,试管外部用冷水浴冷却。

[4] 收集醋酸及水的总体积约为 2 mL。

[5] 反应物冷却后,固体产物立即析出,沾在瓶壁不易处理。故须趁热在搅动下倒入冷水中,以除去过量的醋酸及未作用的苯胺(它可成为苯胺醋酸盐而溶于水)。

【思考题】

1. 反应时为什么要控制冷凝管上端的温度在 100~110 ℃?

2. 用苯胺做原料进行苯环上的某些取代反应时,为什么常常先要进行酰化?

实验十一　肉桂酸的制备

【目的与要求】

1. 了解肉桂酸的制备原理和方法。
2. 掌握回流、水蒸气蒸馏等操作。

【基本原理】

芳香醛和酸酐在碱性催化剂作用下,可以发生类似羟醛缩合的反应,生成 α,β-不饱和芳香酸,称为 Perkin 反应。催化剂通常是相应酸酐的羧酸钾盐或钠盐,有时也可用碳酸钾或叔胺代替,典型的例子是肉桂酸的制备。

$$C_6H_5CHO + (CH_3CO)_2O \xrightarrow[170 \sim 180\ ℃]{CH_3COOK} C_6H_5CH = CHCOOH + CH_3COOH$$

碱的作用是促使酸酐的烯醇化,用碳酸钾代替醋酸钾,反应周期可明显缩短。

工业上采用以铜盐、银盐为催化剂,用空气氧化肉桂醛,或在钴催化剂和水存在下,以芳烃为溶剂,使肉桂醛氧化成肉桂酸。

【试剂与规格】

苯甲醛 C.P.　　　　　　　　醋酸酐 C.P.
无水碳酸钾 C.P.　　　　　　刚果红试纸

【物理常数及化学性质】

苯甲醛(benzaldehyde):相对分子质量为 106.12,沸点为 179 ℃,n_D^{20} 为 1.546,d_4^{20} 为 1.050。微溶于水,与乙醇、乙醚和氯仿混溶。本品有一定的毒性,应避免与皮肤接触。

肉桂酸(cinnamic acid):相对分子质量为 148.16,沸点为 300 ℃,熔点为 133 ℃,d_4^{20} 为 1.247 5。不溶于冷水,微溶于热水,溶于乙醇、乙醚和丙酮。本品低毒,对眼睛、呼吸系统和皮肤有刺激性。

【操作步骤】

在 50 mL 圆底烧瓶中加入 1.5 mL(0.015 mol)新蒸馏过的苯甲醛[注1]、4 mL(0.042 mol)新蒸馏过的醋酐[注2]以及研细的 3.2 g(0.016 mol)无水碳酸钾。装上回流冷凝管,加热回流 30 min。由于有二氧化碳放出,初期有泡沫产生。

待反应物冷却后,加入 10 mL 温水,改为水蒸气蒸馏,蒸出未反应完的苯甲醛。将烧瓶冷却,加入 10 mL 10%氢氧化钠溶液,以保证所有的肉桂酸成钠盐而溶解。混合物抽滤,滤液移入 250 mL 烧杯中,冷却至室温,搅拌下用浓盐酸酸化至刚果红试纸变蓝。充分冷却,抽滤,用少量水洗涤沉淀,抽干。粗产品在空气中晾干,产量约 1.5 g,产率约 68%。粗产品可用体积比为 5:1 的水-乙醇重结晶。本实验约需 4~5 h。

【附注】

[1] 苯甲醛放久了,由于自动氧化而生成较多量的苯甲酸。这不但影响反应的进行,而且苯甲酸混在产品中不易除干净,将影响产品的质量,故本实验所需的苯甲醛要事先蒸馏。

[2] 醋酐放久了,由于吸潮和水解将转变为乙酸,故本实验所需的醋酐必须在实验前重新蒸馏。

【思考题】

1. 苯甲醛和丙酸酐在无水碳酸钾的存在下相互作用后得到什么产物?

2. 用酸酸化时,能否用浓硫酸?

3. 具有何种结构的醛能进行 Perkin 反应?

4. 用水蒸气蒸馏除去什么?

实验十二　正丁醚的制备

【目的与要求】

1. 掌握由正丁醇制备正丁醚的实验方法。

2. 学习使用分水器的实验操作。

【基本原理】

在实验室和工业上都采用正丁醇在浓硫酸催化剂存在下脱水制备正丁醚。在制备正丁醚时,由于原料正丁醇(沸点 117.7 ℃)和产物正丁醚(沸点 142 ℃)的沸点都较高,故可使反应在装有水分离器的回流装置中进行,控制加热温度,并将生成的水或水的共沸物不断蒸出。虽然蒸出的水中会夹有正丁醇等有机物,但是由于正丁醇等在水中溶解度较小,相对密度又较水轻,浮于水层之上,因此借助水分离器可使绝大部分的正丁醇等自动连续地返回反应瓶中,而水则沉于水分离器的下部,根据蒸出的水的体积,可以估计反应的进行程度。化学反应式如下:

$$2CH_3CH_2CH_2CH_2OH \xrightarrow[134 \sim 135 \text{℃}]{H_2SO_4} CH_3CH_2CH_2CH_2OCH_2CH_2CH_2CH_3 + H_2O$$

主要副反应:

$$CH_3CH_2CH_2CH_2OH \xrightarrow[> 135 \text{℃}]{H_2SO_4} CH_3CH_2CH = CH_2 + H_2O$$

【试剂与规格】

正丁醇 C.P.　　　　　　　　浓硫酸 C.P.

【物理常数及化学性质】

正丁醇的物理常数和化学性质见实验"正溴丁烷的制备"。

正丁醚(n-butyl ether):相对分子质量为130.23,沸点为143.0 ℃,n_D^{20} 为1.399 2,d_4^{20} 为0.768 9。无色液体,不溶于水,与乙醇、乙醚混溶,易溶于丙酮。本品毒性较小,易燃,有刺激性。本品常用作树脂、油脂、有机酸、生物碱、激素等的萃取和精制溶剂。

【操作步骤】

在干燥的50 mL三口瓶中加入9 mL(0.1 mol)正丁醇、1.5 mL浓硫酸和几粒沸石,摇匀。三口瓶一侧口安装温度计,温度计的水银球必须浸入液面以下,另一侧口塞住,中口装上分水器,分水器上端接一回流冷凝管,在分水器中放置$(V-1)$ mL水[注1]。用电热套小心加热烧瓶,使瓶内液体微沸,回流分水。反应生成的水以共沸物形式蒸出,经冷凝后收集在分水器下层,上层较水轻的有机相积至分水器支管时返回反应瓶中[注2]。当烧瓶内温度升至135 ℃左右、分水器已全部被水充满时可停止反应,反应约需1.5 h。

反应物冷却至室温,把混合物连同分水器里的水一起倒入盛有25 mL水的分液漏斗中,充分振摇,静止后弃去水层。有机层依次用10 mL 50%硫酸分两次洗涤[注3]、10 mL水洗涤,然后用无水氯化钙干燥。将干燥后的产物滤入蒸馏瓶中蒸馏,收集139~142 ℃馏分。产量约2~3 g,产率约40%。

【附注】

[1] 如果从醇转变为醚的反应是定量进行的话,那么反应中应该被除去的水的体积数可以从下式来估算。

例:本实验是用0.1 mol正丁醇脱水制正丁醚,那么应该脱去的水量是:

$$0.1 \text{ mol} \times 18 \text{ g} \cdot \text{mol}^{-1} / (2 \times 1) \text{g} \cdot \text{mL}^{-1} = 0.9 \text{ mL}$$

所以,在实验以前应预先在分水器里加$(V-1)$ mL水,V为分水器的容积,那么加上反应以后生成的水一起正好盛满分水器,使汽化冷凝后的醇正好溢流返回反应瓶中,从而达到自动分离的目的。

[2] 本实验利用恒沸点混合物蒸馏的方法将反应生成的水不断从反应中除去。正丁醇、正丁醚和水可能生成以下几种恒沸点混合物(见表6-4):

表6-4 正丁醇、正丁醚和水生成的恒沸点混合物的沸点

恒沸点混合物		沸点/℃	质量分数/%		
			正丁醚	正丁醇	水
二元	正丁醇-水	93.0		55.5	44.5
	正丁醚-水	94.1	66.6		33.4
	正丁醇-正丁醚	117.6	17.5	82.5	
三元	正丁醇-正丁醚-水	90.6	35.5	34.6	29.9

反应开始后,生成的水以共沸物形式不断排出,瓶内主要是正丁醇和正丁醚,反应物温

度维持在 118~120 ℃。随着反应的进行,温度逐渐升高,反应后期温度可达到 140 ℃。分水器全部被水充满后即可停止反应。

［3］用 50％硫酸处理是基于丁醇能溶解于 50％硫酸中,而产物正丁醚则很少溶解的原因。也可以用下面的方法来精制粗丁醚:待混合物冷却后,转入分液漏斗,仔细用 20 mL 2 mol/L 氢氧化钠溶液洗至碱性,然后用 10 mL 水及 10 mL 饱和氯化钙溶液洗去未反应的正丁醇,接下来如前法一样进行干燥、蒸馏。

【思考题】

1. 制备乙醚和正丁醚在反应原理和实验操作上有什么不同?
2. 为什么要将混合物倒入 25 mL 水中? 各步洗涤的目的是什么?
3. 能否用本实验的方法由乙醇和 2-丁醇制备乙基仲丁基醚? 你认为应用什么方法比较合适?

实验十三 己二酸的制备

【目的与要求】

1. 学习用环己醇氧化制备己二酸的原理和方法。
2. 掌握过滤、重结晶等操作技能。

【实验原理】

$$3 \bigotimes\!\!-OH + 8HNO_3 \xrightarrow[\triangle]{钒酸铵} 3HOOC-(CH_2)_4-COOH + 8NO + 7H_2O$$
$$\longrightarrow NO_2$$

脂环醇氧化生成酮,在强氧化剂硝酸作用下,继续氧化,碳环断裂,生成含相同碳原子数的二元羧酸。

【试剂与规格】

环己醇 C.P.　　　　　　　　　　硝酸 C.P.
钒酸铵 C.P.　　　　　　　　　　氢氧化钠 C.P.

【物理常数及化学性质】

环己醇(见实验"环己酮的制备")

【操作步骤】

在 50 mL 圆底烧瓶中加入 5 mL 水和 5 mL(0.08 mol)硝酸[注1]。将溶液混合均匀,在水浴中加热到 80 ℃左右(水浴沸腾),移去水浴,先滴入 1 滴环己醇,并加以摇振,反应开始后,瓶内反应物温度升高并有红棕色气体放出[注2]。逐滴[注3]滴入其余的 2.1 mL 环己醇[注4]，并注意不断摇振，使瓶内温度维持在 80 ℃ 左右。若温度过高或过低，可借冷水浴或热水浴加以调节。滴加完毕后(约需 15 min)，再用沸水浴加热 2～3 min 至几乎无红棕色气体放出为止。将反应物小心倾入一外部用冷水浴冷却的烧杯中，抽滤收集析出的晶体，用少量冰水洗涤[注5]，粗产物干燥后，为 1.8～2.2 g，熔点为 149～155 ℃。用水重结晶后，熔点为 151～152 ℃，产量约 2 g。

纯己二酸为白色棱状晶体，熔点为 153 ℃。

【附注】

[1] 环己醇与浓硝酸切勿用同一量筒量取，二者相遇会发生剧烈反应，甚至发生意外。

[2] 本实验应在通风橱内进行。因产生的二氧化氮是有毒气体，不可逸散在实验室内。

[3] 环己醇熔点为 25.9 ℃，熔融时为黏稠液体。为减少转移时的损失，可用少量水冲洗量筒并入环己醇中。在室温较低时，这样做还可降低其熔点，以免堵住漏斗。

[4] 此反应为剧烈放热反应，切不可大量加入，以避免反应过于剧烈，引起爆炸。

[5] 不同温度下己二酸的溶解度见表 6-5。粗产物须用冰水洗涤，如浓缩母液可回收少量产物。

表 6-5　己二酸的溶解度

温度/ ℃	15	34	50	70	87	100
溶解度/(g/100 g H$_2$O)	1.44	3.08	8.46	34.1	94.8	100

【实验重点】

1. 掌握环己醇氧化制备己二酸的原理方法。

2. 复习抽滤、洗涤操作：滤纸的大小要恰好盖住布氏漏斗，用两张滤纸以免滤纸被抽穿。洗涤时，先关闭抽滤泵，充分浸泡再抽滤，尽量用少量冰水来洗，因温度较高时己二酸在水中有较大的溶解度。

3. 重结晶操作：根据溶解度算出溶剂量，再多加 30%。如果无太深的颜色，可直接加热溶解后冷却结晶，然后再抽滤就可；若颜色很深，必须加活性炭脱色。

【实验注意点】

1. 加料：① 量硝酸的量筒和量环己醇的量筒必须分开，否则会在量筒中发生剧烈的反应，易发生事故。② 环己醇熔点为 25.9 ℃，在较低温度下为针状晶体，熔化时为黏稠液体，不易倒净。因此量取后可用少量水荡洗量筒，一并加入滴液漏斗，既可减少环己醇黏附器壁的损失，也因少量水的存在而降低环己醇的熔点，避免滴加过程中环己醇结晶堵塞滴液漏斗，也避免反应过于剧烈。③ 钒酸铵为催化剂，不可多加。否则产品会发黄。

2. 装置注意点：(1) 吸收剂：5% NaOH。(2) 防倒吸：漏斗一端浸入液面，一端露出;回流结束后,先撤漏斗再关电炉。(3)电动搅拌改为手摇动。反应过程中要不时摇动。

3. 控制环己醇滴加速度:滴加前先用 80 ℃的水浴加热到近沸,然后停止加热,再滴加1 滴环己醇进行诱导反应,充分振荡至反应发生(反应发生现象:有红棕色气体出现,液体处于微沸状态),然后再匀速滴加,滴加速度是否适当的标准是始终保持适当的沸腾状态,温度控制在 85~90 ℃之间,处于经常的回流状态(在滴加时一般不用电炉加热,因本身是放热反应)。出现过于剧烈的回流时,可用冰浴冷却。本反应剧烈放热,环己醇不可一次大量加入,否则反应太剧烈,可能引起爆炸。

4. 反应结束的标志:没有红棕色气体再产生。这时应放在通风管下,趁热把反应液倒入烧杯里,冰水浴冷却,结晶。

5. NO、NO_2 为有毒致癌物质,注意有毒气体的吸收和装置的气密性。

【思考题】

1. 为什么必须严格控制氧化反应的温度?

2. 为什么要用冰水洗涤粗产品?在洗涤过程中用水量过多对实验结果有什么影响?

实验十四　对甲苯磺酸的制备

【目的与要求】

1. 通过对甲苯磺酸的制备,加深对磺化反应的理解。

2. 掌握回流分水装置的操作。

3. 熟悉加热回流、抽滤、结晶等操作技术。

【基本原理】

芳香族磺酸一般是用芳烃直接磺化的方法制得的。常用的磺化剂是浓硫酸、发烟硫酸、氯磺酸等。

磺化反应的难易与芳香族化合物的结构、磺化剂的种类和浓度以及反应温度有关。例如,甲苯较苯易于磺化,甲苯在一磺化时,低温下邻位产物比例增加,而高温下则主要得到对位产物。

以浓硫酸为磺化剂时,磺化反应是一个可逆反应,随着反应的进行,水量逐渐增加,硫酸浓度逐渐降低,这不利于磺酸的生成。通常采取增加浓硫酸用量的方法,以抑制逆反应,增加磺酸的产率。以发烟硫酸作磺化剂,其磺化能力较强,反应速率较大,磺化反应可在较低的温度下进行。提高反应温度,固然可以增加磺化反应的速率,但温度过高有利于二磺化反应和砜的生成。因此,一磺化反应一般采用较浓的酸在较低的温度下进行。对甲苯的一磺化来说,在甲苯大大过量并回流的条件下反应有利于对甲苯磺酸的生成。若把磺化反应中生成的水和甲苯形成的恒沸混合物从反应系统中除去,还能加速反应的进行。

主反应：

副反应：

【试剂与规格】

甲苯 C.P.　　　　　　　　　硫酸 C.P.

盐酸 C.P.　　　　　　　　　精盐

【物理常数及化学性质】

甲苯：无色易挥发的液体，气味类似于苯。分子式为 C_7H_8，相对分子质量为 92.130。d_4^{20} 为 0.866，熔点为 $-95\sim-94.5\ ℃$，沸点为 110.4 ℃。

【操作步骤】

按图 6-8 回流分水装置安装好仪器[注1]。

在 50 mL 圆底烧瓶内放入 12.5 mL（0.12 mol）甲苯，一边摇动烧瓶，一边缓慢地加入 2.75 mL（0.05 mol）浓硫酸，投入几根上端封闭的毛细管，毛细管的长度应能使其斜靠在烧瓶颈内壁。在石棉网上用小火加热回流 2 h 或至分水器中积存 1 mL 水为止。

静置，待反应物稍冷却，趁热将反应物倒入 60 mL 锥形瓶内，加入 1 滴水，此时有晶体析出。用玻璃棒慢慢搅动，反应物逐渐变成固体。用布氏漏斗抽滤，用玻璃瓶塞挤压以除去甲苯和邻甲苯磺酸，得粗产物约 7.5 g。（实验到此约需 3 h）

若欲获得较纯的对甲苯磺酸，可进行重结晶。在 50 mL 烧杯（或大试管）里，将 7.5 g 粗产物溶于约 6 mL 水里。往此溶液里通入氯化氢气体[注2]，直到有晶体析出。在通氯化氢气体时，要采取措施，防止倒吸[注3]。析出的晶体用布氏漏斗快速抽滤。晶体用少量浓盐酸洗涤。用玻璃瓶塞挤压去水分，取出后保存在干燥器里。

纯对甲苯磺酸水合物为无色单斜晶体，熔点为 96 ℃。对甲苯磺酸熔点为 104～105 ℃。

【附注】

[1] 在进行某些可逆平衡反应时，为了使正向反应进行得更彻底，可将反应产物之一不断从反应混合物体系中除去，常用与图 6-8 和图 6-9 类似的反应装置来进行回流分水操作。在图 6-8 的装置中有一个分水器，回流下来的蒸气冷凝液进入分水器，分层后，有机层自动被送回烧瓶，而生成的水可从分水器中放出去。这样可使某些生成水的可逆反应进行到底。在图 6-9 的装置中，反应产物可单独或形成恒沸混合物不断在反应过程中蒸馏除去，并可通过滴液漏斗将一种试剂逐渐滴加进去以控制反应速率或使这种试剂消耗完全。

〔2〕此操作必须在通风橱内进行。产生氯化氢气体最常用的方法是：在广口圆底烧瓶里放入氯化钠，加入浓盐酸至浓盐酸的液面盖住氯化钠表面。配一橡胶塞，钻三个孔，一个孔插滴液漏斗，一个孔插压力平衡管，一个孔插氯化氢气体导出管。滴液漏斗上口与玻璃平衡管通过橡胶塞紧密相连接（不能漏气）。在滴液漏斗中放入浓硫酸。滴加浓硫酸，就产生氯化氢气体。

〔3〕为了防止倒吸，可以使气体通过一略微倾斜的倒悬漏斗让溶液吸收，漏斗的边缘有一半浸入溶液中，另一半在液面之上。

【思考题】

1. 按本实验的方法，计算对甲苯磺酸的产率时应以何原料为基准，为什么？
2. 利用什么性质除去对甲苯磺酸的邻位衍生物？
3. 在本实验条件下，会不会生成相当量的甲苯二磺酸？为什么？

实验十五　苯甲酸与苯甲醇的制备

【目的与要求】

1. 学习以苯甲醛制备苯甲酸和苯甲醇的原理和方法。
2. 掌握液体有机化合物分离纯化的操作方法。
3. 掌握固体有机化合物分离纯化的操作方法。

【基本原理】

苯甲酸与苯甲醇的制备通常通过苯甲醛的坎尼扎罗（Cannizzaro）反应实现，这是一种无 α-氢的醛在浓强碱（如 NaOH）作用下发生的歧化反应：一分子醛被氧化为羧酸（盐），另一分子醛被还原为醇。

$$2C_6H_5CHO + NaOH \longrightarrow C_6H_5COONa + C_6H_5CH_2OH$$

通过酸化（如加浓盐酸），苯甲酸钠转化为苯甲酸（不溶于水，析出固体），而苯甲醇溶于有机溶剂，可通过萃取分离。

$$C_6H_5COONa + HCl \longrightarrow C_6H_5COOH + NaCl$$

【试剂与规格】

苯甲醛、苯甲酸、乙醚、氢氧化钠、盐酸、亚硫酸氢钠、碳酸钠、无水硫酸镁，均为化学纯。

【物理常数及化学性质】

苯甲醛的物理常数和化学性质见实验"肉桂酸的制备"。

苯甲酸（benzoic acid）：相对分子质量为 122.12，熔点为 122.4 ℃，沸点为 249 ℃，d_4^{20} 为 1.265 9。白色针状晶体或鳞片状固体，具有轻微的安息香气味。微溶于水，易溶于乙醇、乙醚、氯仿、苯等。100℃以上开始升华，250℃以上显著升华。本品广泛应用于化工、食品防腐、医药等领域。

苯甲醇(benzyl alcohol)：相对分子质量为108.14，沸点为205.3 ℃，n_D^{20} 为1.539 6，d_4^{20} 为1.041 9。无色液体，具有微弱的芳香气味。微溶于水，易溶于醇、醚、芳烃。本品广泛应用于医药、香料、化妆品等领域。

【实验步骤】

在50 mL圆底烧瓶中加入6.4 g NaOH和20 mL水，冷却至室温后，在不断搅拌[注1]下，分次将6.3 mL苯甲醛加入瓶中，投入沸石，搭成回流装置，回流1.5 h，至反应物透明。

向反应混合物中逐渐加入足够量的水(20～25 mL)，不断搅拌使其中的苯甲酸盐全部溶解，冷却后将溶液倒入分液漏斗中，15 mL乙醚分3次萃取苯甲醇，将用乙醚萃取过的水溶液保存好。

合并乙醚萃取液，依次用3 mL饱和亚硫酸氢钠溶液、5 mL 10%碳酸钠溶液和5 mL冷水洗涤。分离出乙醚溶液，用无水硫酸镁干燥20～30 min。

将干燥后的乙醚溶液倒入25 mL圆底烧瓶中，加热蒸出乙醚(乙醚回收)。

蒸完乙醚后，改用空气冷凝管，在电热套中继续加热，蒸馏苯甲醇，收集198～204 ℃的馏分，纯苯甲醇为无色液体。称重，计算产率。

在不断搅拌下，向前面保存的乙醚萃取过的水溶液中慢慢滴加20 mL浓盐酸[注2]、20 mL水和12.5 g碎冰的混合物。充分冷却使苯甲酸完全析出，抽滤，用少量冷水洗涤，尽量抽干水分，取出粗产物，称量。粗苯甲酸可用水重结晶得到纯苯甲酸。

【附注】

[1] 充分搅拌是反应的关键。
[2] 酸化时一定要充分，使苯甲酸完全析出。

【思考题】

1. 苯甲醛长期放置后含有什么杂质？如果实验前不除去，对本实验会有什么影响？
2. 用饱和亚硫酸氢钠溶液洗涤乙醚萃取液的目的是什么？

实验十六　呋喃甲酸和呋喃甲醇的制备

【目的与要求】

1. 熟悉呋喃甲酸和呋喃甲醇的制备原理。
2. 掌握液体有机化合物分离纯化的操作方法。
3. 掌握固体有机化合物分离纯化的操作方法。

【基本原理】

呋喃甲酸和呋喃甲醇是以呋喃甲醛(糠醛)和氢氧化钠反应制备而成的。

【试剂与规格】

呋喃甲醛、乙醚、氢氧化钠、盐酸、无水碳酸钾。均为化学纯。

【物理常数及化学性质】

呋喃甲醛(furfural):相对分子质量为 96.08,沸点为 161.7 ℃,n_D^{20} 为 1.526 1,d_4^{20} 为 1.159 4。无色透明液体,有特殊的杏仁味(类似苯甲醛)。微溶于水,易溶于乙醇、乙醚、丙酮、苯、氯仿等。本品广泛应用于化工、医药、农业等领域。

呋喃甲酸(furoic acid):相对分子质量为 112.08,熔点为 129~133 ℃,沸点为 230~232 ℃,d_4^{20} 为 1.322。白色或浅黄色结晶性粉末,有轻微刺激性气味。微溶于水,易溶于乙醇、乙醚、丙酮、苯等。加热至 100 ℃ 以上可升华。本品在有机合成、医药、食品等领域有重要应用。

呋喃甲醇(furfuryl alcohol):相对分子质量为 98.10,沸点为 171 ℃,n_D^{20} 为 1.486 8,d_4^{20} 为 1.129 6。无色至浅黄色透明液体,有微弱的特殊气味(类似杏仁或糠醛的气味)。与水部分互溶,易溶于乙醇、乙醚、丙酮、苯、氯仿等。本品在树脂合成、有机化工等领域应用广泛。

【实验步骤】

在 100 mL 烧杯中加入 4.3 g(0.107 5 mol)氢氧化钠,溶于 5.7 g 水中,溶解后,将小烧杯置于冰水浴中冷却至约 5 ℃,不断搅拌[注1]下滴加 8.4 mL(0.1 mol)新蒸馏的呋喃甲醛[注2],把反应温度控制在 10~12 ℃[注3]。滴加完毕,继续于冰水浴中搅拌约 40 min,反应即可完成,得奶黄色浆状物。

在搅拌下加入约 10 mL 水至固体全溶,将溶液转入分液漏斗中用 30 mL 乙醚分三次(15 mL、10 mL、5 mL)萃取,合并有机层(保留水层进行后续步骤),加无水碳酸钾干燥后,用电热套低温蒸馏乙醚,蒸完乙醚后,升温蒸馏呋喃甲醇,收集 169~172 ℃ 的馏分。

称量样品,计算产率,测定呋喃甲醇的折射率。

经乙醚萃取后的水溶液用浓盐酸酸化至 pH 为 2~3[注4],则析出晶体,充分冷却后抽滤结晶,并用少量水洗涤晶体 1~2 次得粗产品。

粗产品用 20 mL 水重结晶,抽滤,干燥(<85 ℃)得纯呋喃甲酸。

纯呋喃甲酸的熔点为 133~134 ℃。

【附注】

[1] 由于反应在两相中进行,反应中必须充分搅拌。

[2] 呋喃甲醛放置过久会变成棕褐色甚至黑色,同时往往含有水分。因此,使用前需蒸馏提纯,收集 155~162 ℃的馏分。新蒸馏呋喃甲醛为无色或淡黄色液体。

[3] 反应开始后很剧烈,同时大量放热,溶液颜色变暗。若温度高于 12 ℃时,则反应温度易升高,难以控制,致使反应物呈深红色。若温度低于 8 ℃时,则反应速率过慢,可能部分呋喃甲醛积聚,一旦发生反应,反应就过于剧烈而使温度升高,最终也使反应物变成深红色。

[4] 酸量要加足,保证 pH 为 2~3,使呋喃甲酸充分游离出来,这是影响呋喃甲酸收率的关键步骤。

【思考题】

1. 长期放置的呋喃甲醛含什么杂质? 若不先除去,对实验有何影响?
2. 应如何保证完成酸化这一关键性的步骤,以提高呋喃甲酸的收率?

实验十七 糖类化合物的化学性质

【目的与要求】

1. 验证和巩固糖类化合物的主要化学性质。
2. 熟悉糖类化合物的某些鉴定方法。

【基本原理】

糖类化合物是指多羟基醛和多羟基酮以及它们的缩合物,通常分为单糖(如葡萄糖、果糖)、双糖(如蔗糖、麦芽糖)和多糖(如淀粉、纤维素)。糖类化合物的鉴定反应是 Molish反应。

单糖都具有还原性,能还原斐林(Fehling)试剂和托伦斯(Tollens)试剂,并能与过量苯肼生成脎,糖脎有良好的晶形和一定的熔点,根据糖脎的晶形和不同的熔点可鉴别不同的糖。葡萄糖和果糖与过量的苯肼能生成相同的脎,但反应速度不同,利用成脎的时间不同可区别它们。

双糖由于结构的不同,有的有还原性,有的没有还原性。还原性糖(如麦芽糖、纤维二糖、乳糖等)分子中含有一个半缩醛羟基,能与 Fehling 试剂和 Tollens 试剂等反应,并能成脎。非还原性糖(如蔗糖)分子中没有半缩醛羟基,所以没有还原性,也不能成脎。

淀粉和纤维素都是葡萄糖的高聚体。淀粉是 α-D-葡萄糖以 α-苷键连接而成,纤维素是由 β-D-葡萄糖以 β-苷键连接而成。它们没有还原性,但水解后的产物具有还原性。淀粉遇碘变蓝色,在酸作用下水解生成葡萄糖。

【试剂与规格】

葡萄糖、果糖、麦芽糖、蔗糖、淀粉、α-萘酚试剂、Fehling 试剂（A）、Fehling 试剂（B）、Tollens 试剂、苯肼试剂、硝酸银、碘、硫酸、盐酸，均为化学纯。

【操作步骤】

1. Molish 试验（与 α-萘酚的反应）[注1]

取 5 支试管，编号后，分别加入 1 mL 2%的葡萄糖、果糖、麦芽糖、蔗糖和 1%淀粉溶液，再分别滴加 4 滴新配制的 α-萘酚试剂[注2]，混合均匀，将试管倾斜 45°，沿管壁慢慢加入 1 mL 浓硫酸，切勿摇动，然后小心竖起试管，硫酸和糖液之间明显分为两层，静置 10~15 min，观察两层之间有无紫色环出现。若无紫色环，可将试管在热水浴中温热 3~5 min，再观察现象。

2. 氧化反应（糖的还原性实验）

（1）Fehling 实验

取 5 支试管，在每支试管中各加 0.5 mL Fehling 试剂（A）和 Fehling 试剂（B）[注3]，混合均匀。在水浴中微热后，再分别加入 0.5 mL 2%葡萄糖、果糖、麦芽糖、蔗糖和 1%淀粉溶液，振荡，再用水浴加热，观察颜色的变化及沉淀的生成。

（2）Tollens 实验

取 5 支洁净试管，各加入 1 mL Tollens 试剂（取 1 支洁净的大试管，加 3 mL 2%硝酸银溶液，再加 2~3 滴 5%氢氧化钠溶液，在振荡下滴加稀氨水，直至沉淀刚好溶解为止，即得 Tollens 试剂）。再各加入 0.5 mL 2%葡萄糖、果糖、麦芽糖、蔗糖和 1%淀粉溶液，在 50 ℃ 水浴中温热，观察有无银镜生成。

3. 成脲反应[注4]

取 4 支试管，各加入 1 mL 2%葡萄糖、果糖、麦芽糖、蔗糖[注5]溶液，再加入 0.5 mL 苯肼试剂[注6]，在沸水浴中加热并不断振摇。比较各试管中成脲的速度和脲的颜色。注意：有的需冷却后才析出黄色针状结晶。取各种脲少许，在显微镜下观察糖脲的晶形。

4. 淀粉的性质

（1）淀粉与碘的作用[注7]

取 1 支试管，加入 0.5 mL 1%淀粉溶液，再加 1 滴 0.1%碘液。溶液是否呈现蓝色？将试管在沸水浴中加热 5~10 min，观察有何变化。放置冷却，又有何变化？

（2）淀粉的水解[注8]

在 100 mL 小烧杯中加入 30 mL 1%可溶性淀粉，再加 0.5 mL 浓盐酸，在水浴中加热，每隔 5 min 取少量反应液做碘试验，直至不再与碘反应为止。用 5%氢氧化钠溶液中和至中性，做 Fehling 试验。观察有何现象，并解释之。

【附注】

[1] 糖类化合物与浓硫酸作用生成糠醛及其衍生物（如羟甲基糠醛）等，糠醛及其衍生物与 α-萘酚起缩合作用，生成紫色的物质。

$$HOH_2C\text{—}\underset{O}{\boxed{}}\text{—}CHO + 2\,(\alpha\text{-naphthol, OH}) \xrightarrow{H_2SO_4} \text{(产物)}$$

[2] α-萘酚试剂的配制

将 2 g α-萘酚溶于 20 mL 95％乙醇中,用 95％乙醇稀释至 100 mL,贮存在棕色瓶中。一般是用前才配。

[3] Fehling 试剂的配制

Fehling 试剂 A:将 3.5 g 含有五个结晶水的硫酸铜溶于 100 mL 的水中得淡蓝色溶液。

Fehling 试剂 B:将 17 g 含五个结晶水的酒石酸钾钠溶于 20 mL 热水中,然后加入含有 5 g 氢氧化钠的 20 mL 水溶液中,再稀释至 100 mL,即得无色清亮溶液。两种溶液分别保存,使用时取等体积混合。

[4] 几种糖脎析出的时间、颜色、熔点和比旋光度见表 6-6。

表 6-6　几种常见糖脎的析出时间及物理性质

糖的名称	析出糖脎所用时间/min	颜色	熔点/℃	比旋光度 $[\alpha]_D^{20}$
果糖	2	深黄色针状结晶	204	−92
葡萄糖	4～5	深黄色针状结晶	204	+47.7
麦芽糖	冷却后析出	黄色针状结晶		+129.0
蔗糖				
半乳糖	15～19	橙黄色针状结晶	196	+80.2

[5] 蔗糖不与苯肼作用生成脎,但经长时间加热,可水解成葡萄糖和果糖,因而也有少量糖脎生成。

[6] 苯肼试剂有三种配制方法:

(1) 将 5 mL 苯肼溶于 50 mL 10％醋酸溶液中,加 0.5 g 活性炭。搅拌,过滤,将滤液保存在棕色瓶中备用。苯肼有毒!操作时应小心,勿触及皮肤。如不慎触及,应先用 5％醋酸冲洗后再用大量水冲洗。

(2) 称取 2 g 苯肼盐酸盐和 3 g 醋酸钠混合均匀,在研钵上研细。用时取 0.5 g 苯肼盐酸盐-醋酸钠混合物与糖液作用。

(3) 取 0.5 mL 10％盐酸苯肼溶液和 0.5 mL 15％醋酸钠溶液于 2 mL 的糖液中。

[7] 淀粉与碘的作用是一个复杂的过程,主要是碘分子和淀粉之间借范德华力联系在一起,形成一种配合物,加热时分子配合物不易形成而使蓝色褪掉,这是一个可逆过程,是

淀粉的一种鉴定方法。

[8] 淀粉在酸性水溶液中受热分解,随着水解程度的增大,淀粉分解为较小的分子,生成糊精混合物。糊精的颗粒随着水解的继续进行而不断变小,它们与碘液的颜色反应也由蓝色经紫色、红棕色而变成黄色。淀粉水解为麦芽糖后,遇碘液则不发生显色反应,而对Fehling 试剂、Tollens 试剂显还原性。

【思考题】

1. 糖类化合物有哪些特性? 为什么非还原性糖长时间加热也具有还原性?
2. 如何用化学方法区分葡萄糖、果糖、蔗糖和淀粉?

实验十八　从茶叶中提取咖啡碱

【目的与要求】

1. 学习索氏提取器的操作。
2. 认识咖啡碱的结构和提取方法。

【基本原理】

咖啡碱(又称咖啡因,caffeine)具有刺激心脏、兴奋大脑神经和利尿等作用,主要用作中枢神经兴奋药。它也是复方阿司匹林等药物的组分之一。现代制药工业多用合成方法来制得咖啡碱。

茶叶中含有多种生物碱,其中咖啡碱含量约占 1%～5%,丹宁酸(或称鞣酸)约占 11%～12%,色素、纤维素、蛋白质等约占 0.6%。咖啡碱是弱碱性化合物,易溶于氯仿(12.5%)、水(2%)、乙醇(2%)、热苯(5%)等。丹宁酸易溶于水和乙醇,但不溶于苯。

咖啡碱为嘌呤的衍生物,化学名称是三甲基二氧嘌呤,其结构式为

含结晶水的咖啡碱为白色针状结晶粉末,味苦。能溶于水、乙醇、丙酮、氯仿等,微溶于石油醚。在 100 ℃时失去结晶水开始升华,120 ℃时升华相当显著,170 ℃以上升华加快。无水咖啡碱的熔点为 238 ℃。

从茶叶中提取咖啡碱,是用适当的溶剂(氯仿、乙醇、苯等)在脂肪提取器中连续抽提,然后浓缩而得到粗咖啡碱。粗咖啡碱中还含有一些其他的生物碱和杂质,可利用升华进一步提纯。

【试剂与规格】

茶叶(市售)　　　　　　　　乙醇(95%)C.P.

生石灰粉 C.P.　　　　　　　盐酸 C.P.

氯仿 C.P.　　　　　　　　　氨水 C.P.

【操作步骤】

方法一：连续萃取法

称取茶叶末 10 g,装入索氏提取器的滤纸套筒内[注1],在烧瓶中加入 120 mL 95% 的乙醇,用电热套加热。连续提取 2~3 h[注2],待冷凝液刚刚虹吸下去时,立即停止加热。将提取液转入 250 mL 蒸馏瓶内,蒸馏回收大部分乙醇。然后把残液倾入蒸发皿中,加入 3~4 g 生石灰粉[注3],在电热套上蒸干。最后焙炒片刻,使水分全部除去[注4]。冷却后,擦去沾在边上的粉末,以免升华时污染产物。

取一只合适的玻璃漏斗,罩在隔以刺有许多小孔的滤纸的蒸发皿上,用电热套小心加热升华[注5]。当纸上出现白色针状结晶时,要适当控制电压或暂时关闭电源,尽可能使升华速度放慢,提高结晶纯度。如发现有棕色烟雾时,即升华完毕,停止加热。冷却后,揭开漏斗和滤纸,仔细地把附在纸上及器皿周围的咖啡碱结晶用小刀刮下,残渣经拌和后,再加热升华一次。合并两次升华收集的咖啡因,测定熔点。如产品中带有颜色和含有杂质,也可用热水重结晶提纯。产品约 45~65 mg。实测熔点为 236~238 ℃(文献为 238 ℃)。

方法二：浸取法

在 250 mL 烧杯中加入 100 mL 水和粉末碳酸钙 3~4 g。称取 10 g 茶叶,用纱布包好后放入烧杯中煮沸 30 min,取出茶叶,压干,趁热抽滤,滤液冷却后用 15 mL 氯仿分两次萃取,萃取液合并(萃取液若浑浊,色较浅,则加少量蒸馏水洗涤至澄清),留作升华用。

(1) 提取液的定性检验

取样品液滴于干燥的白色磁板(或白色点滴板)上,喷上酸性碘-碘化钾试剂,可见到棕色、红紫色、蓝紫色化合物生成。棕色表示有咖啡因存在,红紫色表示有茶碱存在,蓝紫色表示有可可豆碱存在。

(2) 咖啡因的定性检验

取上述任一样品液 2~4 mL 置于瓷皿中,加热蒸去溶剂,加盐酸 1 mL 溶解,加入 $KClO_3$ 0.1 g,在通风橱内加热蒸发,待干,冷却后滴加氨水数滴,残渣即变为紫色。

用方法二得到的提取液在通风橱内进行蒸发、升华实验,其步骤同方法一。

本实验约需 5 h。

【附注】

[1] 滤纸套大小既要紧贴器壁又要能方便放置,其高度不得超过虹吸管。滤纸包茶叶末时要严防漏出而堵塞虹吸管,纸套上面盖一层滤纸,以保证回流液均匀浸透被萃取物。

[2] 若提取液颜色很淡,即可停止提取。

〔3〕生石灰起中和作用,以除去部分杂质。

〔4〕如留有少量水分,会在下一步升华开始时带来一些烟雾。

〔5〕升华操作是实验成功的关键,升华过程中始终都应严格控制加热温度,温度太高会炭化,从而将一些有色物带入产品。再升华时,也要严格控制加热温度。

实验十九　生物碱的提取

【目的与要求】

1. 学习生物碱提取的原理和方法。
2. 掌握升华的操作方法。

【基本原理】

茶叶中含有多种生物碱,其中主要成分为咖啡碱(又名咖啡因,caffeine,约占 1%～5%)、少量的茶碱和可可豆碱,它们的结构如下:

咖啡碱　　　　　　可可豆碱　　　　　　茶碱

此外还含有丹宁酸、色素、纤维素和蛋白质等。

咖啡碱的学名为 1,3,7-三甲基-2,6-二氧嘌呤,它是具有绢丝光泽的无色针状结晶,含有一个结晶水,在 100 ℃时失去结晶水开始升华,在 178 ℃可升华为针状晶体。无水物的熔点为 235 ℃,是弱碱性物质,味苦。易溶于热水(约 80 ℃)、乙醇、丙酮、二氯甲烷、氯仿,难溶于石油醚。

可可豆碱学名为 3,7-二甲基-2,6-二氧嘌呤,在茶叶中含量约为 0.05%,无色针状晶体,味苦。熔点为 342～343 ℃,能溶于热水,难溶于冷水、乙醇,不溶于醚。

茶碱的学名为 1,3-二甲基-2,6-二氧嘌呤,是可可豆碱的同分异构体,白色微小粉末结晶,味苦。熔点为 273 ℃,易溶于沸水,微溶于冷水、乙醇。

茶叶中的生物碱对人体具有一定程度的药理作用。咖啡碱具有强心作用,可兴奋神经中枢。咖啡碱、茶碱和可可豆碱可用提取法或合成法获得。

【试剂与规格】

红茶(市售)、乙醇、生石灰粉,均为化学纯。

【操作步骤】

称取 10 g 红茶[注1]的茶叶末放入 150 mL Soxhlet 提取器的滤纸筒中[注2]，在圆底烧瓶中加入 80～100 mL 95％乙醇，加热回流提取，直到提取液颜色较浅为止（约 2～3 h）。待冷却液刚刚虹吸下去时即可停止加热。稍冷后，改成蒸馏装置，把提取液中的大部分乙醇蒸出（回收），趁热把瓶中剩余液倒入蒸发皿中。

往蒸发皿中加入 4 g 生石灰粉[注3]，搅成浆状，在水浴上蒸干，除去水分，使成粉状（不断搅拌，压碎块状物），然后用酒精灯小火加热，焙炒片刻，除去水分[注4]。在蒸发皿上盖一张刺有许多小孔且孔刺朝上的滤纸，再在滤纸上罩一个大小合适的漏斗，漏斗颈部塞一小团疏松的棉花，用酒精灯小心加热，适当控制温度，尽可能使升华速度放慢[注5]。当发现有棕色烟雾时，即升华完毕，停止加热。冷却后，取下漏斗，轻轻揭开滤纸，用小刀将附在滤纸上下两面的咖啡碱刮下。残渣经搅拌后，用较大的火再加热片刻，使升华完全，合并几次升华的咖啡碱，称量。

【附注】

［1］红茶中含咖啡碱约 3.2％，绿茶中含咖啡碱约 2.5％，实验选择红茶。

［2］Soxhlet 提取器中的滤纸筒的大小要紧贴器壁，既能取放方便，其高度又不得超过虹吸管；滤纸包茶叶时要严密，纸套上面要折成凹形。

［3］生石灰起中和作用，以除去丹宁等酸性的物质。

［4］如水分未能除净，将会在下一步加热升华开始时在漏斗内出现水珠。若遇此情况，则用滤纸迅速擦干漏斗内的水珠并继续升华。

［5］升华操作是实验成败的关键。在升华过程中始终都必须严格控制温度，温度太高会使被烘物冒烟炭化，导致产品不纯和损失。

【思考题】

除了用升华法提纯咖啡碱外，还可用何种方法？试写出实验方案。

实验二十　透明皂的制备

【目的与要求】

1. 了解透明皂的性能、特点和用途。
2. 熟悉配方中各原料的作用。
3. 掌握透明皂的配制操作技巧。

【基本原理】

透明皂以牛油、椰子油、蓖麻油等含不饱和脂肪酸较多的油脂为原料，与氢氧化钠溶液发生皂化反应，反应式如下：

$$\begin{array}{l} CH_2OOCR_1 \\ | \\ CHOOCR_2 \\ | \\ CH_2OOCR_3 \end{array} + 3NaOH \longrightarrow \begin{array}{l} CH_2OH \\ | \\ CHOH \\ | \\ CH_2OH \end{array} + R_1COONa + R_2COONa + R_3COONa$$

反应后不用盐析,将生成的甘油留在体系中增加透明度。然后加入乙醇、蔗糖作透明剂促使肥皂透明,并加入结晶阻化剂,有效提高透明度,这样可制得透明、光滑的透明皂作为皮肤清洁用品。

配方见表6-7。

表6-7 透明皂配方

组分	质量分数/%	组分	质量分数/%
牛油	13	结晶阻化剂	2
椰子油	13	30% NaOH 溶液	20
蓖麻油	10	95%乙醇	6
蔗糖	10	甘油	3.5
蒸馏水	10	香蕉香精	少许

【操作步骤】

(1) 在 250 mL 烧杯中称入 30%NaOH 溶液 20 g、95%乙醇 6 g,混匀备用。

(2) 在 400 mL 烧杯中依次称入牛油 13 g、椰子油 13 g,放入 75 ℃ 热水浴混合融化。如有杂质,应用漏斗配加热过滤套趁热过滤,保持油脂澄清。然后加入蓖麻油 10 g(长时间加热易使颜色变深),混溶。快速将步骤(1)烧杯中物料加入步骤(2)烧杯中,匀速搅拌1.5 h,完成皂化反应(取少许样品溶解在蒸馏水中呈清晰状)。停止加热。

(3) 同样,另取一个 50 mL 烧杯,称入甘油 3.5 g、蔗糖 10 mL、蒸馏水 10 mL,搅拌均匀,预热至 80 ℃,呈透明状,备用。

(4) 将步骤(3)中物料加入反应完的步骤(2)烧杯,搅匀,降温至 60 ℃,加入香蕉香精,继续搅匀后出料,倒入冷水冷却的冷模或大烧杯中,迅速凝固,得透明、光滑的透明皂。

【思考题】

1. 为什么制备透明皂不用盐析,反而加入甘油?

2. 为什么蓖麻油不与其他油脂一起加入,而在加碱前才加入?

3. 制透明皂若油脂不干净该如何处理?

物理化学实验

第七章　基本物理量的测量技术

第一节　热化学测量技术

　　热是能量交换的一种形式,是在一定时间内以热流形式进行的热量交换。热量的测量一般通过温度的测量来实现。温度表征体系的冷热程度,是表述体系宏观状态的一个基本参量。两个物体处于热平衡时,其温度相同,这是温度测量的基础。当温度计与被测体系之间达到热平衡时,与温度有关的物理量才能用以表达体系的温度,而温度的量值与温标的选取有关。

一、温标

　　温标是温度量值的表示方法。温度的量值与温标的选择有关。目前,物理化学实验中常用的温标有两种:热力学温标和摄氏温标。

　　1. 热力学温标

　　1848 年,开尔文提出热力学温标,符号为 T,单位为开尔文(K)。热力学温度单位的定义为:水的三相点的热力学温度为 273.15 K 的 1/273.15。由于以前的温标定义中,使用了与 273.15 K(冰点)的差值表示温度,因此现在仍保留这种方法。

　　2. 摄氏温标

　　摄氏温标使用较早,应用方便。它规定在标准压力下,水的冰点(0 ℃)和沸点(100 ℃)之间划分为 100 等份,每一等份为 1 ℃,摄氏温度的符号为 t。

　　热力学温标与摄氏温标之间的关系为 $T/K = t/℃ + 273.15$。

二、温度计

　　测定温度的仪器称为温度计,下面介绍几种常用的温度计。

　　1. 水银温度计

　　水银温度计是实验室最常用的测温工具。它使用方便,价格便宜,具有较高的精确度,

测温范围从 $-35\sim360\ ℃$(水银的熔点是 $-38.7\ ℃$,沸点是 $356.7\ ℃$)。如果以石英玻璃作管壁,并充入氮气,则最高测量温度可达到 $800\ ℃$。水银温度计的缺点是易损坏且无法修理,容易受许多因素的影响而引起读数误差。

(1)水银温度计主要的误差来源和校正方法

① 零点校正。当温度计受热后,水银球体积可能有所改变,且玻璃毛细管很细,因而水银球体积的微小改变都会引起读数的较大误差,因此必须进行零点校正。对此,可以用纯物质的熔点或沸点作为标准校正。也可以把温度计与标准温度计进行比较,用标准温度计和待校正的温度计同时测定某一体系的温度,将对应值一一记录,作出校正曲线。使用时利用校正曲线对温度计进行校正。

② 露茎校正。水银温度计有"全浸""局浸"两种。大部分水银温度计是全浸式的,温度计水银柱全部浸入被测体系时,测得的温度才准确。对于局浸式温度计,温度计上刻有浸入线,表示测温时规定浸入的深度,测温时要求水银柱的温度与体系相同,浸入线以上的水银柱温度与校正时一致。使用时,小于或大于浸入深度,或者标线以上的水银柱温度与校正时不一致,就需要校正。这两种校正都称为露茎校正,如图 7-1 所示。

将一支辅助温度计靠在测量温度计的露出部分,其水银球位于露出水银柱的中间,测量露出部分的平均温度,校正值 Δt 按下式计算,即:

图 7-1 温度计露茎校正

$$\Delta t = kh(t_{观} - t_{环})$$

式中,$\Delta t = t - t_{观}$,为读数校正值;t 为温度的正确值;$t_{观}$ 为测量温度计上的读数;$t_{环}$ 为环境温度,由辅助温度计测出;k 为水银对玻璃的相对膨胀系数,$k = 0.000\ 16$;h 为露出待测体系外的水银柱长度,称为露茎高度(以温度差值表示);校正后的真实温度为 $t = t_{观} + \Delta t$。

(2)使用水银温度计的注意事项

① 温度计使用时应尽可能垂直放置,以免温度计内部水银压力不同而引起误差。

② 温度计浸入被测体系后,待体系与温度计之间达到热平衡后再读数。读数时视线应与液柱面处于同一水平面。

③ 使用时防止骤冷骤热,以免引起温度计破裂和变形。

④ 使用温度计时不能用其代替搅拌棒。

2. 精密温差测定仪

(1)结构和特点

精密温差测定仪是用来测定微小温度差的仪器,由一支棒状的传感器(又称探头)和数字显示仪表(如图 7-2)所组成,具有以下特点:

① 既可以测量温度,又可以测量温差。温度测量范围可达到 $-50\sim150\ ℃$。

② 温度测量分辨率为 $0.01\ ℃$,温差测量分辨率为 $0.001\ ℃$。

③ 可调报时功能,可以在定时读数时间范围 $6\sim99\ s$ 内任意选择。

④ 操作简单,读数准确,还消除了汞污染,安全可靠。

(2)SWC-Ⅱ D 型精密数字温度温差仪的使用方法

1—电源开关；2—温差显示窗口；3—温度显示窗口；4—定时窗口；5—测量指示灯；6—保持指示灯；
7—锁定指示灯；8—锁定键；9—测量/保持功能转换键；10—采零键；11、12—数字调节键。

图7-2　SWC-ⅡD型精密数字温度温差仪前面板示意图

① 准备工作

将传感器探头插入后盖板上的"传感器接座"（槽口对准），接通电源，将传感器插入被测物中（插入深度应大于 50 mm）。

② 操作步骤

a. 打开电源开关，此时测量指示灯亮，仪表处于测量状态，显示屏显示仪表初始状态的实时温度。

b. 当温度显示值稳定后，按一下 采零 键，仪表显示"0.000"，稍后的变化值为采零后温差的相对变化量。

c. 在一个实验过程中，仪器采零后，当介质温度变化过大时，仪器会自动更换适当的基温，这样，温差的显示值将不能正确反映变化量。故在实验时，按下 采零 键后，应再按一下 锁定 键，这样仪器将不会改变基温， 采零 键也不起作用，直至重新开机。

d. 需要记录读数时，可按一下 测量/保持 键，使仪器处于保持状态（此时，"保持"指示灯亮）。读数完毕，再按一下 测量/保持 键，即可转换到"测量"状态，进行跟踪测量。

e. 定时读数。按下 △ 或 ▽ 键，设定所需的报时间隔（应大于 5 s，定时读数才会起作用）；设定完成后，定时显示将进行倒计时，当一个计数周期完毕时，蜂鸣器鸣叫，且读数保持约 5 s，"保持"指示灯亮，此时可观察和记录数据；若不想报警，只需将定时读数置于 0 即可。

f. 关机。测量完毕后，先关闭电源开关，再断开电源即可。

3. 热电偶温度计

热电偶温度计结构简单，测温范围广，在 −270～2 800 ℃ 范围内都有相应产品可供选用，准确度高，反应速度快，是目前实验室和工业测温中最常用的传感器。

（1）原理

如图 7-3 所示，两种不同的导体 A 和 B 接触构成闭合回路时，如果将两个连接点分别

置于温度分别为 T 和 T_0(假定 $T>T_0$)的热源中,则回路中将产生一个与温度差有关的热电势,这种现象称为热电效应。利用热电效应制成的感温元件就是热电偶。导体 A 和 B 称为热电极,温度 T 端为感温部分,称为测量端(或热端);温度 T_0 端为连接显示仪表部分,称为参比端(或冷端)。

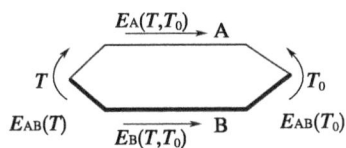

图 7-3 热电偶回路热电势分布

热电偶的热电势只与热电偶导体材料以及两端温差有关,而与导线长度、直径和导线本身的温度分布无关,热电势 $E_{AB}(T, T_0)$ 的大小由接触电势和温差电势组成。

① 接触电势。当两种不同导体 A 和 B 接触时,由于两者自由电子密度(即单位体积内自由电子的数目)不同,就会产生电子的扩散。电子从电子密度大的材料向电子密度小的材料扩散,电子密度大的电极因失去电子而带正电荷,电子密度小的电极则带负电荷。当这种扩散达到动态平衡时,在 A、B 之间就形成稳定的接触电势,其大小取决于两种不同导体的性质和接触点的温度,分别用 $E_{AB}(T)$、$E_{AB}(T_0)$ 表示。

② 温差电势。温差电势是在同一导体的两端因温度不同而产生的电势。如导体 A 的两端,由于温度不同,两端的电子能量也不同,高温端的电子能量比低温端的电子能量大,因而电子从高温端扩散到低温端的数量比从低温端扩散到高温端的多,使得高温端因失去电子而带正电荷,低温端因得到电子而带负电荷,从而在导体的两端产生电势差 $E_T-E_{T_0}$,即为温差电势。图中的 A、B 导体分别都有温差电势,分别用 $E_A(T, T_0)$、$E_B(T, T_0)$ 表示。

因此热电偶回路中产生的总电势 $E_{AB}(T, T_0)$ 由四部分组成。

$$E_{AB}(T, T_0)=E_{AB}(T)+E_B(T, T_0)-E_{AB}(T_0)-E_A(T, T_0)$$

热电偶的总势与热电偶材料及两接点温度有关。当热电偶材料一定时,热电偶的总电势是温度 T 和 T_0 的函数差。由于冷端温度 T_0 固定,则对一定材料的热电偶,其总电势 $E_{AB}(T, T_0)$ 只与温度 T 成单值函数关系。

(2)热电偶的结构和制备

在制备热电偶时,热电极的材料和直径应根据测量范围、测定对象的特点、热电偶的电阻值以及电极材料的价格和机械强度而定。贵金属材料一般选用直径为 0.5 mm,普通金属电极的价格较便宜,直径可以稍大一些,一般为 1.5~3 mm。

热电偶热接点可以是对焊,也可以预先把两端线绕在一起再焊。应注意焊圈不宜超过 2~3 圈,否则工作端将不是焊点,而向上移动,测量时有可能带来误差。普通热电偶的热接点可以用电弧、乙炔焰、氢气吹管的火焰来焊接。热电偶接点常见的结构形式如图 7-4 所示。

(3)热电偶的校正、使用

使用前,需对热电偶进行校正。由于纯物质相变时温度是恒定不变的,选择几个已知沸点或熔点的纯物质作为标准系统,将热电偶的热端放入温度恒定的标准系统内,冷端放入冰-水的平衡系统中,测定其热电势,装置如图 7-5 所示。测定时,先将标准系统加热熔融,停止加热后使其均匀冷却,即可得到热电势-时间关系曲线。曲线上平台所对应的热电势数值即为该物质的熔点或沸点,由此作出热电势-温度曲线。选择几个不同的标准系统重复测定,即可得到热电偶的工作曲线。

(a) 直径一般为 0.5 mm；(b) 直径一般为 1.5～3 mm；
(c) 直径一般为 3～3.5 mm；(d) 直径大于 3.5 mm。

图 7-4　热电偶接点常见的结构图

图 7-5　热电偶的校正装置图

（4）几种常见的热电偶

热电偶品种繁多，但也不是任意两种不同材料的导体都可以制作热电偶。对热电偶材料的要求为：热电性质稳定，物理化学性质稳定，不易氧化或腐蚀；电阻温度系数小，导电率高；测温中的电势要大，热电势与温度成线性或接近线性关系；材料复制性好，制造工艺简单等。实验室常用的热电偶为以下三类：

① 铜-康铜热电偶（T 型）。铜-康铜热电偶适用于低温的测定，使用温度范围为 −200～300 ℃，能在真空、氧化、还原、惰性气体、潮湿的氛围中使用。该热电偶灵敏度高，性能稳定，且价格低廉。

② 镍铬-康铜热电偶（E 型）。使用温度范围为 −200～800 ℃，宜在氧化或惰性氛围中使用，不能用于还原性气氛，其耐热和抗氧化性能好，灵敏度高。

③ 镍铬-镍硅热电偶（K 型）。使用温度范围为 −200～1 200 ℃，宜在氧化或惰性气氛中使用，不宜用于还原性和含硫的气氛。

4. 电阻温度计

电阻温度计是利用测温材料的电阻随温度变化的特性制成的温度计，用于电阻温度计的材料有金属导体和半导体两大类。金属导体中铂、铜和镍是最适合的材料，半导体有锗、碳和金属氧化物等。铂的熔点高、化学稳定性好，对温度变化响应快，所以铂电阻温度计被作为 13.2～903.89 K 温度范围内的标准温度计。

由金属氧化物半导体材料制成的电阻温度计也叫热敏电阻温度计，它的电阻值随温度变化而呈指数式下降。它对温度的灵敏度比铂电阻、热电偶等其他感温元件高得多。但是由于电阻的阻值老化而使数据难以控制，需要经常标定，而且热敏电阻大都不适用于在较高温度下使用。

5. 电接点温度计

电接点温度计不能测量温度，它是恒温槽装置中的感温元件。电接点温度计是根据物体热胀冷缩的原理而制成的。它的下半部与普通温度计完全一样，上半部则有所区别，旋转顶端的调节帽时就带动内部的调节螺杆转动，进而使指示铁沿螺杆上下移动，而指示铁上又连有一根钨丝，故旋转调节帽可使钨丝上下移动，指示铁上边缘所指示的温度与钨丝最下端所指示的温度大体相同。两个铂丝接点分别与电接点温度计下半部的水银和上半部的螺杆相连，由此两点引出导线连接恒温控制器。

调节温度时,先调节指示铁至比所需温度低1～2 ℃,当恒温槽槽温升高到此温度时,因水银膨胀与钨丝下端接触,立即发出信号给控制器使加热器停止加热;当槽温下降,水银收缩使水银面与钨丝断开,则发出信号给控制器使加热器重新加热。

三、控温技术

物质的物理、化学性质如蒸气压、表面张力、折射率等,以及物理化学常数如平衡常数、化学反应速率常数等都与温度有关,对这些物理参数的测定都需要恒温技术。

控制体系的温度一般有两种方法:一是利用物质的相变点温度来获得恒温,如液氮(－195.9 ℃)、冰-水混合物(0 ℃)、沸水(100 ℃)、$Na_2SO_4 \cdot 10H_2O$(32.28 ℃)等,将需要恒温的体系置于这样的介质浴中。如果介质浴是高纯度的,则恒温的温度就是介质的相变温度,而不必另外精确标定,缺点是恒温温度不能随意调节。二是利用电子调节系统,对加热器或制冷器的工作状态进行自动调节,使体系处于设定的温度范围。该方法控温范围宽,可以任意调节设定温度。

1. 恒温槽

恒温槽是实验室常用的一种以液体为介质的恒温装置。根据恒温的温度范围,可选择不同的液体介质。一般恒温槽的使用温度为20～50 ℃,可用水作为恒温介质。若需要更高的恒温温度,不超过90 ℃时,可在水面上加少许白油以防止水的蒸发。90 ℃以上则可以选择甘油、液体石蜡或硅油作为恒温介质,更高温度的恒温则可采用空气浴、盐浴、金属浴等。对于低温的介质,主要靠一定配比的组分组成冷冻剂,并使其在低温建立相平衡。

有关恒温槽的具体介绍和使用可参见第八章"实验一 恒温槽的装配与性能测试",下面介绍实验室经常使用的SYP-II型玻璃恒温水浴和超级恒温槽的使用方法。

(1) SYP-II型玻璃恒温水浴

SYP-II型玻璃恒温水浴采用比例-积分-微分温度控制(PID)技术,自动地按设置调整加热系统,恒温控制较为理想。系统主要由玻璃缸体和控温机箱组成。其使用方法如下:

① 向玻璃缸内注入其容积2/3～3/4的自来水,水位高度大约为230 mm,将温度传感器插入玻璃缸塑料盖预置孔内,另一端与控温机箱后面板传感器插座相连接。

② 用配备的电源线将AC 220 V与控温机箱后面板电源插座相连接。打开温度控制器电源开关,此时显示器和指示灯均有显示。其中实时温度显示为水温,置数指示灯亮。

③ 设置控制温度,按"工作/置数"键至置数灯亮。依次按"×10""×1""×0.1"键,设置"设定温度"的十位、个位及小数点后的数字,每按动一次,数码显示由0～9依次递增,直至调整到所需"设定温度"的数值。

④ 设置完毕后,按"工作/置数"键,转换到工作状态,工作指示灯亮。根据实际控制温度需要,调节搅拌速度"快""慢"和加热器开关"强""弱"。一般升温过程中为使升温速度尽可能快,水浴内温度均匀,波动小,可将加热器功率置于"强"位置,搅拌速度置于"快"位置。当温度接近设定温度2～3 ℃时,将加热器功率置于"弱"位置,搅拌速度置于"慢"位置,以达到较为理想的控温目的。此时,实时温度显示窗口显示值为水浴的实时温度值。当达到设置温度时,由PID调节,将水浴温度自动准确地控制在设定温度范围内。一般均可稳定、可

靠地控制在设定温度的±0.1 ℃以内。注意：处于置数工作状态时，仪器不控制加热器，即不加热。

⑤ 定时警报装置：需定时观测、记录，按"工作/置数"键至置数灯亮。用定时增减键设置所需定时的时间，有效设置范围为10～90 s。报警工作时，定时递减，时间至零，蜂鸣器即鸣响5 s，而后，按设定时间循环反复报警。无须定时提醒功能时，只需将报警时间设置在0 s即可。报警时间设置完毕后，再按"工作/置数"键，系统自动切换到工作状态，工作指示灯亮。

⑥ 工作完毕后，关闭控制器电源开关。

（2）超级恒温槽

超级恒温槽可控制水浴温度在设定温度的±0.02 ℃以内，其恒温原理和操作步骤与普通恒温槽相同，不同之处在于它有循环水泵，能将恒温槽中的恒温介质循环输送给所需的恒温体系，使之恒温，而不必将待恒温的系统浸入恒温槽中。部分超级恒温槽有冷水循环或制冷系统，可以设置恒温温度在室温以下，而普通恒温槽不能通过控温系统使已设置的水浴温度降温到指定温度，只能通过自然降温的方式或向水浴中添加较低温度的水来实现。

2. 电炉和高温控制仪器

高温控制一般是指250 ℃以上的温度控制，主要包括电阻电炉加热、电弧放电加热等。实验室一般采用电阻电炉与相应仪表来调节与控制温度，其原理是电炉中的温度变化引起置于炉内的热敏元件（如热电偶）的物理性能的变化，利用仪器构成的特定线路产生信号，以控制继电器的动作进而控制温度。

高温控制一般采用调流式自动控温手段，就是对负载（电阻丝）的电流进行自动调整，这种控温方式也属于PID温度控制。当温度上升时，偏差信号（实际温度与设定温度的偏差）很大，加热电流也很大。随着不断加热升温，炉温接近指定温度时，偏差信号逐渐减少，加热电流也会按比例降低，这就是比例调节。但当体系温度升到设定值时，偏差为零，加热电流也为零，不能补偿体系与环境间的热损耗，这时需要加入积分调节，将前期的偏差信号进行累积，即使偏差信号非常微小，经过长时间的积累，仍能产生一个相当的加热电流，使体系和环境间保持热平衡。微分调节的作用，就是加热电流正比于偏差信号与时间的变化速率，使加热电流按照微分指数曲线降低，随着时间增加，加热电流逐渐降低，控制过程从微分调节过渡到比例积分调节。将三种调节结合使用，提高了控温精度。

下面介绍金属相图实验装置。金属相图实验装置由KWL-08型可控升降温电炉和SWKY型数字控温仪组成，采用立式加热和内外控温系统一体化，有独立的加热和冷却系统，是金属相图实验的理想装置。如配以软件，可实现金属相图曲线的自动绘制与打印。

（1）KWL-08型可控升降温电炉的使用方法

① 采用"内控"系统控制温度

a. 将面板控制开关置于"内控"位置。

b. 将电炉面板开关置于"开"的位置，接通电源，装有试样的试管插入炉膛内，将传感器插入试管内，调节"加热量调节"旋钮对炉子进行升温。

c. 炉温接近所需温度时，适当调节"加热量调节"旋钮，降低加热电压，使炉内升温趋缓。必要时开启"冷风量调节"使炉膛升温平缓，以保证达到所需温度时基本稳定，避免温度过高,影响实验顺利进行。

　　d. 待试管内试剂完全熔化后,将"加热量调节"和"冷风量调节"旋钮旋到底,让试样自然降温。

　　e. 按下"工作/置数"键至置数灯亮。用定时增减键设置所需定时的时间,有效设置范围为 10～90 s。报警工作时,定时递减,时间至零,蜂鸣器即鸣响 5 s,而后,按设定时间循环反复报警。

　　f. 实验完毕,打开"冷风量调节",待温度显示接近室温时,关闭电源。

　　② 采用"外控"系统控制温度,即用控温仪实现自动控温。

　　a. 按 SWKY 型数字控温仪使用方法设置所需温度,将控温仪与 KWL-08 型可控升降温电炉进行连接。使电炉面板开关置于"外控",按下控温仪"工作/置数"按钮,使之处于"工作"状态,即可实现理想控温。

　　建议在使用"外控"时,将"加热量调节""冷风量调节"旋钮旋到底,电炉电源开关置于"关"。

　　b. 采用 SWKY 型数字控温仪控温时,由于试样料管内温度较炉膛内温度具有滞后性,故当设置完成进行加热时,必须将温度传感器置于炉膛内。系统需降温时,再将温度传感器置于试样料管内。

　　c. 当温度达到设定温度时,必须恒温一段时间(20～30 min),使管内样品完全融化。

　　d. 降温时,可按 SWKY 型数字控温仪"工作/置数"按钮,使之处于"置数"状态,电炉电源开关置于"开",调节"冷风量调节"旋钮来控制降温速度(降温速度为 5～8 ℃/min,最好采用自然降温)。

　　(2) SWKY 型数字控温仪

　　SWKY 型数字控温仪面板如图 7-6 所示,使用方法如下:

1—电源开关;2—定时按钮设置;3—工作/置数转换按钮;4～7—设定温度调节按钮;8—工作状态指示灯;
9—置数状态指示灯;10—设定温度显示窗口;11—实时温度显示窗口;12—定时显示窗口。

图 7-6　SWKY 型数字控温仪面板示意图

　　① 将传感器、加热器连接线分别与后面板的"传感器插座""加热器电源"对应连接,将220 V 电源线接入后面板上的电源插座,将传感器插入被测物中。

　　② 打开电源开关,显示初始状态,实时温度显示一般是室温,设定温度为初始设置温度。"置数"指示灯亮。

　　③ 设置控制温度:按"工作/置数"键至置数灯亮。依次按"×100""×10""×1""×0.1"键,设置"设定温度"的百位、十位、个位及小数点后的数字,每按动一次,数码显示由 0～9 依

次递增,直至调整到所需"设定温度"的数值。

④ 需定时观测、记录时,按"工作/置数"键至置数灯亮。用定时增减键设置所需定时的时间,有效设置范围为 10～90 s。报警工作时,定时递减,时间至零,蜂鸣器即鸣响 5 s,而后,按设定时间循环反复报警。无须定时提醒功能时,只需将报警时间设置在 0～9 s 即可。

⑤ 设置完毕,再按"工作/置数"键,转换到工作状态,工作指示灯亮,仪器进行加热。注意:设置置数时,仪器不加热。

⑥ 使用结束后,关闭电源。

第二节 压力测量技术

压力是描述体系状态的重要参数。许多物理化学性质,如熔点、沸点、蒸气压都与压力有关。在化学热力学和化学动力学研究中,压力也是一个重要的因素。因此,掌握正确的压力测量技术具有重要的意义。

一、压力的表示方法

压力是均匀垂直作用于物体单位面积上的力。国际单位制(SI)中压力的单位是帕斯卡,简称帕,符号为 Pa。1 Pa 表示 1 N 的力作用于 1 m² 面积上的压力。

二、常用压力计

1. 液柱式压力计

液柱式压力计是化学实验中常用的压力计。它结构简单,使用方便,能测量微小压力差。但其测量范围较小,示值与工作液体密度有关,且结构不牢固,耐压程度较差。

液柱式 U 形压力计由两端开口的垂直 U 形玻璃管及垂直放置的刻度标尺组成。U 形玻璃管内盛有适量工作液体作为指示液,两支管分别连接两个测压口,如图 7-7 所示。气体的密度远小于工作液体的密度,因此,由液面高度差 Δh 及工作液体的密度 ρ、重力加速度 g 可以得到下式:

图 7-7 U 形管压力计

$$p_1 = p_2 + \Delta h \rho g \quad \text{或} \quad \Delta h = \frac{p_1 - p_2}{\rho g}$$

因此,压力差 $p_1 - p_2$ 可用液面高度差 Δh 来度量。若将 U 形管的两端分别接入不同的被测体系,则可测得两个不同体系的压力差。若 U 形管的一端接入体系,另一端与大气相通,则可测得体系的压力与真空度。

2. 弹性式压力计

利用弹性元件的弹性力来测量压力,是测压仪表中相当重要的一种形式。由于弹性元件的结构和材料不同,它们具有各不相同的弹性位移与被测压力的关系。物理化学实验室中接触较多的为单管弹簧管式压力计,这种弹性压力计广泛用于压力釜的压力测量、高压钢瓶所用减压器上的压力指示。该压力计的压力由弹簧管固定端进入,通过弹簧管自由端的位移带动指针运动,指示压力值,如图 7-8 所示。

使用弹性式压力计时应注意以下事项：

① 合理选择压力表量程。为了保证足够的测量精度，选择的量程应在仪表分度标尺的 $1/2\sim3/4$ 范围内。

② 使用时环境温度不得超过 35 ℃，如超过应进行温度修正。

③ 测量压力时，压力表指针不应有跳动或停滞现象。

④ 应定期进行校验。

3. 福廷（Fortin）式气压计

① 构造

福廷（Fortin）式气压计是一种基于汞柱平衡原理的精密气压测量仪器，主要用于气象观测、实验研究等领域。如图 7-9 所示，气压计的上部外层是一黄铜管，管内是长 90 cm、内径为 6 mm 的装有水银的玻璃管，玻璃管管内真空、上端封闭，下端插入气压计底部的水银槽内。气压计的下部外层由一黄铜管和一截玻璃筒构成，内部为一鞣性羚羊皮囊封袋，羚羊皮可使空气从皮孔出入而水银不会溢出。皮囊下部由调节螺丝支撑，转动螺丝可调节水银槽面的高低。水银槽上部有一倒置的固定象牙针，针尖是刻度标尺的零点。

② 使用方法

a. 检查气压计是否垂直放置，须在垂直放置时才能读数。

b. 旋转底部调节螺丝，仔细调节水银槽内水银面的高度，利用水银槽后面的白色板反光，仔细观察水银面与象牙针之间的空隙，直到水银面恰好与象牙针尖接触。

c. 转动调节游标螺旋，使游标尺升起至比水银面稍高，再慢慢转动螺旋使游标落下，直至游标尺和游标尺后面金属片的底边同时与水银面凸面相切，切点的两侧露出三角形的小孔隙。

d. 读数时，观察游标尺零线在标尺的位置，如恰好与标尺上某一刻度对齐，则刻度数即为气压计读数。如果游标尺零线在标尺的两刻度之间，则整数部分是小刻度数值，再由游标上的刻度确定小数部分。读小数部分时，从游标尺上找出一根恰好与标尺上某一分度线吻合的刻度线，则该游标尺上的刻度即为小数部分的读数。

e. 读数后旋转底部螺丝，使水银面与象牙针脱离接触，同时记录温度和气压计仪器校正值。

注意：调节螺旋时动作要缓慢。在调节游标尺与水银柱凸面相切时，应使眼睛的位置与游标尺下沿在同一水平线上。在旋转底部螺丝时，水银柱凸面凸出较多，下降时凸面凸出少些，因此在旋转螺丝时，压迫轻弹一下黄铜外管的上部，使凸面凸出正常。

1—金属弹簧管；2—指针；
3—连杆；4—扇形齿轮；
5—弹簧；6—底座；
7—测压接头；8—小齿轮；
9—外壳。

图 7-8　弹性式压力计

1—游标尺；2—黄铜管标尺；
3—游标尺调节螺丝；4—温度计；
5—黄铜管；6—象牙针；
7—水银槽；8—羚羊皮囊；
9—调节螺丝。

图 7-9　福廷式气压计

③ 读数校正

福廷式气压计的读数与温度、纬度和海拔等有关。水银气压计的刻度是以温度为 0 ℃、纬度为 45°的海平面高度为标准的。因此实际测得的值除应校正仪器误差外，还需进行温度、纬度和海拔高度的校正。

a. 仪器校正。气压计本身不够精确，出厂时都附有仪器误差校正卡。每次观察气压读数时，应根据该卡首先进行校正。若仪器校正值为正值，则将气压计读数加校正值；若校正值为负值，则将气压计读数减去校正值的绝对值。

b. 温度校正。环境温度变化会导致汞的密度变化和玻璃管（或黄铜标尺）的热胀冷缩，从而影响气压测量的准确性。随着温度的改变，水银的体积膨胀系数大于黄铜管的线性膨胀系数。因此，当温度高于 0 ℃时，气压计读数要减去温度校正值；而当温度低于 0 ℃时，气压计读数要加上温度校正值。

温度校正值按下式计算：

$$p_0 = p - \frac{(\alpha - \beta)pt}{1 + \alpha t} = p - \frac{0.000\,163pt}{1 + 0.000\,181\,8t}$$

式中，p 为 t ℃时气压计读数；p_0 为读数校正到 0 ℃时的数值；t 为测量时温度，℃；α 为水银在 0～35 ℃之间的平均体积膨胀系数，$1.818 \times 10^{-4}/$℃；β 为黄铜的线性膨胀系数，$1.84 \times 10^{-5}/$℃。

为了使用方便，将常用温度校正值列成表（见表 7-1）。如果测量温度 t 及气压 p 不是整数，使用该表时可采用内插法，也可用上面的公式计算。

表 7-1　气压计温度校正值

温度/ ℃	986 hPa	100 hPa	1 013 hPa	1 026 hPa	1 040 hPa
0	0.00	0.00	0.00	0.00	0.00
1	0.12	0.12	0.12	0.13	0.13
2	0.24	0.25	0.25	0.25	0.15
3	0.36	0.37	0.37	0.38	0.38
4	0.48	0.49	0.50	0.50	0.51
5	0.60	0.61	0.62	0.63	0.64
6	0.72	0.73	0.74	0.75	0.76
7	0.85	0.86	0.87	0.88	0.89
8	0.97	0.98	0.99	1.01	1.02
9	1.09	1.10	1.12	1.13	1.15
10	1.21	1.22	1.24	1.26	1.27
11	1.33	1.35	1.36	1.38	1.40

温度/℃	986 hPa	100 hPa	1 013 hPa	1 026 hPa	1 040 hPa
12	1.45	1.47	1.49	1.51	1.53
13	1.57	1.59	1.61	1.63	1.65
14	1.69	1.71	1.73	1.76	1.78
15	1.81	1.83	1.86	1.88	1.91
16	1.93	1.96	1.98	2.01	2.03
17	2.05	2.08	2.1	2.13	2.16
18	2.17	2.20	2.23	2.26	2.29
19	2.29	2.32	2.35	2.38	2.41
20	2.41	2.44	2.47	2.51	2.54
21	2.53	2.56	2.60	2.63	2.67
22	2.65	2.69	2.72	2.76	2.79
23	2.77	2.81	2.84	2.88	2.92
24	2.89	2.93	2.97	3.01	3.05
25	3.01	3.05	3.09	3.13	3.17
26	3.13	3.17	3.21	3.26	3.30
27	3.25	3.29	3.34	3.38	3.42
28	3.37	3.41	3.46	3.51	3.55
29	3.49	3.54	3.58	3.63	3.68
30	3.61	3.66	3.71	3.75	3.80
31	3.73	3.78	3.83	3.88	3.93
32	3.85	3.90	3.95	4.00	4.05
33	3.97	4.02	4.07	4.13	4.18
34	4.09	4.14	4.20	4.25	4.31
35	4.21	4.26	4.32	4.38	4.43

c. 重力校正

重力加速度随海拔高度 H 和纬度 φ 而改变，即气压计的读数受 H 和 φ 的影响。重力校正值等于经温度校正和仪器误差校正后的数值再乘以 $[1 - 2.6 \times 10^{-3}\cos(2\varphi) - 3.1 \times 10^{-7}H]$。一般情况下，纬度和海拔高度校正值较小，可以忽略不计。

d. 其他项目校正

液体压力计最常用的工作液体是汞和水,由于表面张力作用引起毛细管作用。这种毛细管作用的修正量与管径 d 有近似关系。当用汞作工作液体时,读数值加上 $14/d$;当用水作工作液体时,则应是读数值减去 $4 \times 30/d$。因毛细管作用引起的误差较小,一般可不考虑。

三、气体钢瓶减压阀

化学实验中常要用到氧气、氮气、氢气、氩气等气体。这些气体一般都储存在专用的高压气体钢瓶中,使用时通过减压阀使气体压力降至实验所需范围,再经过其他控制阀门细调,使气体输入使用系统。

1. 气体钢瓶的使用注意事项

(1) 在气体钢瓶使用前,要按照钢瓶外表的油漆颜色、字样等正确识别气体的种类,切勿误用以免造成事故。我国气体钢瓶常用的标记见表 7-2。

(2) 钢瓶应存放在阴凉、干燥、远离热源的地方。可燃性气瓶应与氧气瓶分开存放。气体钢瓶存放或使用时要直立放置,并固定好,防止滚动或跌倒。

(3) 严禁油脂等有机物沾污氧气钢瓶,因为油脂遇到逸出的氧气可能会燃烧。如已被油脂沾污,应立即用四氯化碳洗净。氢气、氧气或可燃气体钢瓶严禁靠近明火。

(4) 存放氢气钢瓶或其他可燃性气体钢瓶的房间应注意通风,以免泄漏出的氢气或可燃性气体与空气混合后遇到火种发生爆炸。室内的照明灯及电气通风装置均应防爆。

(5) 开启高压气瓶时,操作者应站在气瓶出气口的侧面,缓缓旋开阀门,不能猛开。气体必须经减压阀减压,不得直接放气。

(6) 高压气瓶上选用的减压阀要专用,可燃性气瓶(如 H_2、C_2H_2)气门螺丝为反丝,不燃性或助燃性气瓶(如 N_2、O_2)为正丝。

(7) 气瓶内气体不得用尽,应留有余压,即余压一般应为 0.2 MPa 左右,不得低于 0.05 MPa。

(8) 使用中的气瓶每三年应检验一次,装腐蚀性气体的钢瓶每两年检验一次,不合格的气瓶不得继续使用。气瓶在使用过程中,如发现有严重腐蚀或其他严重损伤应提前进行检验。盛装剧毒或高毒介质的气瓶,在定期技术检验的同时还应进行气密性试验。

表 7-2 我国气体钢瓶常用的标记

气体类别	瓶身颜色	标字颜色	字样
氮气	黑	黄	氮
氧气	天蓝	黑	氧
氢气	淡绿	红	氢
压缩空气	黑	白	压缩空气
二氧化碳	铝白	黑	液化二氧化碳
氦	棕	白	氦

气体类别	瓶身颜色	标字颜色	字样
液氨	黄	黑	氨
氯	草绿	白	氯
乙炔	白	红	乙炔
氟氯烷	铝白	黑	氟氯烷
石油气体	灰	红	石油气
粗氩气体	黑	白	粗氩
纯氩气体	灰	绿	纯氩

2. 氧气减压阀的工作原理

氧气减压阀的外观及工作原理见图 7-10 和图 7-11。氧气减压阀的高压腔与钢瓶连接，低压腔为气体出口，通往使用系统。高压表的示值为钢瓶内储存气体的压力，低压表的出口压力可由调节螺杆控制。

1—钢瓶；2—钢瓶开关；3—钢瓶与减压表连接螺母；
4—高压表；5—低压表；6—低压表压力调节螺杆；
7—出口；8—安全阀。

图 7-10　安装在气体钢瓶上的氧气减压阀示意图

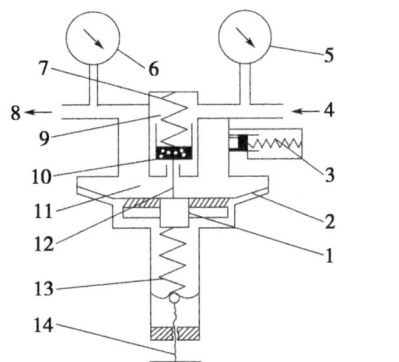

1—弹簧垫块；2—传动薄膜；3—安全阀；4—进口
（接气体钢瓶）；5—高压表；6—低压表；
7—压缩弹簧；8—出口（接使用系统）；9—高压气室；
10—活门；11—低压气室；12—顶杆；
13—主弹簧；14—低压表压力调节螺杆。

图 7-11　氧气减压阀工作原理示意图

使用时首先打开钢瓶开关，然后顺时针转动低压表压力调节螺杆，螺杆压缩主弹簧，经薄膜、弹簧垫块和顶杆传递而使活门离开阀座，进口的高压气体由高压室经活门和阀座的节流间隙减压后进入低压室，并经出口通往工作系统。转动调节螺杆，改变活门开启的高度来调节高压气体的通过量，以达到所需的压力值。停止使用时，先关闭钢瓶开关，放尽余气直至高、低压表指向"0"，再逆时针转动调节螺杆，关闭减压阀。

减压阀都装有安全阀。它是保证减压阀安全使用的卸压装置，也是减压阀出现故障时的信号装置。当由于活门密封垫、活门损坏或其他原因而导致出口压力自行上升并超过最大输出压力的 1.15 倍至 1.5 倍时,安全阀会自动打开排气;当压力降低到许用值时,安全阀则会自动关闭。

3. 氧气减压阀的使用方法

(1) 按使用要求的不同,氧气减压阀有不同规格。最高进口压力一般为 15 MPa,最低进口压力不小于出口压力的 2.5 倍。出口压力规格较多,一般为 0~0.4 MPa,最高出口压力为 4 MPa。

(2) 安装减压阀时,应确定其连接规格是否与钢瓶和使用系统的接头相一致。减压阀与钢瓶采用半球面连接,靠旋紧螺母使二者完全吻合。因此,在使用时应保持两个半球面的光洁,以确保良好的气密效果。安装前可用高压气体吹除灰尘。必要时也可用聚四氟乙烯等材料作垫圈。

(3) 氧气减压阀严禁接触油脂,以免发生火灾。

(4) 停止工作时,应将减压阀中余气放净,然后拧松调节螺杆以免弹性元件长久受压变形。

(5) 减压阀应避免撞击振动,不可与腐蚀性物质相接触。

4. 其他气体减压阀

有些气体,例如氮气、空气、氩气等永久性气体,可以采用氧气减压阀。但还有一些气体,如氨等腐蚀性气体,则需要专用减压阀。市面上常见的有氮气、空气、氢气、氨、乙炔、丙烷、水蒸气等专用减压阀。

这些减压阀的使用方法及注意事项与氧气减压阀基本相同。但还应该指出,专用减压器一般不用于其他气体。有些专用减压阀采用特殊连接口,例如氢气采用左牙纹,也称反向螺纹,安装时应特别注意。

四、真空的测量与技术

真空是指低于标准压力的稀薄气体的状态。真空状态下气体稀薄程度常以压强(单位为 Pa)来表示,习惯上称为真空度。气体的压强越低,表示真空度越高。

通常按真空的获得和测量方法的不同,将真空度划分为五个区域。粗真空:$10^5 \sim 10^3$ Pa;低真空:$10^3 \sim 10^{-1}$ Pa;高真空:$10^{-1} \sim 10^{-6}$ Pa;超高真空:$10^{-6} \sim 10^{-10}$ Pa;极高真空:$< 10^{-10}$ Pa。

为了排除空气和其他气体的干扰,首先要将干扰气体抽去,使气体压力降低,这类抽气装置称为真空泵,主要有水泵、机械真空泵、扩散泵等。

1. 水泵

水泵也叫水流泵或水冲泵。水经过收缩的喷口以高速喷出,喷口处形成低压,使体系中进入的气体分子被高速喷出的水流带走。水泵能达到的真空度受到水的蒸气压的限制,一般适用于减压蒸馏、减压过滤操作等要求粗真空度的场合。

2. 机械真空泵

常用的机械真空泵为旋片式油泵,它由泵体、转子和旋片组成,如图 7-12 所示。实验系统中的气体从进气嘴被抽入泵中,随着电动机带动的偏心转子旋转,带动紧贴腔壁的旋片旋转,旋片使进气积腔容积周期性地扩大而吸气,排气腔容积则周期性缩小而压缩气体,推开排气阀排气,如此循环往复,从而获得真空。实际使用的机械泵为由上述两个单元串联而成的双级泵,使极限真空可达 1.333×10^{-2} Pa。整个单元都浸在真空油中,这种油的蒸气压较低,既起到润滑作用,又起封闭微小的漏气和冷却机件的作用。

使用机械泵时,应注意以下事项:

(1) 机械泵不能直接抽含可凝性气体的蒸气(如水蒸气)、挥发性液体和腐蚀性气体等,应在体系和泵的进气管间串联吸收塔或冷凝器,以除去上述气体。例如,用无水氯化钙、分子筛等吸收水分,用氢氧化钠固体吸收含腐蚀性成分的气体,用液状石蜡吸收有机蒸气,用活性炭或硅胶吸收其他蒸气。

(2) 电动机带动油泵正常运转时电动机温度不能超过 $50 \sim 60$ ℃,不应有摩擦、金属碰击等异声。

(3) 机械泵的进气口前应安装一个三通活塞。停止抽气时,应使机械泵与抽空系统隔开而与大气相通,然后再关闭电源,避免泵油倒吸。

1—进气嘴;2—旋片弹簧;3—旋片;4—转子;5—泵体;6—油箱;7—真空泵油;8—排气嘴。

图 7-12 旋片式真空泵

3. 扩散泵

扩散泵是利用工作介质从喷口处高速喷出,在喷口处形成低压,对周围气体产生抽吸作用而将气体带走,其极限真空度可达 10^{-7} Pa。按工作介质可分为汞扩散泵和油扩散泵两种。由于油具有蒸气压低、无毒、相对分子质量大等特点,所以实验室常用油扩散泵。

油扩散泵必须以机械泵作为前级泵,预先抽气使系统压力抽至 1.3 Pa,才能开动扩散泵工作。扩散泵开始工作时,先接通冷却水,将电炉加热,直至油沸腾正常回流。关闭泵时应首先断开电路电源,待油停止沸腾不再回流时再关闭冷却水,关闭扩散泵进出口旋塞,通大气后关闭电源,最后关机械泵。

真空的测量实际上就是测量低压下气体的压力,常用的测压仪器有 U 形水银压力计、麦氏真空规、热偶真空规、电离真空规和数字式低真空压力测试仪等。

粗真空的测量一般用 U 形水银压力计,对于较高真空度的系统使用真空规。真空规有绝对真空规和相对真空规两种。麦氏真空规称为绝对真空规,即真空度可以用测量到的物理量直接计算而得。而热偶真空规、电离真空规等均为相对真空规,测得的物理量只能经绝对真空规(如麦氏真空规)校正后才能指示相应的真空度。热偶真空规适用于测量 $10 \sim 10^{-1}$ Pa 低真空范围的压力,电离真空规适用于测量 $10^{-1} \sim 10^{-6}$ Pa 高真空范围的压力。

数字式压力计采用数字形式显示被测压力量值,具有高精度、高可靠性和高稳定性,显示直观清晰,操作简便等优点,已取代 U 形管压力计广泛用于实验室测量表压、差压和绝压。DP-AF 型精密数字压力计适用于负压(0 ∼ −100 kPa)测量,使用方法如下:

(1) 准备工作。用 5 mm 内径的真空橡胶管将仪器后盖板压力接口与被测系统连接;将后盖板的电源线接入电源,按下电源开关,预热 5 min 即可正常工作。

(2) 当接通电源后,初始状态为"kPa"指示灯亮,显示以 kPa 为计量单位的零压力值;按下"单位键","mmHg"指示灯亮,则显示以 mmHg 为计量单位的零压力值。通常情况下,选择 kPa 为压力单位。

(3) 当系统与外界处于等压状态时,按一下"采零"键,仪表自动扣除传感器零压力值

（零点漂移），显示器显示为"00.00"，此时系统和外界的压力差为零。当系统压力降低时，则显示为负压力数值，将外界压力加上该负压力数值即为系统内的实际压力。如显示值为 $-14.00\ kPa$，大气压为 p_0，则测量系统的压力值为 $p_0+(-14.00\ kPa)$。

（4）当实验结束后，将被测系统泄压至"00.00"，电源开关置于关闭状态。

第三节　电化学测量技术

电化学测量技术是化学实验的重要组成部分，常用来测量电解质溶液热力学函数，如电导、离子迁移数和活度系数等；测量氧化还原体系中电极电势、pH、焓变、熵变等；测量电极过程动力学参数，如化学反应速率等。本节主要介绍电导和电动势的测量技术。

一、电导的测量

电解质溶液的电导同金属电导一样，被定义为电阻的倒数，是电化学中一个重要的参量。电导反映了电解质溶液中离子的状态和行为，在稀溶液中，电导与离子浓度之间呈简单线性关系，因而被广泛应用于分析化学和化学动力学过程中的测试。

1. 基本原理

电导值的测量实际上是先测量电阻，然后再通过计算得出相应的电导值。实验室中常用的仪器是电导仪或电导率仪。

导体导电能力的大小通常以电阻 R 或电导 G 表示，电导为电阻的倒数，$G=\dfrac{1}{R}$，电阻的单位为欧姆（Ω），电导的单位为西门子（S）。

同金属导体一样，电解质溶液的电阻也符合欧姆定律。当温度一定时，两极间溶液的电阻与两极间的距离 L 成正比，与电极面积 A 成反比。

$$R\propto\frac{L}{A}\quad 或\quad R=\rho\frac{L}{A}$$

式中，ρ 为电阻率，它的倒数称为电导率，以 κ 表示。

将 $R=\rho\dfrac{L}{A}$、$\kappa=\dfrac{1}{\rho}$ 代入 $G=\dfrac{1}{R}$ 中，则可得

$$G=\kappa\frac{A}{L}\quad 或\quad \kappa=\frac{L}{A}\cdot G$$

电导率 κ 表示在相距 1 m、电极面积为 $1\ m^2$ 的两个电极之间溶液的电导，单位为 $S\cdot m^{-1}$。L/A 称为电极常数或电导池常数，因为在电导池中，所用的电极距离和面积是一定的，所以对某一电极来说，L/A 为常数，由电极标出。

摩尔电导率 Λ_m 是在相距 1 m、电极面积为 $1\ m^2$ 的两个平行电极之间，放置含有 1 mol 电解质的溶液的电导率，与浓度 c 的关系如下：

$$\Lambda_m=\frac{\kappa}{c}$$

摩尔电导率 Λ_{m} 的单位为 $S \cdot m^2 \cdot mol^{-1}$。摩尔电导率的数值通常是通过测定溶液的电导率后再用上式计算得到的。

电导率仪的测量原理为:由振荡器产生的交流电压加到电导池的电极上,经放大器放大、检波电路变换为直流电压,经集成 A/D 转化器转换为数字信号,将测量结果用数字显示出来,如图 7-13 所示。

图 7-13　电导率仪测量原理图

2. 使用方法

SLDS-Ⅰ 型电导率仪采用低压变频设计,测量准确度高,稳定性好,使用方便,测量范围广,可以测定一般液体和高纯水的电导率,操作简便,可以直接从仪表上读取数据,并有 0~10 mV 信号输出,具有溶液温度补偿功能及电极常数补偿功能。SLDS-Ⅰ 型电导率仪的面板如图 7-14 所示,使用方法如下:

图 7-14　SLDS-Ⅰ 型电导率仪面板图

(1) 将电极插头及温度传感器插头插入相应插座,将温度传感器置于对应的被测环境中,接通电源开关,预热 15 min。

(2) 测量溶液实时温度下的电导率,则无须温度补偿,仪器将自动测量出溶液相对应的电导率。当需测量标准温度(25 ℃)时,可使用自动或手动温度补偿功能。自动操作步骤为:按"补偿/正常"键,使数据采集窗口显示"温补",此时仪器自动采集实时温度,测量出补偿后的电导率。

(3) 按"测量/校准"键时,使数据采集窗口转换到校准状态。

① 如测量值误差较大,则需校准"US""MS":按"模式"键,切换至"US",测量值显示为

"未存",待"US"值稳定后,按"确认"键,此时"US"值显示"已存",表示已将数据存入。再按"模式"键,切换至"MS",按上述方法,校准"MS"值。

② 如需修改电极常数时,按下"手输/自采/电极常数"键,显示窗口数字显示"未存",修改后按"确认"键,显示"已存"。

③ 如需修改电导池常数时,按下△▽键,显示窗口数字显示"未存",修改后按"确认"键,显示"已存"。

④ 数据修改完成后,再按"测量/校准"键,使数据采集窗口转换到测量状态,此时可以进行测量。

注意:仪器出厂时数据已经存储过,无须再操作。此步骤只有在更换电极时才需操作。

(4)量程选择。测量时一般都采用自动选择量程,按下"手动/自动"键,可进行手动与自动的切换。

(5)按"测量/校准"键,使仪器处于测量状态。电极用蒸馏水冲洗干净后,用滤纸吸干电极表面残余的水。使用铂黑电极时,切忌擦及铂黑,以免铂黑脱落,引起电极常数的变化。然后,用待测溶液淋洗三次后进行测定。显示值稳定后,该数值即为被测液体在该温度下的电导率值。测量中,若显示屏显示"OU.L",表示被测值超出测量范围,在量程选择为自动模式下,仪器将自动切换至高一挡的量程来测量。若读数很小,仪器自动切换至低一挡量程,以提高精度。测定完毕后,电极用蒸馏水清洗干净并放入保护瓶中保存,关闭电源开关。

(6)若被测溶液的电导率高于 $20\ mS \cdot cm^{-1}$ 时,应选择 DJS-10 电极,此时量程范围可扩大至 $200\ mS \cdot cm^{-1}$,显示值须乘以 10。

测量纯水或高纯水时,宜选电极常数为 $0.01\ cm^{-1}$ 的电极,被测值=显示值×0.01。也可用 DJS-0.1 电极,被测值=显示值×0.1。

电导率范围及对应电极常数推荐见表 7-3。被测溶液的电导率低于 $30\ \mu s \cdot cm^{-1}$ 时,宜选用 DJS-1 型光亮电极。电导率高于 $30\ \mu s \cdot cm^{-1}$ 时,宜选用 DJS-1 铂黑电极。

表 7-3　电导率范围及对应电极常数推荐表

溶液电导率/$(\mu s \cdot cm^{-1})$	电阻率范围/$(\Omega \cdot cm)$	推荐使用的电极常数/cm^{-1}
0.05~2	$20 \times 10^6 \sim 500 \times 10^3$	0.01，0.1
2~200	$500 \times 10^3 \sim 5 \times 10^3$	0.1，1.0
200~2 000	$5 \times 10^3 \sim 500$	1.0
2 000~20 000	500~50	1.0,10
20 000~2×10^5	50~5	10

(7)仪器可长时间连续使用,可用输出信号(0~10 mV)外接记录仪连续监测,也可选配串口,由电脑显示监测。

3. 注意事项

(1)仪器设置的溶液温度系数为 2%,与此系数不符合的溶液使用温度补偿器将会产生一定的误差,为此可把"温度"置于 25 ℃,所得读数为被测溶液在测量时温度下的电导率。

（2）测量高纯水时，盛入容器后要迅速测定，防止空气中 CO_2 等气体溶入水中，使得电导率迅速增大。

（3）电极插头、插座不能受潮。盛放被测液的容器须清洁。

（4）电极使用前后都应清洗干净。

二、原电池电动势的测量

原电池电动势的测量必须在可逆条件下进行。可逆条件要求电池的电极反应可逆、测量电池电动势时通过的电流为无限小。为此，在待测原电池上外加一个方向相反、数值相等的电动势，以补偿法测其电动势。电位差计是根据补偿法测量原理设计的一种平衡式电压测定仪器，是测量电动势的基本仪器。下面介绍 UJ-25 型电位差计和 SDC-Ⅱ 型数字电位差的测量原理及使用方法。

1. UJ-25 型电位差计

UJ-25 型直流电位差计适用于测量内阻较大的电源电动势，它与标准电池和检流计等配合使用，测量结果稳定、可靠，且准确度高。

（1）测量原理

图 7-15 是补偿法测量电动势原理示意图。图中 R 是调节工作电流的变阻器；R_N 为标准电池电动势补偿电阻，可根据工作电流来选择；R_X 为待测电池电动势补偿电阻，由已知电阻值的各进位盘组成，可以调节 R_X 的数值，使其电压降与 E_X 相补偿。

从图 7-15 可知，电位差计由三个回路组成：工作电流回路、标准回路和测量回路。

① 工作电流回路，也叫电源回路。从工作电源 E_W 正极开始，经电阻 R_N、R_X，再经工作电流调节电阻 R，回到工作电源负极。其作用是借助于调节电阻 R，在补偿电阻上产生一定的电位降。

② 标准回路，也叫校准回路。从标准电池的正极开始（当换向开关 K 扳向"1"一方时），经电阻 R_N，再经检流计 G 回到标准电池负极。其作用是校准工作电流回路，以标定 R_N 上的电位降。通过调节 R 使 G 中电流为零，此时 R_N 产生的电位降与标准电池的电动势 E_N 相补偿，也就是大小相等而方向相反。校准后的工作电流 I_W 为某一定值，即 $I_W = E_N/R_N$。

E_W—工作电源；E_N—标准电池；E_X—待测电池；R—调节电阻；R_X—待测电池电动势补偿电阻；
K—转换电键；R_N—标准电池电动势补偿电阻；G—检流计。

图 7-15 补偿法测量原理示意图

③ 测量回路。从待测电池的正极开始（当换向开关 K 扳向"2"一方时），经检流计 G 再经电阻 R_x 回到待测电池负极。它的作用是用标定好的 R_x 的电位降测量待测电池的电动势。在保证校准后的工作电流 I_w 不变，即固定 R 的条件下，调节电阻 R_x，使得 G 中电流为零。此时 R_x 产生的电位降与待测电池的电动势 E_x 相补偿，即 $E_x = I_w \cdot R_x$，则 $E_x = (R_x / R_N) \cdot E_N$。

因此，当标准电池电动势 E_N 和标准电池电动势补偿电阻 R_N 数值确定时，只要测出待测电池电动势补偿电阻 R_x 的数值，就能测出待测电池电动势 E_x。

从以上测量原理可知，直流电位差计测量电动势时，具有以下优点：

① 不需要测量出 I_w 的数值，只要测定 R_x 与 R_N 的比值即可。

② 当完全补偿时，回路里没有电流通过，表明测量时没有改变被测对象的状态。所以，在被测电池的内部没有电压降，测得的结果是被测电池的电动势，而不是端电压。

③ 被测电动势 E_x 的准确性依赖于标准电池电动势 E_N 和电阻 R_N、R_x，由于标准电池的电动势值十分准确，且具有高度的稳定性，而电阻元件制造精度较高，所以当检流计的灵敏度很高时，用电位差计测量的准确度就非常高。

（2）使用方法

UJ-25 型电位差计的面板如图 7-16 所示，使用方法如下：

1—电计按钮（共 3 个）；2—转换开关；3—电势测量旋钮（共 6 个）；
4—工作电流调节旋钮（共 4 个）；5—标准电池温度补偿旋钮。

图 7-16　UJ-25 型电位差计面板图

① 连接线路。先将转换开关 2 放在"断"的位置，并将三个电计按钮 1（粗、细、短路）全部松开，然后依次分别将检流计、标准电池、被测电池以及工作电源接在"电计""标准""未知 1"或"未知 2"（任选其中一组）及"电源"的接线柱上，注意正负极不能接错，检流计没有极性的要求。

② 电位差计的标定，即调节工作电流。调节标准电池温度补偿旋钮 5，使其读数与标准电池的电动势一致。注意：标准电池的电动势受温度影响，使用时应进行温度校正。将转换开关 2 放在 N（标准）位置上，按"粗"按钮，调节工作电流调节旋钮 4，使检流计示零。然后再按"细"按钮，再次调节工作电流，使检流计示零。此时工作电流调节完毕。注意按电计按钮时，不能长时间按住不放，需要"按"和"松"交替进行。

③ 测量未知电动势。将转换开关 2 放在"X_1""X_2"的位置，按下"粗"按钮，由左向右依次调节六个测量旋钮，使检流计示零。然后再按下电计"细"按钮，重复以上操作使检流计

示零。读出六个旋钮的示数总和即为被测电池的电动势。

（3）注意事项

① 测量过程中，若发现检流计受到冲击时，应迅速按下短路按钮，以保护检流计。

② 由于工作电源的电压会发生变化，故在测量过程中要经常标定电位差计。另外，新制备的电池电动势不够稳定，应隔数分钟测一次，最后取平均值。

③ 测定时，电计按钮按下的时间应尽量短，以防止电流通过而改变电极表面的平衡状态。

④ 若测定过程中，数字检流计一直升高或降低，找不到平衡点，这可能是被测电池或标准电池、工作电池的正负极接反，工作电流回路断路，工作电源电压输出值偏离规定值较多等原因引起，应该进行检查。

2. SDC-Ⅱ型数字电位差计

SDC-Ⅱ型数字电位差计将 UJ-25 型电位差计和与之配套的标准电池、检流计等设备集成为一体，采用补偿法测量原理测定原电池的电动势。该仪器实现了数字电位显示和数字检零，保留了电位差计测量结构，既可使用内部基准，又可采用外标准电池对比检测，校验方便灵活。图 7-17 为 SDC-Ⅱ型数字电位差计面板示意图。

图 7-17　SDC-Ⅱ型数字电位差计面板示意图

（1）使用方法

① 将仪器与交流 220 V 电源连接，打开电源开关，预热 15 min。

② 用测试线将被测电池的"＋""－"极与面板"测量"插孔连接好。

③ 采用"内标"校验时，将"测量选择"置于"内标"位置，调节"$\times 10^0$ V"位旋钮置于"1"，"补偿"旋钮逆时针旋到底，其他旋钮置于"0"，此时，"电位指示"显示"1.00000"V。待"检零指示"显示数稳定后，按一下"采零"键，此时，检零指示应显示"0000"。

④ 采用"外标"校验时，将"测量选择"置于"外标"位置，将外标电池的"＋""－"极与面板"外标"插孔连接好。调节"$\times 10^0$ V"至"$\times 10^{-4}$ V"五个旋钮和"补偿"旋钮，使"电位指示"

显示的数值与外标电池数值相同。待"检零指示"显示数稳定后，按一下"采零"键，此时，检零指示应显示"0000"。通常外标电池应进行温度校验，否则将影响精度。

⑤ 将"测量选择"置于"测量"。调节"×10⁰ V"至"×10⁻⁴ V"五个旋钮，使"检零指示"显示数值为负且绝对值最小。调节"补偿"旋钮，使检零指示显示"0000"，此时"电位显示"数值即为被测电池的电动势值。

（2）注意事项

① 仪器不要放置在有强电磁场干扰的区域内，不宜放置在高温环境，避免靠近热源。

② 如仪器正常通电后无显示，请检查后面板上的保险丝（0.2 A）。

③ 测量过程中，若"检零指示"显示溢出符号"OU.L"，说明"电位显示"显示的数值与被测电动势相差较大。

3. 检流计

检流计主要用作电桥的平衡检测、电位差计的指零仪，以及微弱电流、电压的测量。

（1）测量原理

DA-1 型数字检流计见图 7-18，由高阻抗运算放大器组成电流-电压变换器测量弱电流信号，具有输入阻抗低、灵敏度高、温度漂移小、线性好、结构牢固的优点，由三位半数字电压表显示电流值，读数方便快捷。

（2）使用方法

① 用导线将"检流输入"接线柱与电位差计"电计"接线柱接通，"稳压输出"接线柱与电位差计"电源"接线柱接通。

② 稳压电源输出调节至 3.0 V，电流选择"2 μA"挡，接通电源。

图 7-18　DA-1 型数字检流计

③ 电流显示溢出时显示"1"或"－1"，须选择量程较大的电流挡。

④ 在测量中如果电流数字剧烈波动，可按电位差计短路键，使其停止。

（3）注意事项

① 严格防止过大电流通过，以免损坏仪器。

② 避免靠近电磁干扰源和剧烈振动，必要时可采取接地、屏蔽和防振措施。

③ 为防止正负连线因温度不平衡而产生温差电动势（如用手接触夹头某一端），引起零位漂移或读数误差，在正式测量前应使环境和系统的温度充分平衡，避免让仪器及各连线的连接端靠近冷热源。

4. 盐桥

当原电池含有两种电解质界面时，因离子迁移率的不同，产生不可逆扩散，在液接界面上会产生电势差，这个电势差称为液体接界电势。一般采用盐桥来减小液接电势。盐桥是充满盐溶液的玻璃管，管的两端分别插入两种互不接触的电解质溶液，使其导通。

盐桥溶液一般采用正、负离子迁移速率相近的饱和盐溶液，比如饱和氯化钾溶液等。当饱和盐溶液与另一种较稀溶液相接界时，主要是盐桥溶液向稀溶液扩散，从而减小了液接电势。

盐桥溶液除了 KCl 外，也可用其他正、负迁移数相近的盐类，如 KNO_3、NH_4NO_3 等，盐桥溶液不能与两端电池溶液发生反应。如果实验中使用 $AgNO_3$ 溶液，则盐桥溶液就不能用 KCl 溶液，因为 Ag^+ 会与 Cl^- 发生反应生成 AgCl，此时选择 KNO_3 或 NH_4NO_3 溶液较为合适。

5. 标准电池

标准电池是电化学实验中基本校验仪器之一，其构造如图 7-19 所示。电池由一 H 形管构成，负极为含镉 12.5% 的镉汞齐，浸在硫酸镉（$CdSO_4$）溶液中；正极为汞，浸在含有硫酸亚汞（Hg_2SO_4）的糊状物中；两种电极共用同一种电解液（如饱和硫酸镉溶液），通过盐桥或隔膜分隔，顶端加以密封。其电池反应为：

1—含 Cd12.5% 的镉汞齐；
2—汞；3—硫酸亚汞的糊状物；4—硫酸镉晶体；
5—硫酸镉饱和溶液。

图 7-19　标准电池

负极：$Cd（汞齐）\longrightarrow Cd^{2+} + 2e^-$

正极：$Hg_2SO_4(s) + 2e^- \longrightarrow 2Hg(l) + SO_4^{2-}$

电池反应：$Cd（汞齐） + Hg_2SO_4(s) + \dfrac{8}{3}H_2O = 2Hg(l) + CdSO_4 \cdot \dfrac{8}{3}H_2O$

标准电池的电动势很稳定，重现性好，具有极小的温度系数。20 ℃时，$E_0 = 1.0186$ V；其他温度下的 E_t 可按下式算得：

$$E_t = E_0 - 4.06 \times 10^{-5}(t-20) - 9.5 \times 10^{-7}(t-20)^2$$

标准电池使用温度为 4～40 ℃，使用时不能振荡，不能倒置，要平稳携取；电池正负极不能接错，不能用万用表直接测量标准电池。标准电池只是校验器，不能作为电源使用，测量时间必须短暂，间歇按键，以免电流过大而损坏电池。电池若未加套直接暴露于日光，会使硫酸亚汞变质，电动势下降。需要按规定时间对标准电池进行计量校正。

6. 常用电极

（1）甘汞电极

甘汞电极是实验室中常用的参比电极，具有装置简单、可逆性高、制作方便、电势稳定等优点。在玻璃容器的底部装入少量的汞，然后装汞和甘汞的糊状物，再注入氯化钾溶液，将作为导体的铂丝插入，即构成甘汞电极。甘汞电极表示形式如下：

$$Hg(l) | Hg_2Cl_2(s) | KCl(c)$$

电极反应为：　　　$Hg_2Cl_2(s) + 2e^- \longrightarrow 2Hg(l) + 2Cl^-(aq)$

$$E_{Hg_2Cl_2/Hg} = E^{\ominus}_{Hg_2Cl_2/Hg} - \frac{RT}{F}\ln c(Cl^-)$$

甘汞电极的电势随氯离子活度的不同而改变。不同氯化钾溶液浓度的 $E_{甘汞}$ 与温度 t 的关系见表 7-4。

表 7-4　不同浓度氯化钾溶液的 $E_{甘汞}$ 与温度 t 的关系

氯化钾溶液浓度/(mol·L^{-1})	电极电势 $E_{甘汞}$/V
饱和	$0.241\,2 - 7.6 \times 10^{-4}(t-25)$
1.0	$0.280\,1 - 2.4 \times 10^{-4}(t-25)$
0.1	$0.333\,7 - 7.0 \times 10^{-5}(t-25)$

各文献上列出的甘汞电极的电势数据常不一致,这是因为接界电势的变化对甘汞电极电势有影响,由于所用盐桥的介质不同,甘汞电极电势的数据不同。

使用甘汞电极时应注意以下几点:

① 甘汞电极在高温时不稳定,故一般适用于 70 ℃ 以下的测量。

② 甘汞电极不宜用在强酸、强碱性溶液中,因为此时液体接界电势较大,而且甘汞可能被氧化。

③ 如果被测溶液中不允许含有氯离子,应避免直接插入甘汞电极,这时应使用双液接甘汞电极。

④ 应注意甘汞电极的清洁,不得使灰尘或局外离子进入该电极内部。

⑤ 当电极内 KCl 溶液太少时,应及时补充。

(2) 银-氯化银电极

银-氯化银电极也是常用的参比电极,属于金属难溶盐电极。它是将氯化银涂在银的表面上,再浸入含有 Cl^- 的溶液中构成的。该电极具有良好的稳定性和较高的重现性,无毒,耐振,电极电势在高温下比甘汞电极稳定,但 AgCl(s) 遇光易分解,必须避光,而且电极必须浸入溶液中,否则 AgCl 会因干燥而脱落,所以电极不易保存。

银-氯化银电极的电极反应:

$$AgCl(s) + e^- \longrightarrow Ag(s) + Cl^-$$

电极电势与 Cl^- 浓度有关:

$$E_{AgCl/Ag} = E^{\ominus}_{AgCl/Ag} - \frac{RT}{F} \ln c(Cl^-)$$

银-氯化银电极的电极电势见表 7-5。

表 7-5 银-氯化银电极的电极电势

电极	温度 / ℃	电极电势/V
$Ag \mid AgCl(s) \mid Cl^- [c(Cl^-) = 1.0\ mol \cdot L^{-1}]$	25	0.222 34
$Ag \mid AgCl(s) \mid Cl^- [c(Cl^-) = 0.1\ mol \cdot L^{-1}]$	25	0.288
$Ag \mid AgCl(s) \mid Cl^-$ (饱和)	25	0.198 1
$Ag \mid AgCl(s) \mid Cl^-$ (饱和)	60	0.165 7

第四节　光学测量技术

光与物质相互作用可以产生各种光学现象(如光的折射、反射、散射、透射、吸收、旋光以及物质受激辐射等),通过分析研究这些光学现象,可以提供原子、分子及晶体结构等方面的大量信息。所以,物质的成分分析、结构测定及光化学反应等方面都离不开光学测量。下面介绍化学实验中常用的几种光学测量仪器。

一、阿贝折射仪

折射率是物质的重要物理常数之一,借助它可定量地分析溶液的组成,鉴定液体的纯度。物质的摩尔质量、密度、极性分子的偶极距等也可与折射率相关联,因此它也是物质结构研究工作的重要工具。阿贝折射仪是实验室常用的测定物质折射率的光学仪器,所需样品少,精度测量高,重现性好,其结构外形如图 7-20 所示。

1—测量望远镜;2—消失散手柄;3—恒温水入口;4—温度计;5—测量棱镜;6—铰链;7—辅助棱镜;
8—加液槽;9—反射镜;10—读数望远镜;11—转轴;12—刻度盘罩;13—闭合旋钮;14—底座。

图 7-20　阿贝折射仪外形图

1. 阿贝折射仪的结构原理

当一束单色光从介质 1 进入介质 2(两种介质的密度不同)时,如果传播方向不垂直于界面,则光线会改变方向,这一现象称为光的折射,如图 7-21 所示。

根据斯涅尔(Snell)折射定律,波长一定的单色光在温度、压力不变的条件下,入射角 i 和折射角 r 与这两种介质的折射率的关系为:

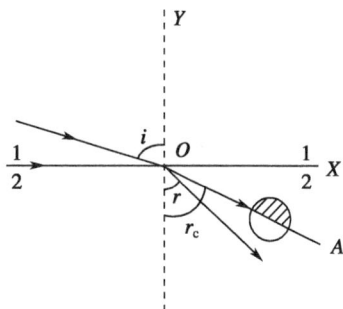

图 7-21　光在不同介质中的折射

$$\frac{\sin i}{\sin r} = \frac{n_2}{n_1} = n_{1,2}$$

式中,n_1、n_2 分别为介质 1 和介质 2 的折射率;$n_{1,2}$ 为介质 2 对介质 1 的相对折射率。若介质 1 为真空,因规定 $n_{真空} = 1$,故 $n_{1,2} = n_2$,为绝对折射率。但介质 1 通常用空气,空气的绝对折射率为 1.000 29,这样得到的各物质的折射率称为常用折射率,也可称为对空气的相对折射率。同一种物质的绝对折射率和常用折射率之间的关系为:

$$绝对折射率＝常用折射率×1.000\ 29$$

当 $n_1 < n_2$ 时,折射角 r 则恒小于入射角 i。当入射角 $i=90°$ 时,折射角也相应增大到最大值 r_c,r_c 称为临界角。当入射角为 $0°\sim90°$ 的入射光线时,折射后大于临界角的部分无光线通过,成为暗区;小于临界角的部分有光线通过,为明亮区;临界角 r_c 决定了半明半暗分界线的位置。当入射角 i 为 $90°$ 时,入射角 i 和折射角 r 的关系可改写为:

$$n_1 = n_2 \sin r_c$$

因而,固定一种介质时,临界折射角 r_c 的大小与被测物质的折射率呈简单的函数关系,阿贝折射仪就是根据这个原理而设计的。

图 7-22 是阿贝折射仪光学系统的示意图。它的主要部分是由两块折射率为 1.75 的玻璃直角棱镜构成。辅助棱镜的斜面是粗糙的毛玻璃,测量棱镜是光学平面镜。两者之间约有 $0.1\sim0.15\ mm$ 的厚度空隙,用于装待测液体,并使液体展开成一薄层。当光线经过反光镜反射至辅助棱镜的粗糙表面时,发生漫散射,以各种角度透过待测液体,因而从各个方向进入测量棱镜而发生折射。其折射角都落在临界角 r_c 之内,棱镜的折射率大于待测液体的折射率,因此入射角从 $0°\sim90°$ 的光线都通过测量棱镜发生折射。具有临界角 r_c 的光线从测量棱镜出来反射到目镜上,此时若将目镜十字线调节到适当位置,则会看到目镜上呈半明半暗状态。折射光都应落在临界角 r_c 内,成为亮区,其他为暗区,构成了明暗分界线。为了使测量均取同一基准,可通过转动棱镜组位置将明暗分界线调至十字交叉点上,这时就可从读数标尺上读出试样的折射率。

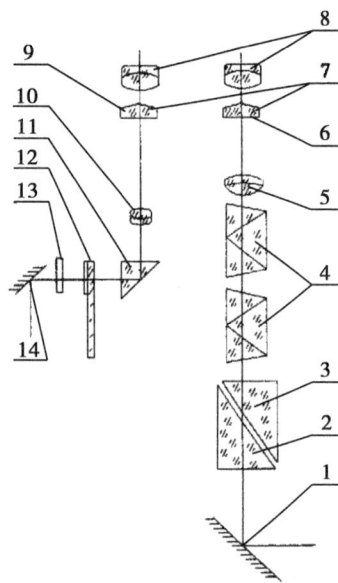

1—反光镜;2—辅助棱镜;3—测量棱镜;4—消色散棱镜;5—物镜;6—分划板;7、8—目镜;9—分划板;10—物镜;11—转向棱镜;12—照明度盘;13—毛玻璃;14—小反光镜。

图 7-22 光学系统示意图

由于折射率与入射光的波长有关,用普通白光作光源(波长为 $4\ 000\ \text{Å}\sim7\ 000\ \text{Å}$),由于发生色散而在明暗分界线处呈现彩色光带,使明暗交界不清楚,故在阿贝折射仪中还装有两个各由三块棱镜组成的阿米西(Amici)棱镜作为消色散棱镜(又称补偿棱镜)。通过调节消色散棱镜,使折射棱镜出来的色散光线消失,使明暗分界线完全清楚,这时所测的液体折射率相当于用钠光 D 线($5\ 893\ \text{Å}$)所测得的折射率 n_D。

因为折射率与温度有关,故在棱镜组外面装有夹套,可以通入恒温水,并有温度计孔用以测温,则可测定温度为 $0\sim50\ ℃$ 范围内的折射率。

2. 阿贝折射仪的使用方法

(1) 将阿贝折射仪放在光亮处,但避免阳光直接曝晒。调节超级恒温槽至所需温度,将恒温水通入棱镜夹套内,水温以折射仪上温度计读数为准。

(2) 扭开测量棱镜和辅助棱镜的闭合旋钮,并转动镜筒,使辅助棱镜斜面向上。若测量棱镜和辅助棱镜表面不清洁,可滴几滴丙酮,用擦镜纸顺单一方向轻擦镜面(不能来回擦)。用滴管滴入数滴待测液体于辅助棱镜的毛玻璃面上(滴管切勿触及镜面),合上棱镜,扭紧闭合旋钮。若液体样品易挥发,动作要迅速,或将两棱镜闭合,从两棱镜合缝处的加液孔注入样品(特别注意不能使滴管折断在孔内,以免损伤棱镜镜面)。

(3)转动手柄,使刻度盘标尺上的示值为最小,调节反射镜使入射光进入棱镜,同时从测量望远镜中观察,使视场最亮。调节目镜,使视场准丝清晰。

(4)转动读数手柄,使明暗界面恰好落在十字线的交叉处,调节消色散手柄至目镜中彩色光带消失。再仔细转动手柄,使分界线正好处于×形准丝交点上。

(5)打开刻度标尺罩壳上方的小窗,让光线射入使刻度标尺有足够亮度。从读数望远镜中读出刻度盘上折射率数值,常用的阿贝折射仪可读至小数点后的第四位,同时记下温度,则 n_D 为该温度下待测液体的折射率。为了减少误差,一个试样需重复测定 3 次,3 次误差不超过 0.000 2,然后取平均值。

(6)测试完后,在棱镜面上滴几滴丙酮,并用擦镜纸擦干。最后,用两层擦镜纸夹在两镜面间,以防镜面损坏。

(7)阿贝折射仪的校正。折射仪的标尺零点有时会发生移动,因而在使用阿贝折射仪前,需用标准物质校正。折射仪出厂时附有一已知折射率的"玻块"、一小瓶 α-溴萘。滴 1 滴 α-溴萘在玻块的光面上,然后把玻块的光面附着在测量棱镜上,不需合上辅助棱镜,但要打开测量棱镜背面的小窗,使光线从小窗口射入,就可进行测定。如果测得的值与玻块的折射率值有差异,此差值为校正值。也可用钟表螺丝刀旋动镜筒上的校正螺丝,使测得值与玻块的折射率相等。在实验室中,也可用纯水作标准物质($n_D^{25} = 1.332\ 5$)来校正零点。在精密测量中,须在所测量的范围内用几种不同折射率的标准物质进行校正,考察标尺刻度间距是否正确,将一系列的校正值绘制成校正曲线,以供测量对照校正。

3. 注意事项

(1)有腐蚀性的液体如强酸、强碱以及氟化物,不能使用阿贝折射仪测定。若待测试样折射率不在 1.3～1.7 范围内,也不能用阿贝折射仪测定。

(2)使用时,要注意保护棱镜,清洗时,只能用擦镜纸而不能用滤纸等。加试样时,不能将滴管口触及镜面。经常保持仪器清洁,严禁用油手或汗手触及光学零件。

(3)读数时,有时在目镜中观察不到清晰的明暗分界线,而是畸形的,这是由于棱镜间未充满液体;若出现弧形光环,则可能是由于光线未经过棱镜而直接照射到聚光透镜上。

(4)使用完毕,要流尽恒温水,拆下温度计,将仪器放入箱内,箱内放有干燥剂硅胶。

二、旋光仪

许多物质具有旋光性,如石英晶体、酒石酸晶体、蔗糖、葡萄糖、果糖的溶液等。所谓旋光性是指某一物质在一束平面偏振光通过时,能使其偏振方向转过一个角度的性质,此角度被称为旋光度。使偏振光的振动面向左旋的物质称左旋物质,向右旋的称右旋物质。旋光仪可以测定平面偏振光通过具有旋光性物质的旋光度的方向和大小,从而定量测定旋光物质的浓度,确定某些有机分子的立体结构。

1. 旋光度与物质浓度的关系

旋光物质的旋光度,除了取决于旋光物质的本性外,还与测定温度、光经过物质的厚度、光源的波长等因素有关。若被测物质是溶液,当光源波长、温度、厚度恒定时,其旋光度与溶液的浓度成正比。

（1）测定旋光物质的浓度

先将已知浓度的样品按一定比例稀释成若干不同浓度的试样，分别测出其旋光度。然后，以浓度为横坐标，旋光度为纵坐标，绘成 $\alpha-c$ 曲线。最后，测定未知浓度的样品的旋光度，根据其旋光度从 $\alpha-c$ 曲线上查出该样品的浓度。

（2）根据物质的比旋光度测定物质的浓度

物质的旋光度由于实验条件的不同有很大的差异，所以提出了物质的比旋光度的概念。规定以钠光 D 线作为光源，温度为 20 ℃，样品管长为 10 cm，浓度为每立方厘米中含有 1 g 旋光物质，此时所产生的旋光度即为该物质的比旋光度，通常用符号 $[\alpha]_t^D$ 表示。D 表示光源，t 表示温度。

$$[\alpha]_t^D = \frac{10\alpha}{Lc}$$

式中，α 为测量的旋光度，L 为样品的管长，cm；c 为浓度，$g \cdot cm^{-3}$。

比旋光度是度量旋光物质旋光能力的一个常数。根据被测物质的比旋光度，可以测出该物质的浓度，其方法为：从手册上查出被测物质的比旋光度 $[\alpha]_t^D$，测出未知浓度样品的旋光度，代入上式即可求出浓度 c。

2. 旋光仪的构造和原理

普通光源发出的光称自然光，其光波在垂直于传播方向的一切方向上振动，而只在一个方向上有振动的光称为平面偏振光。旋光仪的主体是两块尼柯尔棱镜，尼柯尔棱镜是将方解石晶体沿一对角面剖成两块直角棱镜，再由加拿大树脂沿剖面黏合起来的，如图 7-23 所示。

图 7-23　尼科尔棱镜的起偏振原理

当光线进入棱镜后，分解为两束相互垂直的平面偏振光。一束折射率为 1.658 的光线被全反射到棱镜的底面上（因加拿大树脂的折射率为 1.550），被黑色涂层的底面吸收；一束折射率为 1.486 的光线则通过树脂而不产生全反射现象，从而获得了一束单一的平面偏振光。用于产生偏振光的棱镜称起偏镜，从起偏镜出来的偏振光仅限于在一个平面上振动。另有一个尼柯尔棱镜，其透射面与起偏镜的透射面平行，则起偏镜出来的一束光线也必能通过第二个棱镜，第二个棱镜称为检偏镜。若起偏镜与检偏镜的透射面相互垂直，则由起偏镜出来的光线完全不能通过检偏镜。如果起偏镜和检偏镜的两个透射面的夹角（θ 角）在 0°～90°之间，则由起偏镜出来的光线部分透过检偏镜，如图 7-24 所示。一束振幅为 E 的 OA 方向的平面偏振光，可以分解成为互相垂直的两个分量，其振幅分别为 $E\cos\theta$ 和 $E\sin\theta$。但只有与 OB 重合的具有振幅为 $E\cos\theta$ 的偏振光才能透过检偏镜，透过检偏镜的振幅为 $OB = E\cos\theta$。由于光的强度 I 正比于光的振幅的平方，因此：

图 7-24　偏振光强度图

$$I = OB^2 = E^2\cos^2\theta = I_0\cos^2\theta$$

式中，I 为透过检偏镜的光强度；I_0 为透过起偏镜的光强度。当 $\theta =$

$0°$ 时，$E\cos\theta=E$，此时透过检偏镜的光最强。当 $\theta=90°$ 时，$E\cos\theta=0$，此时没有光透过检偏镜，光最弱。旋光仪就是利用透光的强弱来测定旋光物质的旋光度。如果在起偏镜与检偏镜之间放有旋光性物质，则由于物质的旋光作用，使来自起偏镜的光的偏振面改变了某一角度，只有检偏镜也旋转同样的角度，才能补偿旋光线改变的角度，使透过的光的强度与原来相同。

旋光仪的结构示意图如图 7-25 所示。图中，S 为钠光光源，N_1 为起偏镜，N_2 为一块石英片，N_3 为检偏镜，P 为旋光管（盛放待测溶液），A 为目镜的视野。N_3 上附有刻度盘，当旋转 N_3 时，刻度盘随同转动，其旋转的角度可以从刻度盘上读出。若转动 N_3 的透射

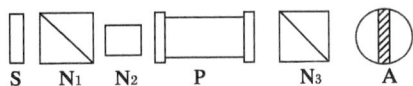

图 7-25　旋光仪光学系统

面与 N_1 的透射面相互垂直，则在目镜中观察到视野呈黑暗。若在旋光管中盛待测溶液，由于待测溶液具有旋光性，必须将 N_3 相应旋转一定的角度 α，目镜中才会又呈黑暗，α 即为该物质的旋光度。但人的视力对鉴别两次全黑相同的误差较大（差 $4°\sim6°$），因此设计了一种三分视野或二分视野，以提高观察的精确度。

为此，在 N_1 后放一块狭长的石英片 N_2，其位置恰巧在 N_1 中部。石英片具有旋光性，偏振光经 N_2 后偏转了一角度 α，在 N_2 后观察到的视野如图 7-26(a) 所示。OA 是经 N_1 后的振动方向，OA' 是经 N_1 后再经 N_2 后的振动方向，此时左右两侧亮度相同，而与中间不同，α 角称为半荫角。如果旋转 N_3 的位置使其透射面 OB 与 OA' 垂直，则经过石英片 N_2 的偏振光不能透过 N_3，目镜视野中出现中部黑暗而左右两侧较亮，如图 7-26(b) 所示。若旋转 N_3 使 OB 与 OA 垂直，则目镜视野中部较亮而两侧黑暗，如图 7-26(c) 所示。如调节 N_3 位置使 OB 的位置恰巧在图 7-26(b) 和 (c) 的情况之间，则可以使视野三部分明暗相同，如图 7-26(d) 所示，此时 OB 恰好垂直于半荫角的角平分线 OP。人的视力对选择明暗相同的三分视野易于判断，因此在测定时先在 P 管中盛无旋光性的蒸馏水，转动 N_3 调节三分视野明暗度相同，此时的读数作为仪器的零点。当 P 管中盛具有旋光性的溶液后，由于 OA 和 OA' 的振动方向都被转动过某一角度，只有相应地把检偏镜 N_3 转动某一角度，才能使三分视野的明暗度相同，所得读数与零点之差即为被测溶液的旋光度。测定时若需将检偏镜 N_3 沿顺时针方向转某一角度，使三分视野明暗相同，则被测物质为右旋；反之则为左旋，常在角度前加负号表示。

若调节检偏镜 N_3 使 OB 与 OP 重合，如图 7-26(e) 所示，则三分视野的明暗也应相同，但是 OA 与 OA' 在 OB 上的光强度比 OB 垂直 OP 时大，三分视野特别亮。人的眼睛对弱亮度变化比较灵敏，因此调节亮度相等的位置更为精确。所以总是选取 OB 与 OP 垂直的情况作为旋光度的标准。

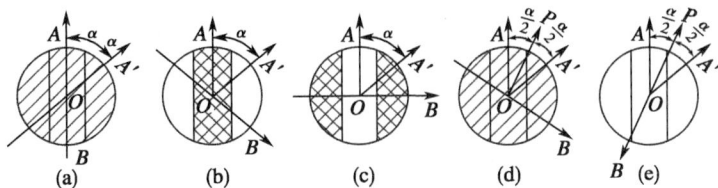

图 7-26　旋光仪的测量原理

3. 影响旋光度测定的因素

（1）温度的影响

温度升高会使旋光管长度增大，但降低了液体的密度。温度的变化还可能引起分子间缔合或离解，使分子本身旋光度改变，一般说，温度效应的表达式如下：

$$[\alpha]_t^\lambda = [\alpha]_{20}^D + Z(t-20)$$

式中，Z 为温度系数；t 为测定时温度。

各种物质的 Z 值不同，一般均在 $(-0.01 \sim -0.04)/$ ℃之间。因此测定时必须恒温，在旋光管上装有恒温夹套，与超级恒温槽配套使用。

（2）溶剂的影响

物质的旋光度除了取决于旋光物质的本性外，还与光线透过物质的厚度、测量时所用光的波长及温度有关。如果被测物质是溶液，还受到物质的浓度、溶剂等影响。在不同的条件下，旋光物质的旋光度的测定结果往往不一样。因此测定比旋光度时，应说明使用什么溶剂，如不说明则一般认为以水为溶剂。

（3）浓度和旋光管长度对比旋光的影响

在固定的实验条件下，通常旋光物质的旋光度与其浓度成正比，可以利用这一关系来测量旋光物质的浓度及其变化（事先作出一条旋光度-浓度的标准曲线）。

旋光度与旋光管的长度成正比。旋光管一般有 10 cm 或 20 cm 两种长度，使用 10 cm 长的旋光管计算比旋光度比较方便。但对旋光能力较弱或者较稀的溶液，为了提高准确度，减小读数的相对误差，可用 20 cm 的旋光管。

4. WXG-4 型圆盘旋光度的使用

（1）首先打开钠光灯，稍等几分钟待光源稳定后，从目镜中观察，如视野不清楚可调节目镜焦距。

（2）旋光仪零点校正。把旋光管一端的管盖旋开（注意盖内玻片，以防跌碎），洗净旋光管，用蒸馏水充满，使液体在管口形成一凸出的液面，然后沿管口将玻片轻轻推入盖好（旋光管内光通过位置不能有气泡，以免观察时视野模糊）。旋紧管盖，用干净纱布擦干旋光管外面及玻片外面的水渍，把旋光管放入旋光仪中，气泡存放部位在上。旋转刻度盘直至三分视野中明暗度相等为止，读出刻度盘上的刻度并将此角度作为旋光仪的零点。

（3）旋光度测定。将样品管中蒸馏水换成待测溶液，按同样方法测定，此时刻度盘上的读数与零点时读数之差即为该样品的旋光度。

读数方法：仪器采用双游标读数，以消除度盘偏心差。度盘分两个半圆，分别标出 0～180°，每格 1°，固定游标分为 20 格。读数时先看游标零点落在刻度盘的位置，记下整数值（0 两边较小的一个数）；再看游标的刻度与刻度盘上的刻度相重合的数据点，记下游标尺上的数据为小数部分的数值，可精确至小数点后第二位。

5. WZZ-2B 型自动旋光仪

（1）结构与原理

WZZ-2B 型自动旋光仪采用光电自动平衡原理进行旋光测量，测量结果由数字显示，可减少人为观察三分视野明暗度相等时产生的误差，具有体积小、灵敏度高、读数方便等优点，也可测定低旋光度样品。

该仪器结构如图 7-27 所示,以 20 W 钠光灯作光源,由小孔光阑和物镜组成一个简单的光源平行光管,平行光经偏振镜(Ⅰ)变为平面偏振光,当偏振光经过有法拉第效应的磁旋线圈时,其振动面产生 50 Hz 的一定角度的往复摆动。通过样品后偏振光振动面旋转一个角度,光线经过偏振镜(Ⅱ)投射到光电倍增管上,产生交变的电信号。当检偏镜的透光面与偏振光的振动面正交时,即为仪器的光学零点,此时出现平衡指示。而当偏振光通过一定旋光度的测试样品时,偏振光的振动面转过一个角度 α,此时光电信号就能驱动工作为 50 Hz 的伺服电机,并通过蜗轮杆带动检偏镜转动 α 角度而使仪器回到光学零点。此时,读数盘上的示值即为所测物质的旋光度。

图 7-27 自动旋光仪结构原理图

(2) 使用方法

① 将仪器电源插头插入 220 V 交流电源,并将接地线可靠接地。

② 向上打开右侧面的电源开关,这时钠灯在交流工作状态下起辉,钠光灯经激活 5 min 后才发光稳定。

③ 向上打开电源开关,仪器预热 20 min。若电源开关向上扳后钠光灯熄灭,则将电源开关上下重复扳动 1~2 次,使钠光灯在直流下点亮。

④ 按"测量"键,这时液晶屏应有数字显示。

⑤ 将装有蒸馏水或其他空白溶剂的试管放入样品室,盖上箱盖,待示数稳定后,按"清零"键。试管中若有气泡,应先按气泡浮到凸颈处,通光面两端的雾状水滴应用软布揩干,试管螺帽不宜旋得太紧,以免产生应力,影响读数。安放试管时,应注意标记的位置和方向。

⑥ 取出试管,将待测样品注入试管,按相同的位置和方向放入样品室,盖好箱盖,仪器将显示出该样品的旋光度,此时指示灯"1"点亮。注意:试管内腔应用少量被测试样冲洗 3~5 次。

⑦ 按"复测"键一次,指示灯"2"点亮,表示仪器显示第一次复测结果;再按"复测"键,指示灯"3"点亮,表示仪器显示第一次复测结果。按"1""2""3"键,可切换显示每次测量的旋光度。按"平均"键,显示平均值,指示灯"AV"点亮。

⑧ 若样品超过测量范围,仪器在 ±45° 处来回振荡,此时取出试管,仪器即自动转回零位。此时,可将试液稀释 1 倍再测。

⑨ 仪器使用完毕后，应关闭仪器开关和电源开光。

⑩ 钠灯在直流供电系统出现故障不能使用时，仪器也可在钠灯交流供电（光源开关不向上开启）的情况下测试，但仪器的性能可能略有降低。

⑪ 当放入小角度样品（＜±5°）时，示数可能变化，这时只要按"复测"键按钮，就会出现新数字。

三、分光光度计

分光光度计可以在近紫外和可见光谱区域内对物质进行定性和定量的分析，是化学实验室常用的分析仪器。

1. 仪器原理

物质对光的吸收具有选择性，各种不同物质都具有其各自的吸收光谱。因此，当某单色光通过溶液时，其强度就会因被吸收而减弱。光强度减弱的程度与溶液中物质的浓度 c 呈一定的比例关系，即符合 Lambert-Beer（朗伯-比尔）定律，其关系式可表示为：

$$A = \lg \frac{I_0}{I} = \varepsilon bc \qquad T = \frac{I}{I_0}$$

式中，A 为吸光度，表示光通过溶液时被吸收的强度，又称为光密度；T 为透光率；I_0 为入射光强度；I 为透射光强度；ε 为摩尔吸光系数，$L \cdot mol^{-1} \cdot cm^{-1}$，与物质的性质、入射光的波长和溶液的温度有关；$c$ 为溶液物质的量浓度，$mol \cdot L^{-1}$；b 为光线通过溶液的厚度，cm，通常使用 $1 cm$ 的吸收池。当 b 一定时，吸光度与被测物质的浓度成正比，这是分光光度法定量分析的依据。

通常用光的吸收曲线（或光谱）来描述有色溶液对光的吸收情况。将不同波长的单色光依次通过一定浓度的有色溶液，分别测定其吸收度 A，以波长 λ 为横坐标，吸光度 A 为纵坐标作图，所得的曲线称为光的吸收曲线（或光谱），如图 7-28 所示，最大吸收峰处 λ_{max} 对应的单色光波长称为最大吸收波长。选用最大吸收波长 λ_{max} 进行测量时，光的吸收程度最大，测定的灵敏度最高。

一般在测试样品时，先测定工作曲线，即在与测定样品相同的条件下，先测定一系列已知准确浓度的标准溶液的吸收度 A，再绘制 A-c 曲线，即工作曲线，如图 7-29 所示。待样品的吸收度 A 测出后，就可以从工作曲线上查出相应的浓度 c。

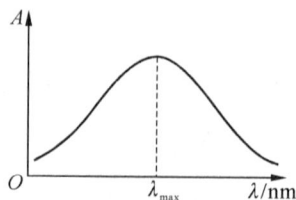

图 7-28　光的吸收曲线　　　图 7-29　工作曲线

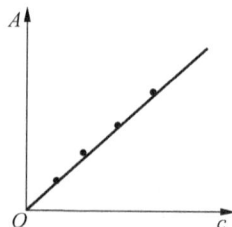

2. 722 型分光光度计的结构和使用方法

（1）外形结构

722 型分光光度计由光源、单色器、试样室、光电管暗盒、电子系统及数字显示器等部件组成。光源为钨卤素灯,波长范围为 330～800 nm。单色器中的色散元件为光栅,可获得波长范围狭窄的接近于一定波长的单色光。722 型分光光度计能在可见光谱区域内对样品进行定性和定量分析,其灵敏度、准确性和选择性都较高,在教学、科研和生产中得到广泛使用。

（2）使用方法

① 预热仪器。接通电源开关,打开比色皿槽暗箱盖,仪器预热 30 min。

② 选定波长。转动波长旋钮,指示到所需单色光的波长。

③ 调"0"(即 $T=0$)。打开比色皿的暗箱盖,按"MODE"键切换到 T 档,按"0％T"键校零。

④ 调"100"(即 $T=100\%$ 或 $A=0$)。将盛有参比溶液的比色皿放入比色皿座架的第一格内,待测溶液依次放在其他格内,将比色皿的暗箱盖轻轻盖上,将参比溶液拉入光路中,按"100％T"键使 $T=100\%$。重复操作步骤③和④,使仪器显示稳定。

⑤ 测定吸光度 A:按"MODE"键切换到 A 挡,将比色皿的暗箱盖盖上,轻轻拉动比色皿座架拉杆,将盛有待测溶液的比色皿依次拉入光路中,此时显示屏显示该待测溶液的吸光度 A。读数之后,立即打开比色皿暗箱盖。

⑥ 关机。实验完毕,关闭仪器开关,切断电源。取出比色皿,洗净、擦干后放回原盒内。检查有无溶液洒到比色皿座架上,有则应该擦去。

（3）注意事项

① 每次选择新的波长后,都需要进行调零校准。如果大幅度改变波长时,在调整"0"与"100％"后稍等片刻,当稳定后,再重新调整"0"和"100％"即可工作。

② 仪器配套的比色皿不能与其他仪器的比色皿单个调换,如需增补,应经过校正后才能使用。

③ 为确保仪器稳定工作,在光源波动较大的地方,建议使用交流稳压电源。

第八章　基本物理量与物化参数的测定实验

实验一　恒温槽的装配与性能测试

【目的要求】

1. 了解恒温槽的结构、恒温原理和应用,掌握恒温槽调节的基本技术。
2. 学会绘制恒温槽的灵敏度曲线,分析恒温槽的性能。
3. 掌握电接点温度计的基本原理和使用方法。

【实验原理】

物质有很多物化性质与温度有关,例如化学反应的平衡常数、饱和蒸气压、反应速率常数、电导、黏度等,这些物化参数的测量需要在恒温条件下进行,恒温槽就是物理化学实验中常用的一种恒温装置。

恒温槽以液体为介质,热容量大,导热性好,因此控制温度的灵敏度高、稳定性好。根据需要控制的温度范围,可选用表 8-1 所列的液体介质。

表 8-1　恒温槽可选液体介质

温度范围/℃	液体介质	温度范围/℃	液体介质
−60～30	乙醇或乙醇水溶液	80～160	甘油或甘油水溶液
0～90	水	70～200	液体石蜡、气缸润滑油、硅油

恒温槽的装置多种多样,主要部件有感温元件、温度控制器和加热器。感温元件将实时温度转化为电信号输送给温度控制器,温度控制器据此给加热器发出指令,让它加热或停止加热,依靠恒温控制器来控制恒温槽的热平衡。当恒温槽对外散失热量使其温度降低时,恒温控制器就驱使恒温槽中的电加热器工作,待加热到所需要的温度时,它又会使其停止加热,使恒温槽温度保持恒定。一般恒温槽的温度都相对稳定,控制精度大约在±0.1 ℃。如果稍加改进,也可达到±0.01 ℃。

本实验采用的恒温槽以水为介质,其装置如图 8-1,由以下几部分组成:

(1) 浴槽。如果需要控制的温度与室温相差不太大,通常可用敞口大玻璃缸作为浴槽,内装水。如果需要控制的温度较高或较低,应考虑保温问题,可以使用具有循环泵的超级恒温槽。

(2) 加热器。如果需要控制的温度高于室温,就要向浴槽中提供热量,用来提高温度,同时补偿其散失的热量。一般用电加热器,通过间歇加热的方法实现恒温控制。

1—浴槽；2—加热器；3—搅拌器；4—温度计；5—电接点温度计；6—温度控制器；7—温差仪。

图 8-1 恒温槽装置图

电加热器的功率应该根据恒温槽的容量、恒温温度以及与环境的温差大小来选择，热容量应该比较小，导热性比较好，功率适当，使加热时间和停止时间接近。

（3）搅拌器。搅拌器用来加强液体介质的搅拌，使恒温槽各处的温度尽可能地相同。搅拌的速度、搅拌器安装的位置、桨叶的形状对搅拌效果都有很大的影响。搅拌器对保证恒温槽温度的均匀起着非常重要的作用。

（4）温度计。为了测定恒温槽的灵敏度，通常使用 1/10 ℃温度计观察温度。

（5）感温元件。它是恒温槽的感觉中枢，是提高恒温槽精度的关键所在，它的作用是当恒温槽的温度被加热或冷却到指定值时发出信号，让加热器加热或停止加热。感温元件的种类很多，多为应用物体热胀冷缩的原理制成，如电接点温度计、热敏电阻等。本实验使用的感温元件是电接点温度计，也叫接点温度计、接触温度计、水银接触温度计、汞定温计、水银导电表等，其结构如图 8-2 所示。

电接点温度计的下半部与普通温度计类似，上半部是控制用的指示装置。温度计的毛细管中悬有一根金属丝，金属丝和上半段的螺杆相连，它的顶部放置了一个磁铁，当旋转图中的调节帽 1 时，就转动了磁铁 3，并带动内部的调节螺杆 8 转动，进而使得指示铁 5 沿螺杆上下移动，由此来调节触针 6 的位置，也就是金属下端的位置。指示铁上边缘

1—调节帽；2—固定螺丝；3—磁铁；
4—螺杆引出线；4′—水银柱引出线；5—指示铁；
6—触针；7—刻度板；8—调节螺杆；9—水银柱。

图 8-2 电接点温度计

所指示的温度与金属丝最下端所指示的温度大体相同。

电接点温度计有两根导线，其中一根导线的一端通过螺杆引出线 4 与金属丝相连，另一根导线的一端通过水银柱引出线 4' 和水银柱相连，两根导线的另一端与温度的控制部分（电子继电器）相连。

继电器实际上是一个自动开关，当恒温槽的温度低于设定温度时，水银柱与金属丝不接触，继电器立刻发出信号使加热器加热。当浴槽的温度升高到设定温度时，因水银膨胀，与金属丝下端接触，立即发出信号使加热器停止加热。周而复始，加热与停止加热，使恒温水浴达到恒定温度的效果。控温精度一般达±0.1 ℃，最高可达+0.05 ℃。

（6）温度控制器。通常由继电器和控制电路组成，又称电子继电器，与电接点温度计和加热器配合使用。从电接点温度计传来的信号，经过控制电路放大后，推动继电器去开关电加热器。

恒温槽控制线路如图 8-3 所示，在恒温过程中，由于温度不断波动，电接点温度计时而接通时而断开，引起电子控制元件内的电子管栅极电位发生变化，从而影响流过线圈 L 电流的变化。电流大时，电磁铁磁性加大，吸引衔铁，使加热回路接通；电流小时，衔铁自动弹开，停止加热。当电接点温度计断路时，栅压偏正，流过线圈的电流较大，衔铁吸下，加热回路接通，开始加热。当电接点温度计通路时，栅压偏负，流过线圈的电流较小，衔铁弹开，加热器断路，停止加热。反复进行上述过程，即可达到恒温的目的。

图 8-3　恒温槽控制线路

（7）温差仪。温差仪不是恒温槽的部件，当恒温槽调节好后，用温差仪可以测量恒温槽在一段时间内的实时温度与设定温度之差，分析恒温槽的性能。

一个性能良好的恒温槽应满足如下条件：感温元件灵敏度高，搅拌强烈而均匀，加热器导热良好而且功率适当，搅拌器、感温元件和加热器所处位置接近，使被加热的液体能立即搅拌均匀并流经感温元件及时进行温度控制。

由于传热、感温都需要时间，补充热量与温度的升降之间存在滞后现象，恒温槽内介质温度不可能保持恒定不变，而是在一定范围内波动。在指定温度下，用较灵敏的温度计测定恒温槽内介质温度的波动情况，画出温度 T 随时间 t 变化的曲线——恒温槽的灵敏度曲线，如图 8-4 所示。

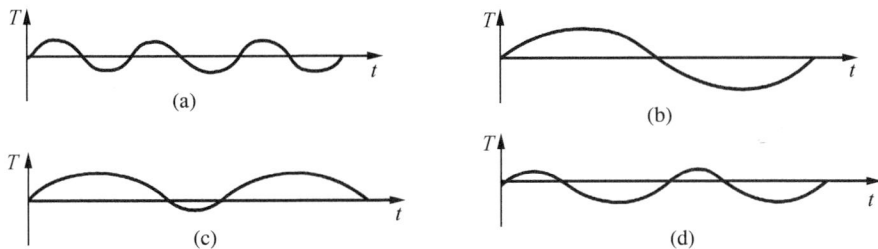

图 8-4　恒温槽灵敏度曲线的几种形式

图 8-4 中,曲线(a)、(b)表示加热器的功率适当。显然,曲线(a)的温度的波动比较小,恒温性能优于曲线(b);曲线(c)表示加热器的功率太大;曲线(d)表示加热器的功率太小。

在灵敏度曲线上,最高温度与最低温度之差的一半,称为恒温槽的灵敏度。

$$T_E = \pm \frac{\overline{T}_{max} - \overline{T}_{min}}{2}$$

式中,T_E 是恒温槽的灵敏度温度;$\overline{T}_{max}$ 是灵敏度曲线上最高温度的平均值;$\overline{T}_{min}$ 是灵敏度曲线上最低温度的平均值。

灵敏度是衡量恒温槽性能好坏的主要标志,它与感温元件、继电器、搅拌器的效率,加热器的功率以及组装技术等因素均有关系。

【仪器与试剂】

仪器:玻璃缸 1 个、搅拌器 1 台、电加热器(1 000 W)1 个、1/10 ℃温度计 1 支、电接点温度计 1 支、电子温差仪 1 台、电子继电器 1 台。

【实验步骤】

1. 恒温槽的装配与调节

(1) 按图 8-1 接好仪器,将洁净的水注入玻璃缸中至 3/4 处。

(2) 按电子继电器接线柱上的标示,将电加热器及电接点温度计与电子继电器连接好,经老师检查后便可接通电源。

(3) 旋转电接点温度计的调节帽,使指示铁的上边缘所示温度比指定温度稍低后,稍微拧紧固定螺丝。

(4) 注意观察 1/10 ℃温度计,当温度计升到比指定温度低 0.2～0.4 ℃(具体数值视电加热器功率大小而定)时,迅速旋转电接点温度计的调节帽,使钨丝恰好与水银柱相接(可从继电器的声音或指示灯颜色的变换辨知),利用电加热器的余热,看能否将温度升到指定值。如不能,将钨丝与水银柱断离少许,待温度上升,即水银柱升高,再与钨丝相接,这样反复几次便可达到满意的结果。注意,此间应时刻观察 1/10 ℃温度计的读数。

2. 灵敏度的测定

恒温槽灵敏度的测定是指在指定温度下观测温度的波动情况,做法如下:

(1) 将温差仪的探头置于恒温槽中,达到设定温度时,按下采零键,采零,然后按下锁定键,每隔一定时间,记录一次温差仪上的读数。

（2）用 1 000 W 及 500 W(利用变压器得到)电加热器分别测恒温槽灵敏度曲线：每隔半分钟记录一次温差仪上的读数,每条灵敏度曲线至少作三个峰、三个谷,测量时间不少于 30 min。

【注意事项】

1. 调节设定恒温槽温度时,宁低勿高,然后再缓慢调节,升至设定值,避免水槽温度高于设定值。

2. 为使恒温槽温度恒定,电接点温度计调至某一位置时,应将调节帽上的固定螺钉拧紧,以免因振动而发生偏移。

3. 操作时,恒温槽搅拌转速应适度,不宜过快,能使介质温度均匀即可。当恒温槽的温度和设定温度相差较大时,可适当加大加热功率;温度接近时,再将加热功率降到合适的功率。

4. 电接点温度计易损坏,操作时应特别小心。它的刻度不是很准确,温度的设定与测量以 1/10 ℃温度计为准。

【数据记录及处理】

1. 数据记录(见表 8-2)

温度：_____,电加热器功率：_____。

表 8-2　电子温差仪读数记录

时间/min	0.5	1.0	1.5	2.0	2.5	……
电子温差仪读数						

2. 数据处理

以时间 t(min)为横坐标,温差仪读数 T(℃)或 ΔT(℃)为纵坐标,在坐标纸上绘制灵敏度曲线,并进行比较,求出恒温槽的灵敏度。

【思考题】

1. 恒温槽的恒温原理是什么?

2. 将恒温槽调节至指定值时,应以哪支温度计为准?

3. 如何提高恒温槽的灵敏度?

实验二　汽化法测定相对分子质量

【目的与要求】

1. 掌握用汽化法(Victor Meyer 法)测定易挥发液态物质的相对分子质量。

2. 熟悉量气技术。

【实验原理】

有些易挥发性液态物质受热汽化时并不分解。取一定量的这种物质,放入相对分子质量测定仪内(又称为迈耶氏仪,如图 8-5),加热汽化。

1—汽化管外管;2—汽化管;3—加热电炉;4—玻璃泡控制杆;
5—温度计;6—量气管;7—保温套管;8—水准管;9—水准瓶。

图 8-5　相对分子质量测定仪

在温度不太低、压力不太高的条件下,可近似地把该物质的蒸气看作理想气体,其状态方程式为

$$pV = nRT \qquad pV = \frac{W}{M}RT \qquad (1)$$

式中,p、V、T、W 和 M 分别为气体的压力、体积、热力学温度、质量和相对分子质量;R 为气体常数。

将一定质量的易挥发液态物质在保持温度(通常较该物质沸点高 20~30 ℃)及压力(通常为大气压力)恒定的汽化器底部汽化,此蒸气将把容器中与蒸气同温、同压力和同体积的空气排挤出来,排出的空气在常温常压下不会液化,容易测出它的 p、V、T,从而可算出其物质的量,其值应与液体蒸气物质的量相等。已知液体的质量 W,即可算出被测物质的相对分子质量 M:

$$M = \frac{W}{n} \qquad (2)$$

物质在汽化时,需防止蒸气扩散至汽化管上部低温区域冷凝而使排出空气的体积减小。同理,实验前汽化管中不应含有易凝结的蒸气。

【仪器与试剂】

仪器:迈耶氏仪(包括外夹套管、汽化管、量气管和水准瓶等,1 套)、电炉(300 W,1 只)、温度计(0~100 ℃,1 支)、三通玻璃活塞(1 只)、小玻璃泡(数只)、酒精灯(公用)、电子分析天平(公用)。

试剂:乙酸乙酯(A.R.)、食盐水(25%)。

【实验步骤】

1. 安装仪器

按图 8-5 装好仪器,加 25％食盐水于外管球形部分,注意液面大约和汽化管相距 3～4 cm。

2. 取试样

取一干净小玻璃泡(直径应小于 8 mm),在分析天平上准确称出其质量。然后把小玻璃泡的球形部分在酒精灯上烘热(不可放在火焰上加热,加热时需迅速转动使受热均匀),以便驱赶出部分空气,再迅速把小玻璃泡的毛细管尖端插入乙酸乙酯中,小玻璃泡冷却后,液体即被吸入,这时可先粗略称量一下吸入乙酸乙酯的质量,看其质量是否在 0.10～0.14 g 之间,过多过少都不适宜。如过多,可把小玻璃泡稍微加热,赶出一些。如过少则应再加热后重装,直至质量合适为止。然后在酒精灯火焰的边缘将毛细管端熔封,再准确称量。

3. 检漏

将小玻璃泡轻轻沿已洗净烘干的汽化管管壁放入,置于横插在内汽化管的玻璃棒 4 上,然后把汽化管 2 插入外管 1 中。用橡皮管将汽化管与量气管连接好,并用橡皮塞将汽化管管口塞紧,使其不漏气。转动三通活塞使汽化管与量气管相通,将水准瓶降下一段高度后保持恒定不动,如果此时量气管中水面下降一点以后立即停止,即表示全套仪器各部均已不漏气。否则需检查仪器各连接处,确认不漏气才能进行实验。

4. 调节温度

旋转三通活塞,使汽化管与大气相通,并开始接通电源加热。当外管中食盐水沸腾 5 min 以后,转动三通活塞,使汽化管与量气管相通,检查管内温度是否稳定。方法是移动水准瓶,使水准瓶中液面与量气管内液面相平。若水准管内液面不上下移动,即表示温度已经稳定,否则需重新使汽化管连通大气,再检查,直到管内温度稳定为止。

5. 测量

旋转三通活塞,使量气管与大气相通,把水准瓶慢慢提高,使量气管中水面升到零点,再旋转三通活塞,使汽化管与量气管相通,慢慢移动水准瓶,使三个水平面(量气管、水准管、水准瓶)等高,记下此时量气管的读数,即为初始体积。轻轻抽拉汽化管顶部玻璃棒,使玻璃棒向外移动,则小玻璃泡向下跌落。小玻璃泡落到管底与管底相碰并立即破碎,泡内液体即汽化而将汽化管上部空气排入量气管中,这时需移动水准瓶,随时维持三个水平面等高,直到量气管中水面不再下降为止,记下该处读数作为终了体积。读取量气管外夹套中的温度及室内大气压(在大气压力计上读取)。

旋转三通活塞,使汽化管、量气管均与大气相通,然后切断电源,停止加热。取出汽化管,拿下橡皮塞,倒出碎玻璃,趁热用吹气球吹干,排尽存于管内的乙酸乙酯蒸气,按上述方法再做第二次实验。

【数据处理】

1. 记录实验数据,见表 8-3。

室温:_____;大气压:_____。

表 8-3 实验相关数据

实验编号	玻璃泡质量/g	玻璃泡加乙酸乙酯质量/g	乙酸乙酯质量/g	量气管初始体积/mL	量气管终了体积/mL	排出空气体积/mL	量气管内温度/℃	饱和水蒸气压/kPa
1								
2								

2. 根据表中数据代入式(2)即可计算出乙酸乙酯的相对分子质量。

3. 计算实验测定值与按化学式计算的相对分子质量的误差。

【思考题】

1. 汽化管与量气管的温度不同,为什么可用在量气管中测得的被排出空气的 p、V、T 来计算汽化管内乙酸乙酯的相对分子质量?

2. 如何检查漏气和汽化管温度是否恒定?为什么要保持温度恒定?

3. 称量的乙酸乙酯太多或太少,会引起什么后果?

4. 为什么在测量排出空气体积时,要始终保持水准瓶液面与量气管液面平齐?

5. 每次实验完毕,为什么要把汽化管中样品蒸气排出来?

实验三 燃烧热的测定

【目的要求】

1. 学会用氧弹式量热计测定固体有机物的燃烧热,明确燃烧热的定义。

2. 熟悉氧弹式量热计的构造、工作原理及其测量方法。

3. 掌握气体钢瓶的使用方法和注意事项。

4. 掌握热化学实验中温差校正的方法。

【实验原理】

1 mol 物质完全燃烧时产生的热效应称为燃烧热,是热化学中重要的基本数据。一般化学反应的热效应,往往因为反应太慢或反应不完全而难以直接测定。许多物质的燃烧热和反应热已经被精确测定,因此可以通过盖斯定律间接求算燃烧热数据。氧弹式量热计是一种测定燃烧热的重要热化学仪器,在热化学、生物化学以及某些工业部门中被广泛应用。

燃烧热可在恒容或恒压情况下进行测定。由热力学第一定律可知,在不做非体积功的情况下,恒容反应热 $Q_V = \Delta U$,恒压反应热 $Q_p = \Delta H$。在氧弹式量热计中所测燃烧热为 Q_V,而一般热化学计算用的值为 Q_p,这两者可通过下式进行换算:

$$Q_p = Q_V + \Delta nRT$$

式中,Δn 为反应前后生成物与反应物中气体的物质的量之差;R 为摩尔气体常数;T 为反应温度,K。

在盛有定量水的容器中,放入内装有一定量的样品和氧气的密闭氧弹,然后使样品完全燃烧,放出的热量传给水及仪器,引起温度上升。若已知水量为 W g,仪器的水当量 W'(量热计每升高 1 ℃所需的热量),燃烧前、后的温度为 t_0 和 t_n。则 m g 物质的燃烧热为:

$$Q'_V = (CW + W')(t_n - t_0)$$

水的比热容为 $C = 4.184$ J·g^{-1}·℃$^{-1}$,摩尔质量为 M 的物质,其摩尔燃烧热为:

$$Q_V = \frac{M}{m}(CW + W')(t_n - t_0)$$

水当量 W' 的求法是将已知燃烧热的物质(如本实验用苯甲酸)放在量热计中燃烧,测定其开始和结束的温度,用上式求 W'。一般因每次的水量相同,$(CW + W')$ 可作为一个定值($\overline{W}$)来处理(室温 25 ℃时约为 14.53 kJ·℃$^{-1}$)。故

$$Q_V = \frac{M}{m} \cdot \overline{W} \cdot (t_n - t_0)$$

在较精确的实验中,辐射热、点火丝的燃烧热、温度计的校正等都应予以考虑。

热化学实验常用的量热计有环境恒温式量热计和绝热式量热计两种。环境恒温式量热计的构造如图 8-6 所示。由图可知,环境恒温式量热计的最外层是储满水的外筒(图中5),当氧弹中的样品开始燃烧时,内筒与外筒之间有少许热交换,因此不能直接测出初温和最高温度,需要由温度-时间曲线(即雷诺曲线)进行确定,详细步骤如下:

1—氧弹;2—温度传感器;3—内筒;4—空气隔层;5—外筒;6—搅拌器。

图 8-6 环境恒温式氧弹量热计

将样品燃烧前后历次观察的水温对时间作图,连成 $FHIDG$ 折线,如图 8-7 所示。图中 H 相当于开始燃烧的点,D 为观察到的最高温度读数点,作相当于环境温度的平行线 JI 交折线于 I,过 I 点作 ab 垂线,然后将 FH 线和 GD 线外延交 ab 线于 A、C 两点,A、C 线段

所代表的温度差即为所求的 ΔT。图中 AA' 为开始燃烧到温度上升至环境温度这一段时间 Δt_1 内,由环境辐射进来和搅拌引进的能量而造成体系温度的升高值,必须扣除。CC' 为温度由环境温度升高到最高点 D 这一段时间 Δt_2 内,体系向环境辐射出能量而造成体系温度的降低,因此需要添加上。由此可见,A、C 两点的温差较客观地表示了由于样品燃烧致使量热计温度升高的数值。

有时量热计的绝热情况良好,热漏小,而搅拌器功率大,不断稍微引进能量使得燃烧后的最高点不出现,如图 8-8 所示。这种情况下 ΔT 仍然可以按照同样方法校正。

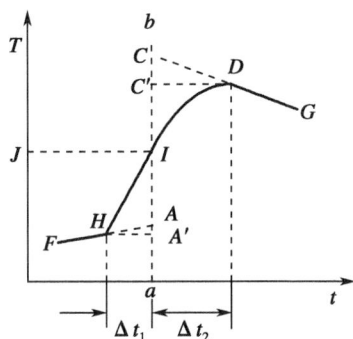

图 8-7　绝热较差时的雷诺校正图　　　　图 8-8　绝热良好时的雷诺校正图

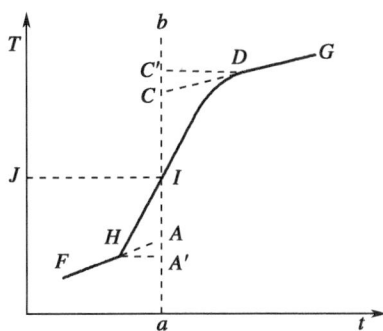

【仪器与试剂】

仪器:SHR-15 型氧弹式热量计 1 台、数字式精密温差测量仪 1 台、氧气钢瓶及减压阀(公用)、压片机(公用)、电子天平(0.000 1 g,公用)、万用表(公用)。

试剂:苯甲酸(A.R.)、萘(A.R.)、蔗糖(A.R.)。

【实验步骤】

1. 样品压片:压片前,先检查压片钢模,如发现有铁锈、油污、灰尘等,必须先清除后才能使用。用电子天平粗称约 0.8 g 苯甲酸,将其倒入钢模,缓慢压紧,直到样品压成片状(不宜过松导致无法操作,但也不宜过紧而燃烧不完全)。将压好的样品准确称量后(用分析天平称准至 0.1 mg,样品量为 0.7~0.8 g),放入燃烧坩埚中,即可供实验用。剪取约 15 cm 长的点火丝,在分析天平上准确称量。

2. 装置氧弹:氧弹装置如图 8-9。擦干净氧弹内壁,将氧弹盖放在氧弹盖架上,将盛有样品的燃烧坩埚放在氧弹的坩埚架上,再将称好的点火丝在细圆柱体上绕成螺旋状,并接在氧弹的电极两端(小心不要断路,点火丝不能接触到金属物体),使点火丝螺旋部位紧靠在样片上,如图 8-10。用万用电表检查两极是否通路(电

1—充氧阀门;2—放气阀门;3—点火电极;
4—坩埚架;5—充气管;6—燃烧挡板。

图 8-9　氧弹的构造

阻一般不大于 15 Ω), 检查完毕后, 旋上氧弹盖, 再次用万用电表检查, 若通路, 则旋紧氧弹出气口后可以充氧气。

3. 充氧气: 使用高压钢瓶时必须严格遵守操作规程。开始先充少量氧气(约0.5 MPa), 然后慢慢开启出口阀(过快可能冲翻样片), 借以赶出氧弹中的空气。然后充入氧气(1.9~2.0 MPa)。充好氧气后, 将氧弹轻轻放入内筒。

图 8-10　压好的样品

4. 调节水温: 将电子温差测量仪探头放入外筒水中(环境), 测量出温度并做记录, 取 3 000 mL 以上自来水, 将电子温差测量仪探头放入水中, 调节水温, 使其低于外筒水温 1~2 ℃, 用量筒量取 3 000 mL 已调好温度的水注入内筒, 水面刚好盖过氧弹(两极应保持干燥)。如有气泡逸出, 说明氧弹漏气, 需寻找原因并排除。装好搅拌头(搅拌时不可有金属摩擦声), 把电极插头插到两电极上, 盖好盖子, 将电子温差测量仪探头插入内筒水中, 探头不能碰到氧弹。

5. 点火: 打开总电源开关, 启动搅拌开关, 待电动搅拌器运转以后, 每间隔 1 min 读取水温一次, 直至连续五次水温呈有规律微小变化(约 10 min), 启动点火开关。样品一经燃烧, 水温很快上升, 每 0.5 min 记录温度一次, 当温度升到最高点后, 再记录 10 次, 停止实验。

实验停止后, 取出氧弹, 打开氧弹出气阀, 放出余气, 旋下氧弹盖, 检查样品燃烧结果。若氧弹内没有什么燃烧残渣, 表示燃烧完全; 若留有许多黑色残渣, 则表示燃烧不完全, 说明实验失败。

用水冲洗氧弹及坩埚, 倒去内筒中的水, 将其倒扣于台面, 待用。

6. 测定萘的燃烧热: 称取 0.4~0.5 g 萘代替苯甲酸, 重复上述实验。

7. 测定蔗糖的燃烧热: 称取 1.2~1.3 g 蔗糖代替苯甲酸, 重复上述实验。

【注意事项】

1. 压片时既不能压得太紧, 也不能太松。否则燃烧不充分。

2. 装氧弹时, 燃烧丝不能与坩埚壁有接触。

3. 点火前和达到最高温度点后, 要保证足够的测温时间, 取足测量数据。

【数据记录及处理】

1. 用雷诺图解法求出苯甲酸、萘、蔗糖燃烧前后的温度差 ΔT。

2. 计算量热计的水当量。已知苯甲酸在 298.15 K 的燃烧热: $Q_p = -3\,226.8$ kJ $\cdot$ mol^{-1}。

3. 求出苯甲酸、萘和蔗糖的燃烧热 Q_V。

【思考题】

1. 加入内筒中的水温为什么要选择比外筒水温低? 低多少合适? 为什么?

2. 实验测得的温度差为什么要经雷诺图校正?

3. 实验中, 哪些因素容易造成误差? 如果要提高实验的准确度, 应从哪几方面考虑?

4. 如果测定液体样品的燃烧热, 你能想出测定方法吗?

实验四　凝固点降低法测定相对分子质量

【目的与要求】

1. 学会用凝固点降低法测定脲的相对分子质量。
2. 掌握溶液凝固点的测定技术。

【实验原理】

当溶质与溶剂不生成固溶体且浓度很稀时,溶液的凝固点降低值与溶质的质量摩尔浓度成正比:

$$\Delta T = T_0 - T = K_f b_B \tag{1}$$

式中,T_0 为纯溶剂的凝固点;T 为溶液的凝固点;b_B 为溶液的质量摩尔浓度;K_f 为凝固点降低常数,它取决于溶剂的性质,如以水作溶剂时,其值是 $1.858\ kg \cdot K \cdot mol^{-1}$。

若称取一定量的溶质 W 和溶剂 W_0,配成一稀溶液,则此溶液的质量摩尔浓度为 b_B(每千克溶剂中所含溶质 B 的摩尔数):

$$b_B = \frac{W}{W_0 \times M} \times 1\,000 \tag{2}$$

式中,M 为溶质的摩尔质量,将式(2) 代入式(1) 则有:

$$M = \frac{K_f}{T_0 - T} \times \frac{1\,000 \times W}{W_0} \tag{3}$$

因此,精确称量 W 和 W_0,并测出 ΔT,代入式(3),即可求出溶质的相对分子质量。

纯溶剂的凝固点是它的液相和固相共存的平衡温度,若将纯溶剂逐步冷却,其冷却曲线见图 8-11 中(a)。但实际过程中往往发生过冷现象,即在过冷而开始析出固体后,温度才回升到稳定的平衡温度,待液体全部凝固后,温度再逐渐下降,其冷却曲线呈图 8-11 中(b)的形状。

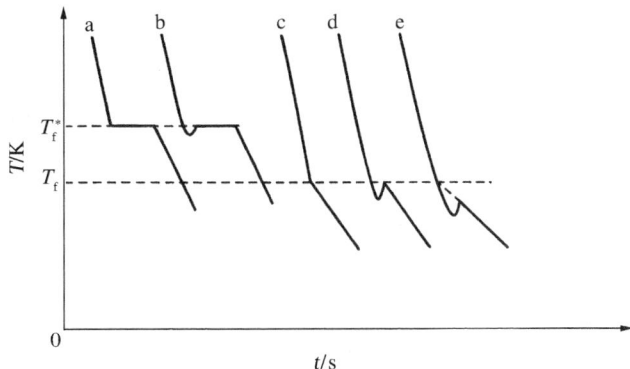

图 8-11　冷却曲线

溶液的凝固点是该溶液的液相与溶剂的固相共存的平衡温度,若将溶液逐步冷却,其冷却曲线与纯溶剂不同,见图 8-11 中(c)、(d)。由于部分溶剂凝固而析出,使剩余溶液的浓度逐渐增大,因而剩余溶液与溶剂固相的平衡温度也在逐渐下降。本实验所要测定的是浓度为已知的溶液的凝固点。因此,所析出的溶剂固相量不能太多,否则要影响原溶液的浓度。如稍有过冷现象如图 8-11 中(d),则对相对分子质量的测定无显著影响;若过冷严重,如图 8-11 中(e),则所测得的凝固点将偏低,影响相对分子质量的测定结果。

【仪器与试剂】

仪器:精密数字温度(温差)测量仪(1 台)、凝固点测定仪(1 套)、压片机(1 台)、温度计(1/10 ℃刻度,1 支)、移液吸管(25 mL,1 支)、烧杯(1 只)。

试剂:脲(A.R.)、冰、食盐。

【实验步骤】

1. 准备冷浴

取适量的食盐,与碎冰混合后置于广口保温瓶中,使冷浴温度约为−2～−3 ℃。

2. 称重样品

用分析天平称取脲两份,其质量以第一份能使冰点下降 0.15 ℃左右,第二份与第一份的总和能使冰点下降 0.3 ℃左右为宜(第一份样品脲约为 0.1 g,第二份样品脲约为 0.14 g)。用压片机压成片状,再用分析天平称准至 0.1 mg。

3. 测定水的凝固点

如图 8-12 所示,用移液管准确移取 25 mL 蒸馏水,注入干燥清洁的凝固点测定管内,插入精密数字温度(温差)测量仪的传感器,使探头置于水中合适位置。将凝固点测定管放入冷浴,用置于冰点管内的搅拌器不断搅动溶液(勿与温度计相摩擦)。观察精密数字温度(温差)测量仪上的数值变化,直至温度稳定,即为水的近似凝固点。

从冷浴中取出凝固点测定管,用手将其温热,促使管内冰融化,注意不要使系统温度升得过高(不超过近似凝固点 1 ℃为宜)。然后,再把凝固点管直接插入冷浴中,并充分搅动,当水的温度降低到近似凝固点以上 0.3 ℃时,迅速取出凝固点管,擦干后插入空气套管中。缓慢搅动,使水温逐渐均匀下降,当温度降低到近似凝固点以上 0.2 ℃左右时,应加快搅动,同时注意观察并记录精密数字温度(温差)测量仪上的数值变化,直至稳定,则此时数值为水的凝固点,记录精密数字温度(温差)测量仪上的数值。如此重复测定三次,并要求平均绝对误差不大于±0.003 ℃。

1—精密数字温度(温差)测量仪;2—内管搅棒;
3—投料支管;4—凝固点管;5—空气套管;
6—冰槽搅棒;7—冰槽; 8—温度计。

图 8-12 凝固点降低实验装置

5. 测定溶液的凝固点

如上述操作，把凝固点管中的冰融化，将第一份样品加入凝固点测定管中，待其溶解后，按上面方法测定其凝固点。然后再加入第二份样品，测定其凝固点。重复测定三次，要求平均绝对误差不大于±0.003 ℃。

【数据处理】

1. 记录实验数据，见表 8-4。

蒸馏水体积：_____mL；蒸馏水温度：_____℃；蒸馏水密度：_____g/mL。

表 8-4　凝固点测定相关数据

物质		质量/g	凝固点/℃		凝固点降低值（Δt）	相对分子质量	
			测量值	平均值			
蒸馏水			1 2 3	$t_0 =$			
脲	第一份		1 2 3	$t_1 =$	$\Delta t_1 = t_0 - t_1 =$	$M_1 =$	$M =$
脲	第二份		1 2 3	$t_2 =$	$\Delta t_2 = t_0 - t_2 =$	$M_2 =$	

2. 由所测得的实验数据计算脲的相对分子质量，并与按分子式计算得到的相对分子质量（NH_2CONH_2）进行比较。

3. 计算实验值与理论值的相对误差。

【思考题】

1. 在冷却过程中，凝固点管内溶液有哪些热交换存在？它们对凝固点的测定有何影响？

2. 在实验中，搅拌速度应如何控制？若控制不当，有何不良影响？

3. 根据什么原则考虑加入溶质的量，太多太少影响如何？

4. 用凝固点降低法测定相对分子质量，在选择溶剂时应考虑哪些问题？

几种溶剂的 K_f 值见表 8-5。

表 8-5　几种常见溶剂的 K_f 值

溶　剂	凝固点/℃	$K_f/(kg \cdot K \cdot mol^{-1})$
水	0	1.858
醋酸	16.6	3.9
苯	5.45	5.07
萘	80.1	6.9

实验五　液体饱和蒸气压的测定

【目的要求】

1. 加深理解液体饱和蒸气压的定义及气液两相平衡的概念,掌握测定不同温度下纯液体饱和蒸气压的原理和方法。
2. 掌握纯液体饱和蒸气压与温度变化的函数关系——克劳修斯-克拉珀龙方程式,并采用作图法求出待测液体在实验温度范围内的平均摩尔蒸发焓及正常沸点。
3. 熟练掌握真空泵及精密数字压力计的使用方法。

【实验原理】

在一定温度下,纯液体与其蒸气达平衡时的蒸气压力称为该液体在此温度下的饱和蒸气压,简称为蒸气压。蒸发 1 mol 液体所吸收的热量 $\Delta_{vap}H_m$ 称为该温度下液体的摩尔蒸发焓。

液体的饱和蒸气压与液体的本性和温度有关。纯液体的饱和蒸气压随温度的升高而增大。当液体的蒸气压等于外界压力时,液体便沸腾,此时的温度称为该液体在相应外压下的沸点。外压不同时,液体沸点将相应改变。当外压为 101.325 kPa 时,液体的沸点称为该液体的正常沸点。

液体的饱和蒸气压与温度的关系可用克劳修斯-克拉珀龙方程式表示:

$$\frac{d\ln p}{dT} = \frac{\Delta_{vap}H_m}{RT^2}$$

式中,R 为摩尔气体常数;T 为热力学温度,K;$\Delta_{vap}H_m$ 为在温度 T 时纯液体的摩尔蒸发焓,$J \cdot mol^{-1}$。

如果温度变化范围较小,则 $\Delta_{vap}H_m$ 可以近似看作常数,对上式积分得:

$$\ln p = -\frac{\Delta_{vap}H_m}{R} \cdot \frac{1}{T} + C$$

式中,C 为积分常数,与压力 p 的单位有关。可以看出,在一定温度范围内,测定不同温度下的饱和蒸气压,以 $\ln p$ 对 $1/T$ 作图可得一直线,其斜率为 $-\frac{\Delta_{vap}H_m}{R}$,由斜率 k 可求算液体在该温度范围内的平均摩尔蒸发焓 $\Delta_{vap}H_m = -k \cdot R$。

饱和蒸气压测定实验装置如图 8-13 所示。等位计由试液球和 U 形等压计组成。试液球和 U 形等压计内储以待测液体,U 形等压计中液体在底部连通。当试液球的液面上全部是待测液体的蒸气,U 形等压计的液面处在同一水平时,表示试液球液面上的蒸气压与 U 形等压计液面上的外压相等。此时液体的温度就是该外压下的平衡温度,即沸点。读取数字压力计上的压差值 Δp(绝对值),并测定实验室的大气压 $p_{大气}$,大气压与 Δp 的差值即为该温度下液体的饱和蒸气压。

图 8-13　饱和蒸气压装置图

【仪器与试剂】

仪器：饱和蒸气压测定仪 1 套、真空泵 1 台、DF-AF 型精密数字压力计 1 台。

试剂：四氯化碳（A.R.）。

【实验步骤】

1. 装样

在洁净干燥的等位计中，装入适量四氯化碳，关闭平衡阀 1，开启平衡阀 2 和抽气阀，使真空泵与系统相通，启动真空泵使气泡成串逸出，关闭抽气阀。打开平衡阀 1 通大气，使液体充满试液球体积的 2/3 和 U 形等压计双臂的大部分。

2. 检漏

接通冷凝水，关闭平衡阀 1，打开抽气阀使真空泵与储气罐相通，开启真空泵，开启平衡阀 2，直到数字压力计上的读数约为 50 kPa 时，关闭平衡阀 2 和抽气阀，停止抽气。如果 5 min 内数字压力计上的数字无明显变化，则表示系统不漏气，否则应检查原因并进行排除。

3. 大气压下沸点的测定

将等位计全部浸入水浴中，开启平衡阀 1，使系统与大气相通，接通冷却水，水浴加热，平衡管中有气泡产生，即是空气开始被排出。直到水浴温度达 80 ℃ 左右时，停止加热，不断搅拌。随着温度的下降，气泡开始消失，直至 U 形等压计两臂的液面处在同一水平时，立即记下此时温度计和大气压的读数。再重复测定两次大气压下的沸点，若三次结果温度差 ≤ 0.5 ℃，则说明试液球液面上已全部是四氯化碳蒸气，才可进行下面的实验。

4. 不同温度下，纯液体饱和蒸气压的测定

大气压下的实验完成后，数字压力计按"采零"键，此时数字压力计上的读数为"00.00"。立即关闭平衡阀 1 和平衡阀 2。打开抽气阀，开启真空泵，将真空泵和缓冲储气罐相通，小心打开平衡阀 2，系统开始减压，当数字压力计示数约为 −7 kPa 时，立即关闭平衡阀 2，此时液体重又沸腾，不断搅拌，让水浴温度不断下降。抽气片刻后，关闭抽气阀和真空泵。等 U 形等压计两臂的液面处在同一水平时，立即记录下温度计和数字压力计上的读数（注意

"—"表示系统为负压,不用记)。然后再立即打开平衡阀2,使系统再递减7 kPa左右,不断搅拌,等U形等压计两臂的液面再次处在同一水平时,读取温度计和数字压力计上的读数。

重复以上步骤,使数字压力计上的示数每次递减压力为7 kPa左右,完成6个以上实验点数据的测定。实验结束时,再次读取实验室的大气压力,与开始时读取的大气压力值取平均值作为实验室大气压。

实验结束后,开启平衡阀1,使系统恢复至大气压力,打开抽气阀和平衡阀2,释放储气罐中的压力,关闭数字压力计和冷凝水,整理实验台。

【注意事项】

1. 测定饱和蒸气压前,必须充分排净试液球与U形等压计间的空气,使试液球液面上全部是四氯化碳蒸气。

2. 实验进行中,勿使空气倒灌回试液球液面上方。为此,待U形等压计液面等高时,迅速记录相关实验数据后,立即加热或抽气减压继续实验,防止空气倒灌。如果发生倒灌,则必须重新排除空气。

3. 阀1和阀2的调节是实验成败的主要因素之一。因此实验时一定要仔细,适当地调节,平衡阀的开启和关闭不可用力过猛,以免损坏而影响气密性。

4. 使用真空泵时,要注意在开启和关闭真空泵前,都应使真空泵与大气接通,从而避免损坏真空泵,并防止泵油倒吸入体系。

【数据记录及处理】

1. 数据记录

室温:_____ ℃;被测液体:_____;

实验开始时大气压力计上的读数:_____ kPa;

实验结束时大气压力计上的读数:_____ kPa;

实验时大气压力平均值:$p_{大气}$ = _____ kPa。

(1) 大气压下沸点的测定记录(见表8-6)

表8-6   大气压下沸点测定结果

编号	$t/℃$	平均温度/℃
1		
2		
3		

(2) 饱和蒸气压测定记录(见表8-7)

表8-7   饱和蒸气压测定结果

温度			数字压力计读数	饱和蒸气压	
$t/℃$	T/K	$(1/T)/K^{-1}$	$\Delta p /kPa$	p/kPa	$\ln(p/kPa)$

注:表中四氯化碳的饱和蒸气压 $p = p_{大气} - \Delta p$。(注意单位必须统一)

2. 数据处理

（1）计算不同温度下四氯化碳的饱和蒸气压，填入上表。

（2）绘制 $\ln p$-$1/T$ 图，由图求出外压为 101.325 kPa 时的沸点，与四氯化碳的正常沸点进行比较（76.8 ℃），并计算相对误差。

（3）根据 $\ln p$-$1/T$ 图，求出直线斜率 k，计算实验温度范围内四氯化碳的平均摩尔蒸发焓（$\Delta_{vap}H_m = -k \cdot R$），与文献值（$\Delta_{vap}H_m = 32 \sim 34.6$ kJ·mol^{-1}）比较，求出相对误差。

【思考题】

1. 实验中必须保证仪器的各部分绝对不漏气，如何检查？

2. 为什么测定前要赶净试液球与 U 形等压计间的空气？如何判断空气已被赶净？

3. 实验过程中，为什么要防止空气倒灌？

4. 何时读取数字压力计上的压差值？所读取的数值是否就是 CCl$_4$ 的饱和蒸气压？

实验六 二元液系的气液平衡相图

【目的与要求】

1. 掌握用沸点仪测定定压下的乙醇-环己烷的气液平衡数据，并绘出气液平衡相图，找出恒沸混合物的组成及恒沸温度。

2. 了解沸点的测定方法。

3. 了解阿贝折射仪的构造原理，掌握阿贝折射仪的使用。

【实验原理】

当两种液体能无限互溶形成一溶液时，称此溶液为完全互溶的双液体系（二元液系）。在恒压下二元液系气液平衡时表示溶液的沸点与组成关系的相图称为沸点-组成图，或叫蒸馏曲线。

蒸馏曲线可分为三类，见图 8-14。

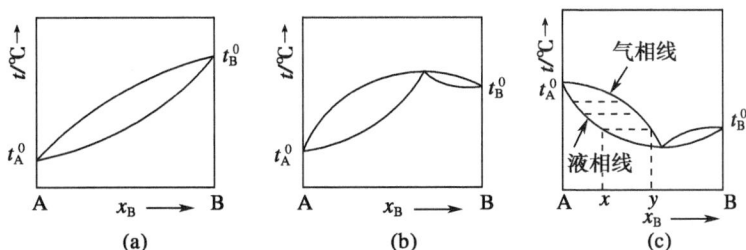

图 8-14 完全互溶双液系的 t-x 图

（1）液体与拉乌尔定律的偏差不大，在蒸馏曲线上溶液的沸点介于 A、B 两纯物质沸点之间，如图 8-14(a)所示，用普通蒸馏方法即可将组成该溶液的两纯物质分开。如苯-甲苯体系。

（2）实际溶液由于 A、B 两组分相互影响，常与拉乌尔定律有较大负偏差，如图 8-14(b)

所示,用普通蒸馏方法只可能从该溶液中分离出一种纯物质和恒沸混合物。如盐酸-水、丙酮-氯仿体系等。

（3）A、B两组分混合后与拉乌尔定律有较大的正偏差,如图8-14(c)所示,用普通蒸馏方法也只可能从该溶液中分离出一种纯物质和恒沸混合物。如乙醇-环己烷、苯-乙醇等体系。

测绘相图时,需同时测定三个数据,即沸点及此温度下的液相及气相组成。本实验是测定整个浓度范围内不同组成溶液的气、液相平衡组成和沸点,以绘制蒸馏曲线。

分析溶液组成可用物理方法和化学方法。物理方法是通过测定与物系浓度有一定关系的某一物理性质(如电导、折射率、旋光度、吸收光谱、体积、压力等)而求出物系浓度。物理方法的优点是快速、简便而且准确,但对物理性质有以下要求:

（1）物理性质和反应物质的浓度要有简单的线性关系,最好是正比关系。

（2）在反应过程中反应物系的物理性质要有明显的变化。

（3）不能有干扰因素。

本实验采用的是测定乙醇-环己烷溶液的折射率的办法,采用此法是因为溶液的折射率与其浓度有线性关系,而且乙醇与环己烷的折射率相差较大,测折射率时需要样品又不多。不过此法需预先测定一定温度下一系列已知组成的二组分混合溶液的折射率,绘出折射率-组成图,此图称为工作曲线。

若需确定同一物系待测样品的组成,可在测定其折射率后,从工作曲线上找出。

测定不同组成溶液的沸点的方法有多种,本实验是在简单蒸馏瓶中进行,在瓶中装入一定量的待测溶液,用电热丝加热,需减少过热和暴沸现象。蒸馏瓶上的冷凝器可使平衡气相样品冷凝并收集,从中取样分析气相组成。

【仪器与试剂】

仪器:蒸馏仪(1套)、阿贝折射仪(1台)、调压变压器(1台)、温度计(50～100 ℃,1/10 ℃,1支)、超级恒温槽(1台)、滴管(20支)。

试剂:环己烷(A.R.)、乙醇(A.R.)。

【实验步骤】

自蒸馏仪(见图8-15)的侧管加入乙醇,开启冷凝水后,使用调压变压器控制电热丝将液体加热至缓缓沸腾,待温度恒定后,记下乙醇的沸点及室内的大气压力。

停止加热,由侧管加入环己烷,控制加入量使沸点降至75 ℃左右。待温度相对稳定,气相冷凝液承接处的液体已经充分回流,记下沸点,停止加热,立即用滴管分别吸取蒸出液(约0.5 mL)及蒸馏液(约1 mL)。将蒸馏液暂置于磨口小样品管内,然后先测定蒸出液的折射率(测定时弃去滴管中的第一滴样液),接着再测定蒸馏液的折射率。

1—加热电阻丝;2—蒸馏瓶;3—加料口;
4—气相冷凝液取样口;5—冷凝管;6—温度计。

图 8-15　蒸馏仪

如上述方法,再加入环己烷,将溶液的沸点调节为 72 ℃、68 ℃和 65 ℃左右,重复进行操作,并在取样前将蒸馏仪倾侧数次,以使气相冷凝液承接处的液体充分回流,完全达到气、液平衡,然后分别测定蒸出液和蒸馏液样液的折射率。

将蒸馏仪中的溶液倾出,用洗耳球把仪器吹干后注入环己烷,测定其沸点。再逐次滴加少量乙醇,测定沸点为 76 ℃、72 ℃、68 ℃和 65 ℃左右的蒸出液及蒸馏液的折射率。

【数据处理】

1. 记录实验数据,见表 8-8。

表 8-8　折射率实验数据

序号	t(沸点)/ ℃	液　　相			气　　相		
		n_D(室温)	n_D(15 ℃)	w(环己烷)	n_D(室温)	n_D(15 ℃)	w(环己烷)

2. 温度每升高 1 ℃,折射率下降 0.000 55。将室温下各蒸出液及蒸馏液的折射率换算成 15 ℃时的数值。

3. 由 15 ℃的折射率在工作曲线上推定各气相及液相的成分(环己烷的摩尔分数),并将结果列表(见表 8-9)。

表 8-9　乙醇-环己烷体系于 15 ℃时的折射率

环己烷的摩尔分数/%	n_D^{15}	环己烷的质量百分数/%	环己烷的摩尔分数/%	n_D^{15}	环己烷的质量分数/%
0.00	1.363 0	0.00	36.67	1.393 0	51.40
5.43	1.368 1	9.49	67.35	1.412 6	79.03
9.29	1.371 8	15.76	87.42	1.422 3	92.70
17.26	1.378 8	27.60	100.00	1.428 2	100.00

4. 绘制乙醇-环己烷体系的沸点-成分图。

5. 由沸点-成分图求出最低恒沸点及相应的恒沸混合物的成分。

【思考题】

1. 如何判断气、液两相已达平衡?

2. 回流时,如果冷却效果不好,对相图的绘制会产生什么影响?

3. $t-x$ 图上为什么要标明系统的压力数值?

实验七　二组分金属固-液平衡相图

【目的要求】

1. 掌握热分析法测绘 Sn-Bi 二组分金属相图的原理和方法。
2. 了解固-液相图的特点，进一步学习和巩固相律等有关知识。
3. 了解用热电偶测量温度进行测温、控温的原理和方法。

【实验原理】

在相平衡的研究中，常用相图表示多组分多相系统的相态与温度、压力、组成等变量之间的关系。二组分金属固液平衡系统是凝聚态系统，不必考虑压力对平衡的影响，所以，相律公式可表示为：

$$F（自由度数）＝C（独立组分数）－P（相数）＋1$$

热分析法是一种常用的相图绘制实验方法，它是将某种组成的样品加热至全部熔融成液态，然后让它缓慢而均匀地冷却。冷却过程中，每隔一定时间记录一次温度，再以时间为横坐标，温度为纵坐标，绘制温度-时间曲线，即步冷曲线，或称冷却曲线，如图 8-16 所示。所以，热分析法也叫作步冷曲线法。

由一系列组成不同的系统的冷却曲线就可以绘制出相图，如图 8-17 所示。

图 8-16　步冷曲线图　　　　图 8-17　二组分金属相图

在步冷曲线中，当熔融物均匀冷却没有相变化时，温度均匀下降，呈现为平滑的冷却曲线。如果冷却过程发生了相变，会有凝固热放出，补偿了向外散失的热量，使冷却速率发生改变，步冷曲线会出现转折点或水平线段。转折点或水平线段所对应的温度就是该组分的相变温度，据此可绘制出相图。

图 8-16 中，a 线和 e 线分别是纯金属 A 和纯金属 B 的步冷曲线，是单组分系统的步冷曲线，其中 aa_1 为液体 A 冷却过程，a_1 点曲线发生转折，表示从 a_1 开始有固体析出，a_1 后面的平台（水平线）是金属 A 相变过程，平台终点表示相变结束，后面就是固体 A 的冷却过程。e 线形状与 a 线相似。

b 线、c 线和 d 线是两组分系统（A+B）的步冷曲线，b 线是 $w(A)＝b\%$ 的 AB 混合物的步冷曲线。b_1 点前,是 A 和 B 的液体混合物的冷却过程,本实验所用的两种金属属于液态完全互溶,固态完全不互溶系统,所以液体混合物只有一个相。冷却到 b_1 点,固体 A 开始析出,出现两个相,A(s)+l,根据相律,$F=2-2+1=1$,说明有一个自由度,若温度下降,则液体组成是温度的函数。

到达 b_2 时,固体 B 也开始析出,为三相平衡,A(s)+B(s)+l,根据相律,$F=2-3+1=0$,说明这段平台时间液体组分不变,当液相全部凝固后,$F=2-2+1=1$,温度才继续下降,平台后边的部分是固体 A 与 B 的降温过程。平台段析出的物质称为低共熔混合物,平台段对应的温度称为低共熔点。

d 线是 $w(A)=d\%$ 的 AB 混合物的步冷曲线,与 b 线类似,有一个转折点和一个水平线段。与 b 线不同的是两种金属开始相变的顺序不同,d_1 点处,金属固体 B 开始析出,d_2 点处,金属固体 A 开始析出,水平线对应的温度是低共熔点。

c 线是 $w(A)=c\%$ 的 AB 混合物的步冷曲线,由于它的组成正好是低共熔混合物的组成,所以在 c_1 点,液相的 A 与 B 同时开始凝固,直至完全凝固。平台后为固体低共熔混合物的降温过程。这条冷却曲线的形状与纯物质相似,只有一个水平段。

将上述五条曲线中的转折点(a_1、b_1、b_2、c_1、d_1、d_2 及 e_1 点)、水平段的温度及相应的系统组成描绘在温度-组成图上,如图 8-17 所示。连接 a_1、b_1、c_1 三点所构成的 a_1c_1 线是金属 A 的凝固点降低曲线,连接 e_1、d_1、c_1 三点所构成的 e_1c_1 线是金属 B 的凝固点降低曲线,通过 b_2、c_1、d_2 三点的 a_2e_2 水平线是三相平衡线。图中有四个相区,相区 1 的稳定相区 1(液体混合物);相区 2,A(s)+l;相区 3,B(s)+l;相区 4,A(s)+B(s);这样就画出了两组分金属 A-B 系统的相图。

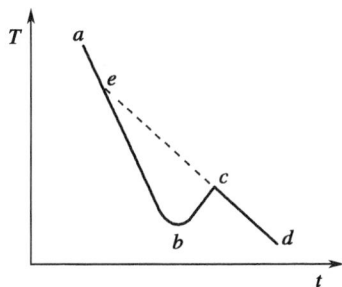
图 8-18 有过冷现象时的步冷曲线

热分析法测绘相图时,冷却速度必须足够慢,使被测体系一直处于接近相平衡的状态,才能得到较好的效果。实际上,冷却过程中,常常会发生过冷现象,如图 8-18 所示,遇此情况,如果是纯金属单组分系统,取 c 点作为转折点;如果是两组分系统,延长 dc 线与 ab 线相交,交点 e 即为转折点。

轻微过冷有利于测量相变温度,严重过冷则会使转折点发生起伏,难以确定相变温度。

【仪器与试剂】

仪器:相图测定装置 1 套、金属试管 5 支、试管架 1 只。

试剂:锡粒(A.R.)、铋粒(A.R.)。

【实验步骤】

1. 称量

分别称取配制含铋量 30%、58%、80% 的锡铋混合物各 50 g,混合均匀。另外取适量的纯铋、纯锡,分别放入 5 支金属试管中(注意标记好组分),上层加少许硅油以防止金属氧化。

2. 测绘步冷曲线

本实验采用立式加热炉和内控温系一体化的相图测定装置,将试管放入立式加热炉中,将面板控制开关置于"内控"位置,温度传感器置于样品管中,将电炉面板开关置于"开"

的位置,接通电源,调节"加热量调节"旋钮升温。当炉温接近所需温度时,降低加热电压,使升温减慢,以保证稳定达到所需温度,避免温度过高影响实验。最后,通过控制"冷风量调节"旋钮,控制降温速度。

将样品放入加热炉中加热,到完全熔化后就开始冷却,冷却到温度测量范围的上限后开始记录温度,每隔 30 s 记录一次,直到温度降至测量范围的下限。重复上述步骤,测其他 4 组样品。不同组分的温度测量范围如下:

(1) 含 Bi 100%,测量温度范围为 300~240 ℃。

(2) 含 Bi 80%,测量温度范围为 240~110 ℃。

(3) 含 Bi 58%,测量温度范围为 160~110 ℃。

(4) 含 Bi 30%,测量温度范围为 200~110 ℃。

(5) 含 Sn 100%,测量温度范围为 260~200 ℃。

实验的关键是步冷曲线上转折点和水平线段是否明显。熔融体的冷却速率取决于体系与环境间的温差、体系的热容量、体系的热传导率等因素。如果凝固热足以抵消大部分的散失热量,冷却速率足够慢,转折变化就比较明显,所以要控制好样品的降温速度。

【注意事项】

1. 加热样品时要注意温度适当。温度过高时,样品易氧化变质;温度过低时,样品不能全部熔化,步冷曲线转折点无法测出。

2. 由于炉温过高,移动样品时要注意使用钳子,以防烫伤。

【数据记录及处理】

1. 根据记录的数据,用坐标纸作图,以时间 t 为横坐标,温度 T 为纵坐标,作出各组分的步冷曲线,并从步冷曲线上找出转折点温度。

2. 根据各组分步冷曲线中的转折点和平台温度,绘制出 Sn-Bi 二元物系的相图,并指出图中各点、线、面所代表的意义。

【思考题】

1. 什么是热分析法?用热分析法绘制相图时应注意些什么?

2. 单组分系统与双组分系统的步冷曲线有什么不同?试用相律解释其原因。

3. 步冷曲线上为什么会出现转折点?

4. 根据实验测定结果,低共熔点是否是唯一的?为什么?

5. 实验过程中为什么要控制冷却速度,不能使其迅速冷却?

实验八　差热分析

【目的与要求】

1. 学会用差热仪绘制 $CuSO_4 \cdot 5H_2O$ 等样品的差热图。

2. 了解差热分析仪的工作原理及使用方法。

3. 了解热电偶的测温原理和如何利用热电偶绘制差热图。

【实验原理】

物质在受热或冷却过程中,当达到某一温度时,往往会发生熔化、凝固、晶型转变、分解、化合、吸附、脱附等物理或化学变化,并伴随有焓的改变,因而产生热效应,其表现为物质与环境(样品与参比物)之间有温度差。差热分析(Differential Thermal Analysis,简称DTA)就是通过温差测量来确定物质的物理化学性质的一种热分析方法。

图 8-19　差热分析原理图

差热分析仪的结构如图 8-19 所示。它包括带有控温装置的加热炉、放置样品和参比物的坩埚、用以盛放坩埚并使其温度均匀的保持器、测温热电偶、差热信号放大器和信号接收系统(记录仪或微机等)。将两支型号相同的热电偶分别插入样品和参比物中,并将其相同端连接在一起(即并联,见图 8-19)。A、B 两端引入记录笔 1,记录炉温信号。若炉子等速升温,则笔 1 记录下一条倾斜直线,如图 8-20 中 MN;A、C 端引入记录笔 2,记录差热信号。若样品不发生任何变化,样品和参比物的温度相同,两支热电偶产生的热电势大小相等,方向相反,所以 $\Delta U_{AC}=0$,笔 2 画出一条垂直直线,如图 8-20 中 ab、de、gh 段,是平直的基线。反之,样品发生物理、化学变化时,$\Delta U_{AC}\neq 0$,笔 2 发生左右偏移(视热效应正负而异),记录下差热峰如图 8-20 中 bcd、efg 所示。两支笔记录的时间-温度(温差)图就称为差热图,或称为热谱图。

从差热图上可清晰地看到差热峰的数目、位置、方向、宽度、高度、对称性以及峰面积等。峰的数目表示物质发生物理、化学变化的次数;峰的位置表示物质发生变化的转化温度(如图 8-20 中 T_b);峰的方向表明体系发生热效应的正负性;峰面积说明热效应的大小,相同条件下,峰面积大的表示热效应也大。在相同的测定条件下,许多物质的热谱图具有特征性,即一定的物质具有相应的差热峰的数目、位置、方向、峰温等。所以,可通过与已知的热谱图的比较来鉴别样品的种类、相变温度、热效应等物理化学性质。因此,差热分析广泛应用于化学、化工、冶金、陶瓷、地质和金属材料等领域的科研和生产部门。理论上讲,可通过峰面积的测量对物质进行定量分析。

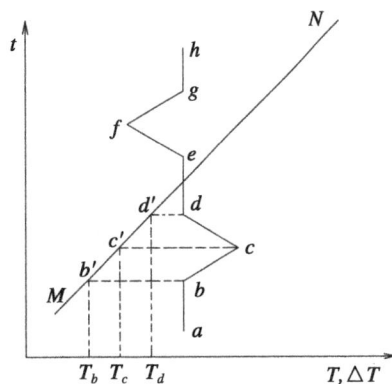

图 8-20　典型的差热图

样品的相变热 ΔH 可按下式计算:

$$\Delta H = \frac{K}{m}\int_b^d \Delta T\,\mathrm{d}\tau$$

式中，m 为样品质量；b、d 分别为峰的起始、终止时刻；ΔT 为时间 τ 内样品与参比物的温差；$\int_b^d \Delta T \mathrm{d}\tau$ 代表峰面积；K 为仪器常数，可用数学方法推导，但较麻烦，本实验用已知热效应的物质进行标定。已知纯锡的熔化热为 59.36×10^{-3} J·mg^{-1}，可由锡的差热峰面积求得 K 值。

【仪器与试剂】

仪器：差热分析仪（CDR 型或自装差热分析仪等）1 套。
试剂：BaCl$_2$·2H$_2$O（A.R.）、CuSO$_4$·5H$_2$O（A.R.）、NaHCO$_3$（A.R.）、Sn（A.R.）。

【实验步骤】

方法一　CDR 系列差热仪

（1）准备工作

① 取两只空坩埚放在样品杆上部的两只托盘上。

② 通水和通气。接通冷却水，开启水源使水流畅通，保持冷却水流量约 200 ～ 300 mL·min^{-1}；根据需要在通气口通入一定流量的保护气体。

③ 开启仪器电源开关，然后开启计算机和打印机电源开关。

④ 零位调整。将差热放大器单元的量程选择开关置于"短路"位置，转动"调零"旋钮，使"差热指示"表头指在"0"位。

⑤ 将升温速度设定为 5 ℃·min^{-1} 或 10 ℃·min^{-1}。

⑥ 斜率调整。将差热放大单元量程选择开关置于 ±50 μV 或 ±100 μV 挡，然后开始升温，同时记录温差曲线，该曲线应为一条直线，称为"基线"。如发现基线漂移，则可用"斜率调整"旋钮来进行校正。基线调好后，一般不再调整。

（2）差热测量

① 将待测样品放入一只坩埚中精确称重（约 5 mg），在另一只坩埚中放入质量基本相等的参比物，如 α-Al$_2$O$_3$。然后将其分别放在样品托的两个托盘上，盖好保温盖。

② 微伏放大器量程开关置于适当位置，如 ±50 μV 或 ±100 μV。

③ 在一定的气氛下，将升温速度设定为 5 ℃·min^{-1} 或 10 ℃·min^{-1}，开始升温。

④ 记录升温曲线和差热曲线，直至温度升至发生要求的相变且基线变平后，停止记录。

⑤ 打开炉盖，取出坩埚，待炉温降至 50 ℃ 以下时，换上另一样品，按上述步骤操作。

方法二　自装差热仪

（1）仪器预热。放大器（微瓦功率计）放大倍数选择 300 μW；记录仪走纸速度为 300 mm·h^{-1}。待仪器预热 20 min 后，调节放大器粗调旋钮，使记录笔 2（蓝笔）处于记录纸左边适当位置。

（2）装样品。在干净的坩埚内装入约 1/2～2/3 坩埚高度的 CuSO$_4$·5H$_2$O 粉末，并将其颠实，放入保持器的样品孔中；另一装 Al$_2$O$_3$ 的坩埚放入保持器的参比物孔中。盖上保持器盖，套上炉体，盖好炉盖。

（3）测量。开启程序升温仪，开始测量。待硫酸铜的三个脱水峰记录完毕，关闭程序升温仪，取下加热炉；待保持器温度降至 50 ℃ 时，将装有纯 Sn 样品的坩埚放入样品孔中。另换一台加热炉(冷的),同法测锡熔化的差热图。实验完毕关闭仪器电源。

(4) 换用微机记录显示重复做 $CuSO_4 \cdot 5H_2O$ 的差热图。详见讨论 2。

【注意事项】

1. 坩埚一定要清理干净,否则埚垢不仅影响导热,杂质在受热过程中也会发生物理化学变化,影响实验结果的准确性。

2. 样品必须研磨得很细,否则差热峰不明显,但也不宜太细。一般差热分析样品研磨到 200 目为宜。

3. 双笔记录仪的两支笔并非平行排列,为防两者在运动中相碰,制作仪器时,两者位置上下平移一段距离,称为笔距差。因此,在差热图上求转折温度时应加以校正。

【数据处理】

1. 由所测样品的差热图,求出各峰的起始温度和峰温,将数据列表记录。

2. 求出所测样品的热效应值。

3. 样品 $CuSO_4 \cdot 5H_2O$ 的三个峰各代表什么变化? 写出反应方程式。根据实验结果,结合无机化学知识,推测 $CuSO_4 \cdot 5H_2O$ 中 5 个 H_2O 的结构状态。

【思考题】

1. DTA 实验中如何选择参比物? 常用的参比物有哪些?

2. 差热曲线的形状与哪些因素有关? 影响差热分析结果的主要因素是什么?

3. DTA 和简单热分析(步冷曲线法)有何异同?

【讨论】

1. 从理论上讲,差热曲线峰面积(S)的大小与试样所产生的热效应(ΔH)大小成正比,即 $\Delta H = KS$,K 为比例常数。将未知试样与已知热效应物质的差热峰面积相比,就可求出未知试样的热效应。实际上,由于样品和参比物之间往往存在着比热容、导热系数、粒度、装填紧密程度等方面的不同,在测定过程中又由于熔化、分解、转晶等物理、化学性质的改变,未知物试样和参比物的比例常数 K 并不相同,所以用它来进行定量计算误差较大。但差热分析可用于鉴别物质,与 X 射线衍射、质谱、色谱、热重法等方法配合可进行确定物质的组成、结构及动力学等方面的研究。

2. 在自装差热仪上,信号记录部分可用微机接收。加热炉部分在保持器中添加一根热电偶,接上专用 K 型热偶温度放大器将微弱的电信号放大,由采集数据程序接收,在微机屏幕上显示出差热图。

在微机屏幕上,时间为横坐标,温度和温差为纵坐标,差热图上出现三条不同颜色的线:其中两条线与双笔记录仪的两条线相同;第三条线是样品温度线(在一般双笔记录仪上见不到这一条线),它显示了样品在实验过程中的实际温度,样品发生脱水反应时温度比参比物温度略低,其差值可从右边纵坐标上读出;有热效应时的温差也可以从右边纵坐标上读出(左边纵坐标上显示的为温度)。

实验九 三组分体系等温相图的绘制

【目的与要求】

1. 熟悉相律,掌握用三角形坐标表示三组分体系相图的方法。
2. 掌握用溶解度法绘制相图的基本原理。

【实验原理】

对于三组分体系,当处于恒温恒压条件时,根据相律,其自由度 f^* 为:

$$f^* = 3 - \Phi$$

式中,Φ 为体系的相数。体系最大条件自由度 $f^*_{max} = 3 - 1 = 2$,因此,浓度变量最多只有两个,可用平面图表示体系状态和组成间的关系,通常用等边三角形坐标表示,称之为三元相图,如图 8-21 所示。

等边三角形的三个顶点分别表示纯物质 A、B、C,三条边 AB、BC、CA 分别表示 A 和 B、B 和 C、C 和 A 所组成的二组分体系的组成,三角形内任何一点都表示三组分体系的组成。图 8-21 中,P 点的组成表示如下:

经 P 点作平行于三角形三边的直线,并交三边于 a、b、c 三点。若将三边均分成 100 等份,则 P 点的 A、B、C 组成分别为:$A\% = Pa = Cb$,$B\% = Pb = Ac$,$C\% = Pc = Ba$。

苯-醋酸-水是属于具有一对共轭溶液的三液体体系,即三组分中两对液体 A 和 B,A 和 C 完全互溶,而另一对液体 B 和 C 只能有限度地混溶,其相图如图 8-21 所示。

图 8-22 中,E、K_2、K_1、P、L_1、L_2、F 点构成溶解度曲线,$K_1 L_1$ 和 $K_2 L_2$ 是连接线。溶解度曲线内是两相区,即一层是苯在水中的饱和溶液,另一层是水在苯中的饱和溶液。曲线外是单相区。因此,利用体系在相变化时出现的清浊现象,可以判断体系中各组分间互溶度的大小。一般来说,溶液由清变浑时,肉眼较易分辨。所以本实验是用向均相的苯-醋酸体系中滴加水使之变成二相混合物的方法,确定二相间的相互溶解度。

图 8-21 等边三角形法表示三元相图

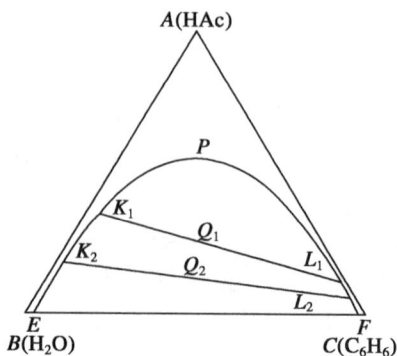

图 8-22 共轭溶液的三元相图

【仪器与试剂】

仪器：具塞锥形瓶(100 mL,2 只)、具塞锥形瓶(25 mL,4 只)、酸式滴定管(20 mL, 1 支)、碱式滴定管(50 mL,1 支)、移液管(1 mL,1 支)、移液管(2 mL,1 支)、刻度移液管(10 mL,1 支)、刻度移液管(20 mL,1 支)、锥形瓶(150 mL,2 只)。

试剂：冰醋酸(A.R.)、苯(A.R.)、NaOH (0.200 0 mol·L^{-1})、酚酞指示剂。

【实验步骤】

1. 测定互溶度曲线

在洁净的酸式滴定管内装水。

用移液管移取 10.00 mL 苯及 4.00 mL 醋酸,置于干燥的 100 mL 具塞锥形瓶中,然后在不停地摇动下慢慢地滴加水,至溶液由清变浑时,即为终点,记下水的体积。向此瓶中再加入 5.00 mL 醋酸,使体系成为均相,继续用水滴定至终点。然后依次用同样方法加入 8.00 mL 苯、8.00 mL 醋酸,分别再用水滴至终点,记录每次各组分的用量。最后一次加入 10.00 mL 苯和 20.00 mL 水,加塞摇动,并每间隔 5 min 摇动一次,30 min 后用此溶液测连接线。

另取一只干燥的 100 mL 具塞锥形瓶,用移液管移入 1.00 mL 苯及 2.00 mL 醋酸,用水滴至终点。之后依次加入 1.00 mL、1.00 mL、1.00 mL、1.00 mL、2.00 mL、10.00 mL 醋酸,分别用水滴定至终点,并记录每次各组分的用量。最后加入 15.00 mL 苯和 20.00 mL 水,加塞摇动,每隔 5 min 摇一次,30 min 后用于测定另一条连接线。

2. 连接线的测定

上面所得的两份溶液,经半小时后,待二层液分清,用干燥的移液管(或滴管)分别吸取上层液约 5 mL、下层液约 1 mL 于已称重的 4 个 25 mL 具塞锥形瓶中,再称其质量,然后用水洗入 150 mL 锥形瓶中,以酚酞为指示剂,用 0.200 0 mol·L^{-1}标准氢氧化钠溶液滴定各层溶液中醋酸的含量。

【注意事项】

1. 因所测体系含有水的成分,故玻璃器皿均需干燥。

2. 在滴加水的过程中须一滴一滴地加入,且需不停地摇动锥形瓶,由于分散的"油珠"颗粒能散射光线,所以体系出现浑浊,如在 2~3 min 内仍不消失,即到终点。当体系醋酸含量少时要特别注意慢滴,含量多时开始可快些,接近终点时仍然要逐滴加入。

3. 在实验过程中注意防止或尽可能减少苯和醋酸的挥发,测定连接线时取样要迅速。

4. 用水滴定如超过终点,可加入 1.00 mL 醋酸,使体系由浑变清,再用水继续滴定。

【数据处理】

1. 查得实验温度时苯、醋酸和水的密度。

2. 溶解度曲线的绘制

根据实验数据及试剂的密度,算出各组分的质量分数。图 8-22 中 E、F 两点数据见表 8-10。

表 8-10　图 8-22 中 E、F 两点数据

体　系		w_A				
A	B	10 ℃	20 ℃	25 ℃	30 ℃	40 ℃
C_6H_6	H_2O	0.163	0.175	0.180	0.190	0.206
H_2O	C_6H_6	0.036	0.050	0.060	0.072	0.102

将以上组成数据在三角形坐标纸上作图,即得溶解度曲线。

3. 连接线的绘制

(1) 计算两瓶中最后醋酸、苯、水的质量分数,标在三角形坐标纸上,即得相应的物系点 Q_1 和 Q_2。

(2) 将标出的各相醋酸含量点画在溶解度曲线上,上层醋酸含量画在含苯较多的一边,下层画在含水较多的一边,即可作出 K_1L_1 和 K_2L_2 两条连接线,它们应分别通过物系点 Q_1 和 Q_2。

【思考题】

1. 为什么根据体系由清变浑的现象即可测定相界?

2. 如连接线不通过物系点,其原因可能是什么?

3. 本实验中根据什么原理求出苯-醋酸-水体系的连接线?

【讨论】

1. 该相图的另一种测绘方法是:在两相区内以任一比例将此三种液体混合置于一定的温度下,使之平衡,然后分析互成平衡的二共轭相的组成,在三角坐标纸上标出这些点,且连成线。此法较为烦琐。

2. 含有两固体(盐)和一液体(水)的三组分体系相图的绘制常用湿渣法。原理是平衡的固、液分离后,其滤渣总带有部分液体(饱和溶液),但它的总组成必定是在饱和溶液和纯固相组成的连接线上。因此,在定温下配制一系列不同相对比例的过饱和溶液,然后过滤,分别分析溶液和滤渣的组成,并把它们一一连成直线,这些直线的交点即为纯固相的成分,由此亦可知该固体是纯物质还是复盐。

实验十　氨基甲酸铵分解反应平衡常数的测定

【目的与要求】

1. 学会测定不同温度下氨基甲酸铵的分解压力,计算各温度下分解反应的平衡常数 $K_p^{\ominus}$ 及有关的热力学函数。

2. 熟悉用等压计测定平衡压力的方法。

3. 掌握氨基甲酸铵分解反应平衡常数的计算及其与热力学函数间的关系。

【实验原理】

氨基甲酸铵是合成尿素的中间产物,为白色固体,很不稳定,其分解反应式为:

$$\text{NH}_2\text{COONH}_4(s) \Longrightarrow 2\text{NH}_3(g) + \text{CO}_2(g)$$

该反应为复相反应,在封闭体系中很容易达到平衡,在常压下其平衡常数可近似表示为:

$$K_p^{\ominus} = \left[\frac{p_{\text{NH}_3}}{p^{\ominus}}\right]^2 \left[\frac{p_{\text{CO}_2}}{p^{\ominus}}\right] \tag{1}$$

式中,p_{NH_3}、p_{CO_2} 分别表示反应温度下 NH_3 和 CO_2 平衡时的分压;$p^{\ominus}$ 为标准压力。在压力不大时,气体的逸度近似为 1,且纯固态物质的活度为 1,体系的总压 $p = p_{\text{NH}_3} + p_{\text{CO}_2}$。从化学反应计量方程式可知:

$$p_{\text{NH}_3} = \frac{2}{3}p, \quad p_{\text{CO}_2} = \frac{1}{3}p \tag{2}$$

将式(2)代入式(1)得:

$$K_p^{\ominus} = \left(\frac{2p}{3p^{\ominus}}\right)^2 \left(\frac{p}{3p^{\ominus}}\right) = \frac{4}{27}\left(\frac{p}{p^{\ominus}}\right)^3 \tag{3}$$

因此,当体系达平衡后,测量其总压 p,即可计算出平衡常数 $K_p^{\ominus}$。

温度对平衡常数的影响可用下式表示:

$$\frac{\text{d}\ln K_p^{\ominus}}{\text{d}T} = \frac{\Delta_r H_m^{\ominus}}{RT^2} \tag{4}$$

式中,T 为热力学温度;$\Delta_r H_m^{\ominus}$ 为标准反应热效应。氨基甲酸铵分解反应是一个热效应很大的吸热反应,温度对平衡常数的影响比较灵敏。当温度在不大的范围内变化时,$\Delta_r H_m^{\ominus}$ 可视为常数,由(4)式积分得:

$$\ln K_p^{\ominus} = -\frac{\Delta_r H_m^{\ominus}}{RT} + C' \qquad (C' \text{为积分常数}) \tag{5}$$

若以 $\ln K_p^{\ominus}$ 对 $1/T$ 作图,得一直线,其斜率为 $-\dfrac{\Delta_r H_m^{\ominus}}{R}$,由此可求出 $\Delta_r H_m^{\ominus}$。并按下式计算 T 温度下反应的标准吉布斯自由能变化 $\Delta_r G_m^{\ominus}$。

$$\Delta_r G_m^{\ominus} = -RT \ln K_p^{\ominus} \tag{6}$$

利用实验温度范围内反应的平均等压热效应 $\Delta_r H_m^{\ominus}$ 和 T 温度下的标准吉布斯自由能变化 $\Delta_r G_m^{\ominus}$,可近似计算出该温度下的熵变 $\Delta_r S_m^{\ominus}$。

$$\Delta_r S_m^{\ominus} = \frac{\Delta_r H_m^{\ominus} - \Delta_r G_m^{\ominus}}{T} \tag{7}$$

因此通过测定一定温度范围内某温度的氨基甲酸铵的分解压(平衡总压),就可以利用上述公式分别求出 $K_p^{\ominus}$、$\Delta_r H_m^{\ominus}$、$\Delta_r G_m^{\ominus}(T)$ 和 $\Delta_r S_m^{\ominus}(T)$。

【仪器与试剂】

仪器:氨基甲酸铵分解实验装置(1 套)、真空泵(1 台)、低真空测压仪(1 台)。

试剂:新制备的氨基甲酸铵、硅油或邻苯二甲酸二壬酯。

1. 检漏。按图 8-23 所示安装仪器。将烘干的小球和玻璃等压计相连,将活塞 5、6 放在合适位置,开动真空泵,当测压仪读数约为 53 kPa 时,关闭三通活塞。检查系统是否漏气,待 10 min 后,若测压仪读数没有变化,则表示系统不漏气,否则说明漏气,应仔细检查各接口处,直到不漏气为止。

1—装样品的小球;2—玻璃等压计;3—玻璃恒温槽;4—缓冲瓶;5—三通活塞;6—二通活塞;7—磨口接头。

图 8-23　实验装置图

2. 装样品。确定系统不漏气后,使系统与大气相通,然后取下小球装入氨基甲酸铵,再用吸管吸取纯净的硅油或邻苯二甲酸二壬酯放入已干燥好的等压计中,使之形成液封,再按图示装好。

3. 测量。调节恒温槽温度为(25.0±0.1)℃。开启真空泵,将系统中的空气排出,约 15 min 后,关闭二通活塞,然后缓缓开启三通活塞,将空气慢慢分次放入系统,直至等压计两边液面处于水平时,立即关闭三通活塞。若 5 min 内两液面保持不变,即可读取测压仪的读数。

4. 重复测量。为了检查小球内的空气是否已完全排净,可重复步骤 3 操作,如果两次测定结果差值小于 270 Pa,方可进行下一步实验。

5. 升温测量。调节恒温槽温度为(27.0±0.1)℃,在升温过程中小心地调节三通活塞,缓缓放入空气,使等压计两边液面水平,保持 5 min 不变,即可读取测压仪读数,然后用同样的方法继续测定 30.0 ℃、32.0 ℃、35.0 ℃、37.0 ℃时的压力差。

6. 复原。实验完毕,将空气放入系统中至测压仪读数为零,切断电源、水源。

【注意事项】

1. 在实验开始前,务必掌握图中两个活塞(5 和 6)的正确操作。
2. 必须充分排除小球内的空气。
3. 体系必须达平衡后才能读取测压仪读数。

【数据处理】

1. 计算各温度下氨基甲酸铵的分解压。
2. 计算各温度下氨基甲酸铵分解反应的平衡常数 $K_p^{\ominus}$。
3. 根据实验数据,以 $\ln K_p^{\ominus}$ 对 $1/T$ 作图,并由直线斜率计算氨基甲酸铵分解反应的 $\Delta_r H_m^{\ominus}$。

4. 计算 25 ℃时氨基甲酸铵分解反应的 $\Delta_r G_m^\ominus$ 及 $\Delta_r S_m^\ominus$。

【思考题】

1. 测压仪读数是否是体系的压力? 是否代表分解压?
2. 为什么一定要排净小球中的空气,若体系有少量空气对实验有何影响?
3. 如何判断氨基甲酸铵分解已达平衡,未平衡测数据将有何影响?
4. 在实验装置中安装缓冲瓶的作用是什么?
5. 玻璃等压计中的封闭液如何选择?
6. $K_p = p_{NH_3}^2 \cdot p_{CO_2}$ 和 $K_p^\ominus = \left[\dfrac{p_{NH_3}}{p^\ominus}\right]^2 \left[\dfrac{p_{CO_2}}{p^\ominus}\right]$ 两者有何不同?

【讨论】

氨基甲酸铵极不稳定,需自制。其制备方法为氨和二氧化碳接触后即能生成氨基甲酸铵。其反应式为:

$$2NH_3(g) + CO_2(g) \rightleftharpoons NH_2COONH_4(s)$$

如果氨和二氧化碳都是干燥的,则生成氨基甲酸铵;若有水存在时,则还会生成 $(NH_4)_2CO_3$ 或 NH_4HCO_3,因此在制备时必须保持氨、CO_2 及容器都是干燥的,制备氨基甲酸铵的具体操作如下:

(1)制备氨气。氨气可由蒸发氨水或将 NH_4Cl 和 $NaOH$ 溶液加热得到,这样制得的氨气含有大量水蒸气,应依次经 CaO、固体 $NaOH$ 脱水。也可用钢瓶里的氨气经 CaO 干燥。

(2)制备 CO_2。CO_2 可由大理石($CaCO_3$)与工业浓 HCl 在启普发生器中反应制得,或用钢瓶里的 CO_2 气体依次经 $CaCl_2$、浓硫酸脱水。

(3)合成反应在双层塑料袋中进行,在塑料袋一端插入 1 支进氨气管、1 支进二氧化碳气管,另一端有 1 支废气导管通向室外。

(4)合成反应开始时先通入 CO_2 气体于塑料袋中,约 10 min 后再通入氨气,用流量计或气体在干燥塔中的冒泡速度控制 NH_3 流速为 CO_2 的 2 倍,通气 2 h,可在塑料袋内壁上生成固体氨基甲酸铵。

(5)反应完毕,在通风橱里将塑料袋一头橡皮塞松开,将固体氨基甲酸铵从塑料袋中倒出研细,放入密封容器内于冰箱中保存备用。

实验十一 醋酸电离常数的测定(电导率法)

【目的要求】

1. 了解溶液电导、电导率、摩尔电导率的基本概念及相互关系。
2. 熟悉电导率仪的构造、工作原理及使用方法。
3. 掌握电导率法测定醋酸电离常数的原理和方法。

【实验原理】

电导是描述电解质溶液导电能力大小的物理量,其值为电阻的倒数,单位为 S(西门子),$1\ S=1\ \Omega^{-1}$。电阻率的倒数称为电导率,用 κ 表示,其单位为 $S \cdot m^{-1}$。

对电解质溶液来说,电导率是指电极板的面积均为 $1\ m^2$、电极间距离为 $1\ m$ 的两个平行电极之间的电解质溶液的电导。如果将含有 $1\ mol$ 电解质的溶液置于相距为 $1\ m$ 的两个平行电极之间,此时溶液的电导称为摩尔电导率,用符号 Λ_m 表示。

摩尔电导率 Λ_m 与浓度 c 的关系如下:

$$\Lambda_m = \frac{\kappa}{c}$$

式中,Λ_m 的单位是 $S \cdot m^2 \cdot mol^{-1}$,$\kappa$ 的单位是 $S \cdot m^{-1}$。所以,浓度的单位应取 $mol \cdot m^{-3}$,浓度的单位通常是 $mol \cdot dm^{-3}$ 或 $mol \cdot L^{-1}$,计算时要注意单位换算。

$$\text{电导率}\quad 1\ \mu S \cdot cm^{-1} = 10^{-4}\ S \cdot m^{-1}$$
$$\text{浓度}\quad 1\ mol \cdot L^{-3} = 10^{3}\ mol \cdot m^{-3}$$

醋酸在水中为弱电解质。在一定温度下,醋酸在水溶液中电离达到平衡时,其电离平衡常数 $K^{\ominus}$ 与电离度 α 和浓度 c 有如下关系:

$$CH_3COOH \rightleftharpoons H^+ + CH_3COO^-$$

$$\text{平衡时}\quad c(1-\alpha) \qquad c\alpha \qquad c\alpha$$

$$K^{\ominus} = \frac{(c/c^{\ominus})\alpha^2}{1-\alpha} \quad \text{简写为}\ K^{\ominus} = \frac{c\alpha^2}{1-\alpha}$$

在一定温度下,$K^{\ominus}$ 是一常数,因此测定醋酸在不同浓度下的电离度,代入上式即可算出 $K^{\ominus}$ 值,其中 $c^{\ominus}$ 为标准态浓度,等于 $1\ mol \cdot L^{-1}$。

弱电解质的电离度 α 随溶液的稀释而增加,即在一定浓度范围内随着溶液的稀释,溶液中离子浓度增大。对于弱电解质,可以近似认为,溶液的摩尔电导率 Λ_m 仅与溶液中离子的浓度成正比。当弱电解质溶液无限稀释时,弱电解质几乎全部电离,α 趋于 1,此时溶液的摩尔电导率为最大值,即无限稀释摩尔电导率 Λ_m^{∞}。

在一定温度下,弱电解质溶液在浓度 c 时的电离度 α 与摩尔电导率 Λ_m 的关系为:

$$\alpha = \frac{\Lambda_m}{\Lambda_m^{\infty}}$$

$$K^{\ominus} = \frac{c\,(\Lambda_m)^2}{\Lambda_m^{\infty}(\Lambda_m^{\infty} - \Lambda_m)}$$

$25\ ℃$ 时,$\Lambda_{m(HAc)}^{\infty} = \Lambda_{m(H^+)}^{\infty} + \Lambda_{m(Ac^-)}^{\infty} = 0.034\,98 + 0.004\,09 = 0.039\,07(S \cdot m^2 \cdot mol^{-1})$

测得一定温度下某一溶液的电导率即可求得 Λ_m,再查表求出该温度下的 $\Lambda_{m(HAc)}^{\infty}$,代入上式,最后可以算出醋酸的电离常数 $K^{\ominus}$。

【仪器与试剂】

仪器:玻璃缸恒温槽 1 套、SLDS-I 型电导率仪 1 台、铂黑电极 1 支、试管(带电导池)1

支、移液管(25 mL)1 支、容量瓶(50 mL)2 只。

试剂：0.1 mol·L⁻¹醋酸溶液、蒸馏水。

【实验步骤】

1. 调节恒温槽温度至(25.0±0.1) ℃。

2. 打开电导率仪电源开关，预热 15 min。

3. 测定醋酸溶液电导率。将电极插头插入电导率仪电极插口，电极和试管均用待测液洗涤三次(注意不要损坏电极和试管)，然后放入被测醋酸溶液($c/16$)，置于恒温槽中恒温 5 ~10 min，测量其电导率。重复测量两次。

4. 用同样方法分别测量 $c/8$、$c/4$、$c/2$、c 的醋酸溶液的电导率。

5. 调节恒温槽温度至(35.0±0.1) ℃，重复 2~4 步再进行一遍。

6. 实验结束后，切断电源，放好仪器，并用蒸馏水将铂黑电极冲洗三次，然后浸入蒸馏水中备用。

【注意事项】

1. 实验中温度应保持恒定。

2. 电导电极不用时，应浸在去离子水中，以免干燥使表面发生改变。

3. 测定不同溶液的电导率时，电导电极一定要洗净、吸干。注意不要用纸摩擦电极表面，以免引入误差。但在同一类溶液不断稀释时，因电导电极一直插入其中，不必特意清洗。

【数据记录及处理】

记录实验数据(见表 8-11)。

电极常数：_____；实验温度：_____ ℃；蒸馏水电导率：_____ S·m⁻¹。

表 8-11　实验所测电导率数据

$c/(\text{mol·L}^{-1})$	次数	$\kappa/(\text{S·m}^{-1})$	$\Lambda_m/(\text{S·m}^2·\text{mol}^{-1})$	$K^{\ominus}$
$c/16$	1			
	2			
$c/8$	1			
	2			
$c/4$	1			
	2			
$c/2$	1			
	2			
c	1			
	2			

注：若蒸馏水的电导率大于 10 S·m⁻¹，则需要校正所测溶液的电导率，即 $\kappa = \kappa_{实验值} - \kappa_{水}$。

【思考题】

1. 测量 HAc 溶液时，为什么要由稀到浓？
2. 恒温槽的恒温原理是什么？
3. 溶液的电导率、摩尔电导率与浓度有什么关系？
4. 用电导率仪测溶液电导率时应注意什么问题？

实验十二　原电池电动势的测定

【目的要求】

1. 掌握用补偿法测定电动势的原理及电位差计的使用方法。
2. 加深对可逆电池、电极电势等概念的理解，熟悉有关电动势和电极电势的基本计算。

【实验原理】

1. 电极电势和电池电动势

把原电池的两个电极用导线和盐桥连接起来可以产生电流，说明两个电极之间存在电势差。通常把金属和它的盐溶液之间因形成双电层而产生的电势差叫作电极电势，电极电势大小主要取决于电极的本性，并受温度、介质和离子浓度等因素的影响。

电极电势的绝对值无法测定，因此在电化学中将标准氢电极的电极电势规定为 0 V，所谓标准氢电极，就是在 298 K 时，把表面镀有铂黑的铂片置于氢离子浓度（严格地说，应该是活度）为 $1.0\ mol \cdot L^{-1}$ 的硫酸溶液中，并不断地通入压力为 100 kPa 的纯氢气，使铂黑吸附氢气达到饱和。此时，溶液中的氢离子与铂黑所吸附的氢气建立了动态平衡，电极反应如下：

$$2H^{+}(1.0\ mol \cdot L^{-1}) + 2e^{-} \rightleftharpoons H_2(g,\ 100\ kPa)$$

原电池由两个"半电池"组成，每个半电池中包含一个电极和相应的电解质溶液。电池在放电过程中，正极发生还原反应，负极发生氧化反应。

以 Cu-Zn 电池为例，电池符号如下：

$$Zn(s) \mid ZnSO_4(c_1) \parallel CuSO_4(c_2) \mid Cu(s)$$

符号"|"表示固相（Zn 或 Cu）和液相（$ZnSO_4$ 或 $CuSO_4$）的两相界面；"‖"表示连通两个液相的"盐桥"；c_1 和 c_2 分别为 $ZnSO_4$ 和 $CuSO_4$ 的摩尔浓度。

$$负极反应 \quad Zn \longrightarrow Zn^{2+} + 2e^{-}$$
$$正极反应 \quad Cu^{2+} + 2e^{-} \longrightarrow Cu$$
$$电池总反应 \quad Zn + Cu^{2+} \rightleftharpoons Zn^{2+} + Cu$$

将标准氢电极与待测电极组成原电池，测定其电动势，则该电池的电动势即为待测电极的电极电势。由于氢电极使用不方便，故在实际测量中常采用具有稳定电势的电极作为第二类参比电极(如饱和甘汞电极),来测定待测电极的电极电势。

电池电动势 E 可以用正负极的电极电势的差值表示:$E = E_+ - E_-$。

根据能斯特方程,Cu-Zn 电池的电动势为:

$$E = E_+ - E_- = \left[E_{\text{Cu}^{2+}/\text{Cu}}^{\ominus} - \frac{RT}{zF} \ln \frac{1}{c(\text{Cu}^{2+})} \right] - \left[E_{\text{Zn}^{2+}/\text{Zn}}^{\ominus} - \frac{RT}{zF} \ln \frac{1}{c(\text{Zn}^{2+})} \right]$$

所以,

$$E = E^{\ominus} - \frac{RT}{zF} \ln \frac{c(\text{Zn}^{2+})}{c(\text{Cu}^{2+})}$$

式中,E 和 $E^{\ominus}$ 分别是任意状态和标准状态时的电池电动势;R 是摩尔气体常数;z 是反应中转移的电子的物质的量;F 是法拉第常数,其值为 96 487 C·mol^{-1};T 是热力学温度。

2. 根据测定的电动势值计算溶液的 pH

醌($C_6H_4O_2$,用 Q 表示)和氢醌[$C_6H_4(OH)_2$,用 QH_2 表示]以等物质的量混合,在水中有如下电极反应:

$$Q + 2H^+ + 2e^- \rightleftharpoons QH_2$$

此电极称为醌氢醌电极,它是一种可逆氧化还原电极,醌氢醌在水溶液中溶解度小,易建立平衡,其电极电势与氢离子浓度有关,所以是一种氢离子指示电极,可用于测定溶液的 pH,测量的精确度较高,但是当测量 pH 大于 8.5 的溶液时,醌氢醌电极不稳定,无法测量。

醌氢醌电极的电极电势为:

$$E_{\text{醌氢醌}} = E_{\text{醌氢醌}}^{\ominus} - \frac{RT}{zF} \ln \frac{c(QH_2)}{c(Q)[c(H^+)]^2}$$

在水溶液中,氢醌的电离度很小,可以认为 $c(QH_2) \approx c(Q)$,因此可得:

$$E_{\text{醌氢醌}} = E_{\text{醌氢醌}}^{\ominus} - \frac{2.303RT}{F} \text{pH}$$

若将醌氢醌电极与饱和甘汞电极组成电池:

$$\text{Hg(l)} \mid \text{Hg}_2\text{Cl}_2(\text{s}) \mid \text{KCl(饱和)} \parallel \text{H}^+(c_{\text{H}^+}), Q \cdot QH_2(\text{饱和}) \mid \text{Pt(s)}$$

$$E = E_+ - E_- = E_{\text{醌氢醌}} - E_{\text{甘汞}} = E_{\text{醌氢醌}}^{\ominus} - \frac{2.303RT}{F} \text{pH} - E_{\text{甘汞}}$$

所以,

$$\text{pH} = \frac{E_{\text{醌氢醌}}^{\ominus} - E_{\text{甘汞}} - E}{2.303RT/F}$$

上式中,$E_{\text{醌氢醌}}^{\ominus}$、$E_{\text{甘汞}}$、$2.303RT/F$ 等都和实验时的温度有关,计算时要考虑温度补偿。

$$E_{\text{醌氢醌}}^{\ominus} = [0.699\ 4 - 7.4 \times 10^{-4}(t - 25)]\text{V}$$
$$E_{\text{甘汞}} = [0.241\ 2 - 7.6 \times 10^{-4}(t - 25)]\text{V}$$

上面两个式子中,t 为室温,单位为 ℃。

3. 补偿法测定电动势的原理

电池电动势的测量必须在电池可逆条件下进行，即要求电池电极反应是可逆的，并且不存在不可逆的液接界。因此，通常采用盐桥来减小或消除液接电势。同时，要求电池必须在可逆条件下工作，即充、放电过程都必须在准平衡状态下进行，此时只允许有无限小的电流通过电池。一般采用电位差计，根据补偿法原理进行测定，如图 8-24 所示。其测量原理是在待测电池上并联一个大小相等、方向相反的外加电势差，这样待测电池中没有电流通过，外加电势差的大小即等于待测电池电动势。有关电位差计的工作原理及使用方法请仔细阅读"第七章 基本物理量的测量技术"中第三节的有关内容。

E_X—待测电池的电动势；E_N—标准电池电动势；
K—电键；G—检流计；W—工作电池；
AB—均匀精密电阻；CC'—电阻接触点；
R—调节电阻。

图 8-24 原电池电动势测定原理图

【仪器与试剂】

仪器：UJ-25 型直流电位差计 1 台、数字检流计 1 台、BC-3 型标准电池、饱和甘汞电极、银电极、铂电极、铜电极、盐桥、导线。

试剂：饱和 KCl 溶液、$AgNO_3$（$0.100\ mol \cdot L^{-1}$）、$CuSO_4$（$0.100\ mol \cdot L^{-1}$）、未知 pH 溶液、醌氢醌（A.R.）。

【实验步骤】

1. 将标准电池、工作电池、检流计、待测电池两极接至电位差计，注意正、负极不能接错。待测电池的两个半电池溶液用盐桥连接。

2. 根据标准电池的电动势，调节电位差计上标准电池温度补偿旋钮。将转换开关拨至"N"挡，依次按下电计按钮"粗""细"，调节工作电流旋钮使检流计示零。将转换开关拨到"X_1"或"X_2"的位置，依次按下电计按钮"粗""细"，由大到小依次旋转 6 个测量旋钮，使检流计示零，读出 6 个旋钮的示数即为被测电池的电动势。实验完毕，把盐桥浸入蒸馏水中，电位差计复原，关闭检流计。

3. 采用上述方法，测定以下三个原电池的电动势，每个原电池重复测定 3 次。

(1) $Hg(l)|Hg_2Cl_2(s)|KCl$（饱和）$\parallel CuSO_4$（$0.100\ mol \cdot L^{-1}$）$|Cu(s)$

(2) $Hg(l)|Hg_2Cl_2(s)|KCl$（饱和）$\parallel AgNO_3$（$0.100\ mol \cdot L^{-1}$）$|Ag(s)$

(3) $Hg(l)|Hg_2Cl_2(s)|KCl$（饱和）$\parallel H^+$（$pH=x$），$Q \cdot QH_2$（饱和）$|Pt(s)$

【注意事项】

1. 标准电池的使用要特别注意以下几点：它不可以当作电源用；不允许有大于 10^{-4} A 的电流通过；正负极不能接错；本实验使用的标准电池不能倒置、倾倒或者摇动；每隔一年左右，需要重新校正其电动势一次。

2. 醌氢醌电极的使用范围为 pH＝1～8，不宜在 pH＞8 的情况下使用，因为此时氢醌会发生电离并容易被空气氧化。另外，使用该电极时，不允许在溶液中含硼酸或硼酸盐，因为这时氢醌会生成配合物。在有其他强氧化剂或强还原剂存在时,亦不宜使用该电极。

【数据记录及处理】

1. 数据记录(见表 8-12)

室温:_____ ℃,标准电池电动势_____ V。

表 8-12　原电池电动势数据

待测原电池序号	测定值 E/V			平均值 E/V
	1	2	3	
(1)				
(2)				
(3)				

2. 数据处理

(1) 利用公式计算室温时饱和甘汞电极的电极电势,根据测得的电池(1)及(2)的电动势值,分别计算铜电极和银电极的电极电位。

(2) 由电池(3)计算未知溶液的 pH。

【思考题】

1. 盐桥的作用是什么? 在测定电池(2)时,如用电池(1)用过的盐桥,需用洗瓶将盐桥的两端淋洗干净,同时注意切勿将浸入饱和 KCl 溶液的一端再浸入 $AgNO_3$ 溶液中,这是为什么?

2. 补偿法测电池电动势的基本原理是什么? 为什么用伏特计不能准确测定电池电动势?

3. 在测量电动势的过程中,若检流计光点总是往一个方向偏转(数字检流计则一直升高或降低),可能是什么原因?

实验十三　液相反应平衡常数

【目的与要求】

1. 学会用分光光度法测定弱电解质的电离常数。
2. 掌握分光光度法测定甲基红电离常数的基本原理。
3. 掌握分光光度计及 pH 计的正确使用方法。

【实验原理】

弱电解质的电离常数测定方法很多,如电导法、电位法、分光光度法等。本实验测定电解质(甲基红)的电离常数,是根据甲基红在电离前后具有不同颜色和对单色光的吸收特性,借助于分光光度法的原理,测定其电离常数,甲基红在溶液中的电离可表示为:

$$(CH_3)_2-N-\bigcirc-N=NH-\bigcirc^{COO^{\ominus}} \rightleftharpoons (CH_3)_2=N-\bigcirc=N-N-\bigcirc^{COO^{\ominus}}_H$$

酸式(HMR)红色

$$\begin{array}{c} OH^{\ominus} \| H^{\oplus} \end{array}$$

$$(CH_3)_2-N-\bigcirc-N=N-\bigcirc^{COO^{\ominus}}$$

碱式(MR⁻)黄色

简写为:

$$HMR \rightleftharpoons H^+ + MR^-$$

酸式　　　　碱式

则其电离平衡常数 K 表示为:

$$K_c = \frac{[H^+][MR^-]}{[HMR]} \tag{1}$$

或

$$pK = pH - \lg\frac{[MR^-]}{[HMR]} \tag{2}$$

由(2)式可知,通过测定甲基红溶液的 pH,再根据分光光度法(多组分测定方法)测得[MR⁻]和[HMR]值,即可求得 pK 值。

根据朗伯-比尔(Lambert-Beer)定律,溶液对单色光的吸收遵守下列关系式:

$$A = -\lg\frac{I}{I_0} = \lg\frac{1}{T} = \varepsilon bc \tag{3}$$

式中,A 为吸光度;I/I_0 为透光率 T;c 为溶液浓度;b 为溶液的厚度;ε 为摩尔吸光系数。溶液中如含有一种组分,其对不同波长的单色光的吸收程度,如以波长(λ)为横坐标、吸光度(A)为纵坐标可得一条曲线,如图 8-25 中单组分 a 和单组分 b 的曲线均称为吸收曲线,亦称吸收光谱曲线。根据公式(3),当吸收槽长度一定时,则:

$$A_a = k_a c_a \tag{4}$$
$$A_b = k_b c_b \tag{5}$$

如在该波长时,溶液遵守朗伯-比尔定律,可选用此波长进行单组分的测定。溶液中如含有两种组分(或两种组分以上)的溶液,又具有特征的光吸收曲线,并在各组分的吸收曲线互不干扰时,可在不同波长下,对各组分进行吸光度测定。

当溶液中两种组分 a、b 各具有特征的光吸收曲线,且均遵守朗伯-比尔定律,但吸收曲线部分重合,如图 8-25 所示,则两组分(a+b)溶液的吸光度应等于各组

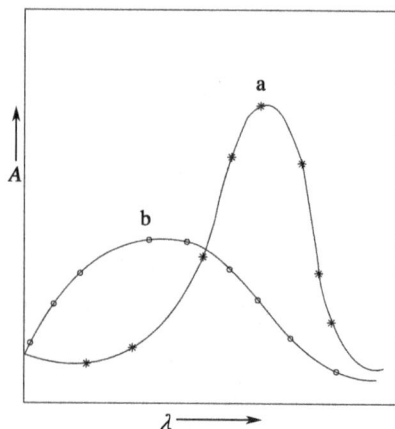

图 8-25　部分重合的光吸收曲线

分吸光度之和,即吸光度具有加和性。当吸收槽长度一定时,则混合溶液在波长分别为 λ_a 和 λ_b 时的吸光度 $A_{\lambda a}^{a+b}$ 和 $A_{\lambda b}^{a+b}$ 可表示为:

$$A_{\lambda a}^{a+b} = A_{\lambda a}^{a} + A_{\lambda a}^{b} = k_{\lambda a}^{a} c_a + k_{\lambda a}^{b} c_b \tag{6}$$

$$A_{\lambda b}^{a+b} = A_{\lambda b}^{a} + A_{\lambda b}^{b} = k_{\lambda b}^{a} c_a + k_{\lambda b}^{b} c_b \tag{7}$$

由光谱曲线可知,组分 a 代表[HMR],组分 b 代表[MR⁻],根据(6)式可得到[MR⁻],即:

$$c_b = \frac{A_{\lambda a}^{a+b} - k_{\lambda a}^{a} c_a}{k_{\lambda a}^{b}} \tag{8}$$

将式(8)代入式(7)则可得[HMR],即:

$$c_a = \frac{A_{\lambda b}^{a+b} k_{\lambda a}^{b} - A_{\lambda a}^{a+b} k_{\lambda b}^{b}}{k_{\lambda b}^{a} k_{\lambda a}^{b} - k_{\lambda b}^{b} k_{\lambda a}^{a}} \tag{9}$$

式中,$k_{\lambda a}^{a}$、$k_{\lambda a}^{b}$、$k_{\lambda b}^{a}$ 和 $k_{\lambda b}^{b}$ 分别表示单组分在波长为 λ_a 和 λ_b 时的 k 值。而 λ_a 和 λ_b 可以通过测定单组分的光吸收曲线,分别求得其最大吸收波长。如在该波长下,各组分均遵守朗伯-比尔定律,则其测得的吸光度与单组分浓度应为线性关系,直线的斜率即为 k 值,再通过两组分的混合溶液可以测得 $A_{\lambda a}^{a+b}$ 和 $A_{\lambda b}^{a+b}$,根据(8)、(9)两式可以求出[MR⁻]和[HMR]值。

【仪器与试剂】

仪器:分光光度计(1 台)、酸度计(1 台)、饱和甘汞电极(217 型,1 支)、玻璃电极(1 支)、容量瓶(100 mL,5 只)、容量瓶(50 mL,2 只)、容量瓶(25 mL,6 只)、量筒(50 mL,1 只)、烧杯(50 mL,4 只)、移液管(10 mL,1 支)、移液管(5 mL,1 支)。

试剂:95%乙醇(A.R.)、HCl(0.1 mol·L⁻¹)、甲基红(A.R.)、醋酸钠(0.05 mol·L⁻¹、0.01 mol·L⁻¹)、醋酸(0.02 mol·L⁻¹)。

【实验步骤】

1. 制备溶液

(1) 甲基红溶液:称取 0.400 g 甲基红,加入 300 mL 95%的乙醇,待溶后,用蒸馏水稀释至 500 mL 容量瓶中。

(2) 甲基红标准溶液:取 10.00 mL 上述溶液,加入 50 mL 95%乙醇,用蒸馏水稀释至 100 mL 容量瓶中。

(3) 溶液 a:取 10.00 mL 甲基红标准溶液,加入 0.1 mol·L⁻¹盐酸 10 mL,用蒸馏水稀释至 100 mL 容量瓶中。

(4) 溶液 b:取 10.00 mL 甲基红标准溶液,加入 0.05 mol·L⁻¹醋酸钠 20 mL,用蒸馏水稀释至 100 mL 容量瓶中。将溶液 a、b 和空白液(蒸馏水)分别放入三个洁净的比色皿内。

2. 测定吸收光谱曲线

接通电压,预热仪器。测定溶液 a 和溶液 b 的吸收光谱曲线,求出最大吸收峰的波长 λ_a 和 λ_b。波长从 380 nm 开始,每隔 20 nm 测定一次,在吸收高峰附近,每隔 5 nm 测定一次,每改变一次波长都要用空白溶液校正,直至波长为 600 nm 为止。作 A-λ 曲线,求出波长 λ_a 和 λ_b 的值。

3. 验证朗伯-比尔定律,并求出 $k_{\lambda a}^a$、$k_{\lambda b}^a$、$k_{\lambda a}^b$ 和 $k_{\lambda b}^b$。

(1) 分别移取溶液 a 5.00 mL、10.00 mL、15.00 mL、20.00 mL 分别于四个 25 mL 容量瓶中,然后用 0.01 mol·L^{-1} 盐酸稀释至刻度,此时甲基红主要以[HMR]形式存在。

(2) 分别移取溶液 b 5.00 mL、10.00 mL、15.00 mL、20.00 mL 分别于四个 25 mL 容量瓶中,用 0.01 mol·L^{-1} 醋酸钠稀释至刻度,此时甲基红主要以[MR$^-$]形式存在。

(3) 在波长为 λ_a、λ_b 处分别测定上述各溶液的吸光度 A。如果在 λ_a、λ_b 处,上述溶液符合朗伯-比尔定律,则可得四条 $A-c$ 直线,由此可求出 $k_{\lambda a}^a$、$k_{\lambda b}^a$、$k_{\lambda a}^b$ 和 $k_{\lambda b}^b$。

4. 测定混合溶液的总吸光度及其 pH

(1) 取 4 个 100 mL 容量瓶,按表 8-13 分别加入一定体积的甲基红标准液、醋酸钠溶液 (0.05 mol·L^{-1}) 和醋酸溶液 (0.02 mol·L^{-1}),加蒸馏水稀释至 100 mL,得到 4 种不同 pH 的混合溶液。

表 8-13　配制 4 种不同 pH 的混合溶液所需各试剂的体积

编号	试剂用量/mL		
	甲基红标准液	醋酸钠溶液(0.05 mol·L^{-1})	醋酸溶液(0.02 mol·L^{-1})
1	10	25	50
2	10	25	25
3	10	25	10
4	10	25	5

(2) 分别用 λ_a 和 λ_b 波长测定上述四个溶液的总吸光度。

(3) 测定上述四种溶液的 pH。

【注意事项】

1. 使用分光光度计时,先接通电源,预热 20 min。为了延长光电管的寿命,在不测定时,应将暗盒盖打开。

2. 使用酸度计前应预热半小时,使仪器稳定。

3. 玻璃电极使用前需在蒸馏水中浸泡一昼夜。

4. 使用饱和甘汞电极时应将上面的小橡皮塞及下端橡皮套取下来,以保持液位压差。

【数据处理】

1. 将实验步骤 3 和 4 中的数据分别列入表 8-14 和表 8-15 中。

表 8-14　实验步骤 3 中数据

溶液相对浓度	$A_{\lambda a}^a$	$A_{\lambda b}^a$	$A_{\lambda a}^b$	$A_{\lambda b}^b$

表 8-15　实验步骤 4 中数据

编号	$A_{\lambda a}^{a+b}$	$A_{\lambda b}^{a+b}$	pH

2. 根据实验步骤 2 测得的数据作 $A - \lambda$ 图,绘制溶液 a 和溶液 b 的吸收光谱曲线,求出最大吸收峰的波长 λ_a 和 λ_b。

3. 实验步骤 3 中得到四组 $A - c$ 关系图,从图上可求得单组分溶液 a 和溶液 b 在波长各为 λ_a 和 λ_b 时的四个吸光系数 $k_{\lambda a}^a$、$k_{\lambda b}^a$、$k_{\lambda a}^b$ 和 $k_{\lambda b}^b$。

4. 由实验步骤 4 所测得的混合溶液的总吸光度,根据(8)、(9)两式,求出各混合溶液中 $[MR^-]$、$[HMR]$ 值。

5. 根据测得的 pH,按(2)式求出各混合溶液中甲基红的电离平衡常数。

【思考题】

1. 测定的溶液中为什么要加入盐酸、醋酸钠和醋酸?

2. 在测定吸光度时,为什么每个波长都要用空白液校正零点?理论上应该用什么溶液作为空白溶液?本实验用的是什么溶液?

3. 本实验应怎样选择比色皿?

【讨论】

1. 分光光度法是建立在物质对辐射的选择性吸收的基础上,基于电子跃迁而产生的特征吸收光谱,因此在实际测定中,须将每一种单色光分别、依次通过某一溶液,作出吸收光谱曲线图,从图上找出对应于某波长的最大吸收峰,用该波长的入射光通过该溶液不仅有着最佳的灵敏度,而且在该波长附近测定的吸光度有最小的误差,这是因为在该波长的最大吸收峰附近 $dA/d\lambda = 0$,而在其他波长时 $dA/d\lambda$ 数据很大,波长稍有改变,会引入很大的误差。

2. 本实验是利用分光光度法来研究溶液中的化学反应平衡问题,较传统的化学法、电动势法研究化学平衡更为简便。它的应用不局限于可见光区,也可以扩大到紫外区和红外区,所以对于一系列没有颜色的物质也可以应用。此外,也可以在同一样品中对两种以上的物质同时进行测定,而不需要预先进行分离。故在化学中得到广泛的应用,不仅可测定解离常数、缔合常数、配合物组成及稳定常数,还可研究化学动力学中的反应速率和机理。

实验十四 溶液偏摩尔体积的测定

【目的与要求】

1. 掌握用比重瓶测定溶液密度的方法。
2. 测定指定组成的乙醇-水溶液中各组分的偏摩尔体积。
3. 理解偏摩尔量的物理意义。

【实验原理】

在多组分体系中,某组分 i 的偏摩尔体积定义为

$$V_{i,\mathrm{m}} = \left(\frac{\partial V}{\partial n_i} \right)_{T,p,n_j(i \neq j)} \tag{1}$$

若是二组分体系,则有

$$V_{1,m} = \left(\frac{\partial V}{\partial n_1}\right)_{T,p,n_2} \tag{2}$$

$$V_{2,m} = \left(\frac{\partial V}{\partial n_2}\right)_{T,p,n_1} \tag{3}$$

体系总体积:

$$V_{总} = n_1 V_{1,m} + n_2 V_{2,m} \tag{4}$$

将式(4)两边同除以溶液质量 W:

$$\frac{V}{W} = \frac{W_1}{M_1} \cdot \frac{V_{1,m}}{W} + \frac{W_2}{M_2} \cdot \frac{V_{2,m}}{W} \tag{5}$$

令

$$\frac{V}{W} = \alpha, \quad \frac{V_{1,m}}{M_1} = \alpha_1, \quad \frac{V_{2,m}}{M_2} = \alpha_2 \tag{6}$$

式中,α 是溶液的比容;α_1、α_2 分别为组分1、2的偏质量体积。将(6)式代入(5)式可得

$$\alpha = w_1\alpha_1 + w_2\alpha_2 = (1-w_2)\alpha_1 + w_2\alpha_2 \tag{7}$$

将式(7)对 w_2 微分:$\dfrac{\partial\alpha}{\partial w_2} = -\alpha_1 + \alpha_2$,即 $\quad \alpha_2 = \alpha_1 + \dfrac{\partial\alpha}{\partial w_2}$。 $\tag{8}$

将式(8)代回式(7),整理得

$$\alpha = \alpha_1 + w_2 \cdot \frac{\partial\alpha}{\partial w_2} \tag{9}$$

和 $$\alpha = \alpha_2 - w_1 \cdot \frac{\partial\alpha}{\partial w_2} \tag{10}$$

所以,实验求出不同浓度溶液的比容 α(即密度的倒数),作 α-w_2 关系图,得曲线 CC'(见图8-26)。如欲求 M 浓度溶液中各组分的偏摩尔体积,可在 M 点作切线,此切线在两边的截距 AB 和 $A'B'$ 即为 α_1 和 α_2,再由关系式(6)就可求出 $V_{1,m}$ 和 $V_{2,m}$。

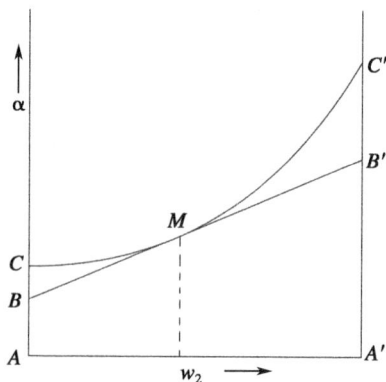

图8-26 比容-质量分数关系图

【仪器与试剂】

仪器:恒温槽(1台)、电子天平(1台)、比重瓶(5 mL或10 mL,1只)、磨口三角瓶(50 mL,4只)。

试剂:无水乙醇(A.R.)、蒸馏水。

【实验步骤】

1. 调节恒温槽温度为 (25.0 ± 0.1) ℃。

2. 配制溶液。以无水乙醇及蒸馏水为原液,在磨口三角瓶中用电子天平称重,配制含乙醇质量百分数为0%、20%、40%、60%、80%、100%的乙醇水溶液,每份溶液的总质量控

制在 15 g(10 mL 比重瓶可配制 25 g)左右。配好后盖紧塞子,以防挥发。

3. 比重瓶体积的标定。用电子天平精确称量洁净、干燥的比重瓶,然后盛满蒸馏水置于恒温槽中恒温 10 min。用滤纸迅速擦去毛细管膨胀出来的水。取出比重瓶,擦干外壁,迅速称重。平行测量两次。

4. 溶液比容的测定。按上法测定每份乙醇-水溶液的比容。

【注意事项】

1. 拿比重瓶时应手持其颈部。

2. 实验过程中毛细管里始终要充满液体,注意不得存留气泡。

【数据处理】

1. 根据 25 ℃时水的密度和称重结果,求出比重瓶的容积。

2. 计算所配溶液中乙醇的准确质量分数。

3. 计算实验条件下各溶液的比容。

4. 以比容为纵坐标、乙醇的质量分数为横坐标作曲线,并在 30%乙醇处作切线与两侧纵轴相交,即可求得 α_1 和 α_2。

5. 求算含乙醇 30%的溶液中各组分的偏摩尔体积及 100 g 该溶液的总体积。

【思考题】

1. 使用比重瓶应注意哪些问题?

2. 如何使用比重瓶测量粒状固体的密度?

3. 为提高溶液密度测量的精度,可作哪些改进?

【讨论】

密度(ρ)是物质的基本特性常数,其单位为 kg·m^{-3}。它可用于鉴定化合物纯度和区别组成相似而密度不同的化合物。常用的方法有以下几种:

(1) 比重计法。市售的成套比重计是在一定温度下标度的,根据液体相对密度的大小,选择一支比重计,在比重计所示的温度下插入待测液体中,从液面处的刻度可以直接读出该液体的相对密度。比重计测定液体的相对密度操作简单、方便,但不够精确。

(2) 落滴法。此法对于测定量很少的液体的密度特别有用,准确度比较高,可用来测定溶液中浓度微小的变化,在医院中可用于测定血液组成的改变,在同位素重水分析中是一个很有用的方法。它的缺点是液滴滴下来的介质难于选择,因此影响了它的应用范围。

(3) 比重天平法。比重天平有一个标准体积及质量一定的测重锤,浸没于液体之中获得浮力而使横梁失去平衡。然后在横梁的 V 形槽里置相应质量的砝码,使梁恢复平衡,从而能迅速测得液体的比重。

(4) 比重瓶法。取一洁净干燥的比重瓶,在分析天平上称重为 W_0,然后用已知密度为 ρ_1 的液体(一般为蒸馏水)充满比重瓶,盖上带有毛细管的磨口塞,置于恒温槽恒温 10 min 后,用滤纸吸去塞子上毛细管口溢出的液体,取出小瓶,擦干外臂,再称重得 W_1。

同样,按上述方法测定待测液体的质量 W_2,然后用下式计算待测液体的密度。

$$\rho = \frac{W_2 - W_0}{W_1 - W_0} \cdot \rho_1 \tag{11}$$

固体密度的测定也可用比重瓶法,方法是首先称出空比重瓶的质量为 W_0,再向瓶内注入已知密度的液体(该液体不能溶解待测固体,但能润湿待测固体),盖上瓶塞。置于恒温槽中恒温 10 min,用滤纸小心吸去比重瓶塞上毛细管口溢出的液体,取出比重瓶擦干,称出质量为 W_1。倒去液体,吹干比重瓶,将待测固体放入瓶内,恒温后称得质量为 W_2。然后向瓶内注入一定量上述已知密度的液体。将瓶放在真空干燥器内,用油泵抽气约3~5 min,使吸附在固体表面的空气全部被抽走,再往瓶中注入上述液体,并充满。将瓶放入恒温槽,然后称得质量为 W_3,则固体的密度可由式(12)计算:

$$\rho_s = \frac{W_2 - W_0}{(W_1 - W_0) - (W_3 - W_2)} \cdot \rho \tag{12}$$

实验十五　气相色谱法测定无限稀溶液的活度系数

【目的与要求】

1. 了解气相色谱法测定无限稀溶液活度系数的基本原理。
2. 用气相色谱法测定待测物质的无限稀溶液的活度系数,并求出其偏摩尔混合热。
3. 了解气相色谱仪的基本构造及原理,并初步掌握色谱仪的使用方法。

【实验原理】

气相色谱法的简单流程如图 8-27 所示。

气相色谱仪主要由分析单元、显示记录单元和数据处理系统组成。分析单元包括气路系统、进样系统、色谱炉、色谱柱、检测器。显示记录单元包括温度控制系统、信号放大系统和信号显示记录系统。数据处理系统包括计算机控制及数据处理系统。其中色谱柱、检测器是气相色谱仪的关键部分,而色谱法的核心是样品的分离和鉴定。

1—载气输入;2—载气针形阀;3—压力表;
4—进样器;5—色谱柱;6—检测器;7—放空阀。

图 8-27　气相色谱仪的简单流程

(1)流动相:即载气(H_2、N_2 等)。其作用是把样品输送到色谱柱和检测器。

(2)固定相:即色谱中所填充的吸附剂(如 Al_2O_3、SiO_2、分子筛、高分子微球等)或涂有一层高沸点有机物固定液(如甘油、液体石蜡、硅油等)的担体。它的作用是把混合物分离成单组分。

(3)进样器:即把样品送进色谱柱的设备(通常用微量注射器)。

(4)检测器:用以检出从色谱柱流出的组分,并以电信号显示出来(例如热导池鉴定器、氢火焰鉴定器、放射性离子化鉴定器等)。将电信号放大并由记录仪记录在纸或计算机上,成为多峰形的色谱图。在气-液色谱中，固定相是涂渍在固体载体上的液体，流动相是气体，将固定相填充在色谱柱中。当载气（H_2 或 N_2）将样品的气态组分带进色谱柱时，由于气体组分与固定液的相互作用，分离后的组分经过一定时间而流出色谱柱，进入检测器而产生电信号，经放大后由记录仪记录其色谱图，如图 8-28 所示。

图 8-28　典型色谱图

设样品的保留时间为 t_r（从进样到样品峰顶的时间），死时间为 t_d（惰性气体从进样到空气峰顶的时间），则样品的校正保留时间为：

$$t_r' = t_r - t_d \tag{1}$$

样品的校正保留体积：

$$V_r^i = t_r^i \bar{F}_c \tag{2}$$

式中，$\bar{F}_c$ 为校正到柱温、柱压下的载气平均流速。

样品校正保留体积 V_r^i 与液相体积 V_1 的关系是：

$$V_1 c_i^1 = V_r^i c_i^g \tag{3}$$

式中，c_i^1 为样品 i 在液相中的浓度；c_i^g 为样品在气相中的浓度。

设气相符合理想气体，则：

$$c_i^g = \frac{p_i}{RT_c} \tag{4}$$

而且，

$$c_i^1 = \frac{\rho\, x_i}{M} \tag{5}$$

式中，p_i 为样品 i 的分压；ρ 为纯液体的密度，M 为纯液体的相对分子质量；x_i 为样品 i 的摩尔分数；T_c 为柱温。

当气液两相达到平衡时，有：

$$p_i = p_s \gamma_i x_i \tag{6}$$

式中，p_s 为样品 i 的蒸气压，γ_i 为样品 i 的活度系数。将(4)(5)(6)式代入(3)式得：

$$V_r^i = \frac{V_i \rho RT_c}{M p_s \gamma_i} = \frac{WRT_c}{M p_s \gamma_i} \tag{7}$$

由(7)式得：

$$\gamma_i = \frac{WRT_c}{M p_s V_r'} = \frac{WRT_c}{M p_s t_r' F_c} \tag{8}$$

式中，$\bar{F}_c$ 为校正流量，计算方法如下：

$$F_c = \frac{3}{2} \left[\frac{(p_b \div p_0)^2 - 1}{(p_b \div p_0)^3 - 1} \right] \left(\frac{p_0 - p_w}{p_0} \cdot \frac{T_c}{T_a} \cdot F_c \right) \tag{9}$$

由(8)、(9)两式可知,为了求得 γ_i ,需测定下列参数:载气柱后流速(F_c),校正保留时间($t_r{'}$),柱后压力(p_0,通常是大气压),室温时水的饱和蒸气压(p_w),柱前压力(p_b),柱温(T_c),环境温度(T_a,通常为室温),样品 i 在柱温下的饱和蒸气压(p_s),固定液的准确质量(W),固定液的相对分子质量(M)。

这样,只要把一定质量的溶剂作为固定液涂渍在载体上,装入色谱柱中,用被测物质作为气相进样,测得上述参数,即可按(8)式计算溶质 i 在溶剂中的活度系数 γ_i 。因加入溶质的量很少,与固定液(液相为邻苯二甲酸二壬酯)构成了无限稀溶液,所以测得的 γ_i 为无限稀溶液的活度系数。

固定液在实验中应防止流失,否则必须在实验后进行校正,或采用在柱前装预饱和柱等措施。

比保留体积 $V_\text{比}$ 是 273.15 K 时每克固定液的校正保留体积,与 V_r^i 的关系为:

$$V_\text{比} = \frac{273.15 V_r^i}{T_c W} \tag{10}$$

将(7)式代入(10)式中,得:

$$V_\text{比} = \frac{273.15 R}{M p_s \gamma_i} \tag{11}$$

对上式取对数,得:

$$\ln V_\text{比} = \ln \frac{273.15 R}{M} - \ln p_s - \ln \gamma_i \tag{12}$$

上式对 $1/T$ 微分,得:

$$\frac{\mathrm{dln} V_\text{比}}{\mathrm{d}\left(\frac{1}{T}\right)} = -\frac{\mathrm{dln} p_s}{\mathrm{d}\left(\frac{1}{T}\right)} - \frac{\mathrm{dln} \gamma_i}{\mathrm{d}\left(\frac{1}{T}\right)}$$

由 Clausius-Clapeyron 方程式可写成:

$$\frac{\mathrm{dln} V_\text{比}}{\mathrm{d}\left(\frac{1}{T}\right)} = \frac{\Delta H_V}{R} - \frac{\Delta H_\text{mix}}{R} \tag{13}$$

式中,ΔH_V 为样品的汽化热;ΔH_mix 为偏摩尔混合热,如为理想溶液,则 $\gamma_i = 1$,这时 ΔH_mix 恒定。以 $\ln V_\text{比}$ 对 $\frac{1}{T}$ 作图,由直线斜率可得摩尔汽化热 ΔH_V 。如果是非理想溶液,且 ΔH_V 、ΔH_mix 随温度变化不大,这时以 $\ln V_\text{比}$ 对 $\frac{1}{T}$ 作图,由直线斜率可得($\Delta H_V - \Delta H_\text{mix}$),即为气态溶质在溶剂中的偏摩尔溶解热。

【仪器与试剂】

仪器:气相色谱仪(1套)、秒表(1只)、微量注射器(10 μL,3只)、皂膜流量计(1只)、精密压力表(1只)、氮气钢瓶(1只)、

试剂:乙醚(A.R.)、苯(A.R.)、丙酮(A.R.)、邻苯二甲酸二壬酯(G.R.)、氯仿(A.R.)、101 白色担体(80~100 目)、环己烷(A.R.)、乙酸乙酯(A.R.)。

【实验步骤】

1. 色谱柱的制备

准确称取一定量的邻苯二甲酸二壬酯固定液于蒸发皿中,加适量的丙酮以稀释溶解固定液,按固定液与担体比为 20:100 来称取 101 白色担体,倒入蒸发皿中浸泡,在红外灯下慢慢加热,使溶剂挥发。在整个过程中切忌温度过高,以免固定液损失。

将涂好固定液的担体小心装入已洗净干燥的色谱柱中。柱的一端塞以少量玻璃棉,接上真空泵,用小漏斗由柱的另一端加入担体,同时不断振动柱管,填满后同样塞以少量玻璃棉,准确记录装入色谱柱内固定液的质量。柱制备好后,在 110 ℃通载气老化 4~8 h。在老化过程中,请勿将色谱柱与检测器相连,以免污染检测器。

2. 检漏

开启气源钢瓶,调节两气路流速相同(约为 15~20 mL·min^{-1}),然后堵死柱的气体出口处,用肥皂水检查各接头处,直到不漏气为止。

3. 仪器操作

(1) 打开载气钢瓶,调节载气针形阀使两气路流速相同(约为 15~20 mL·min^{-1}),并保持稳定。

(2) 设定进样口温度为 100 ℃,柱温为 90 ℃,检测室温度一般同柱温,热导池电流为 125 mA,衰减为 1。然后打开主机电源开关(必须确认气体通过热导池后才可开机,防止烧坏热导池元件)。

(3) 机器稳定 1 h 后,调节零调开关使输出电平为零,打开积分仪电源开关,调节走纸速度为 5 mm·min^{-1},按下记录键,观察基线是否漂移,待基线稳定后,方可进样测定。

4. 样品测定

在准备进样时应正确记录室温、室压、层析室温度、检测室温度、柱前压力(表压加室压)、柱后载气流速及走纸速度。然后用微量注射器取试样 1 μL 左右,再吸入空气 5 μL 左右,一次注入汽化室。每个样品重复三次,取其平均值。

5. 重复上述操作,测定其他样品。

6. 改变柱温,每次升高 5 ℃,重复上面的操作,共做 4~5 个温度值。

7. 实验完毕,先关闭电源,待检测室和层析室接近室温时再关闭气源。

【数据处理】

1. 实验数据见表 8-16。

室温:＿＿＿℃,固定液:＿＿＿g,固定液相对分子质量:＿＿＿＿＿。

表 8-16　实验数据记录表

样品	p_b/Pa	p_0/Pa	p_w/Pa	T_c/K	F_c/(mL·s^{-1})	t_r'/s
1						
2						
3						

2. 计算各柱温下各试样在邻苯二甲酸二壬酯中的 $V_{比}$ 和 γ_i。

3. 以 $\ln V_{比}$ 对 $\dfrac{1}{T}$ 作图，求各试样的 ΔH_{mix} 值。

【注意事项】

1. 在进行色谱实验时，必须按照实验规程操作。实验开始前，首先通入载气，后开启电源开关。实验结束时，先关闭电源，待层析室和检测室温度降至室温时，再关闭载气，以防烧坏热导池元件。

2. 微量注射器使用要谨慎，切忌把针芯拉出筒外。取样时，用待测液洗涤三次，取样后，用滤纸吸去针头外的余样，使用完毕用丙酮洗涤干净。注入样品时，动作要迅速。

3. 用氢气作载气时，色谱柱后排出的尾气必须用导气管排出室外，并保持室内通风良好。

【思考题】

1. 为什么本实验所测得的是组分 B 在无限稀液体混合物中的活度系数？

2. 色谱法测定无限稀溶液的活度系数，是否对一切溶液都适用？

实验十六　蔗糖的转化（一级反应）

【目的要求】

1. 了解蔗糖转化反应体系中各物质浓度与旋光度之间的关系。
2. 测定蔗糖转化反应的级数、反应速率常数和半衰期。
3. 了解旋光仪的基本原理，并掌握其正确的操作技术。

【实验原理】

蔗糖转化（水解）反应如下：

$$C_{12}H_{22}O_{11} + H_2O \xrightarrow{H^+} C_6H_{12}O_6 + C_6H_{12}O_6$$
$$\text{蔗糖} \qquad\qquad\qquad \text{葡萄糖} \qquad \text{果糖}$$

蔗糖水解本身是一个二级反应，但在纯水中反应速度极慢，通常需在 H^+ 的催化作用下进行。由于反应时水是大量存在的，虽有部分水分子参加反应，但可近似认为整个反应过程的水的浓度不变，因为 H^+ 是催化剂，其浓度也保持不变，所以可把蔗糖的转化（水解）反应视为一级反应。一级反应的速度方程可表示为：

$$-\frac{dc_{A,0}}{dt} = kc$$

积分后：

$$\ln c = -kt + \ln c_{A,0}$$

$c_{A,0}$ 为反应物的初始浓度，当 $c = 1/2c_{A,0}$ 时，时间 t 可用 $t_{1/2}$ 表示，即为半衰期：

$$t_{1/2} = \frac{\ln 2}{k} = \frac{0.693}{k}$$

由于蔗糖及其转化产物都含有不对称的碳原子,它们都具有旋光性,但它们的旋光能力不同,所以可用体系在反应过程中旋光度的变化来衡量反应的进程。

测量物质的旋光度所用的仪器是旋光仪,溶液的旋光度与溶液中所含旋光物质的种类、浓度、溶剂的性质、旋光管的长度、光源波长及反应温度等均有关系。当其他条件固定时,旋光度 α 与反应物浓度 c 是线性关系。

即:
$$\alpha = K \cdot c$$

式中,K 为比例常数,它与物质的旋光能力、溶剂的性质、旋光管的长度、反应温度等有关。

物质的旋光能力用比旋光度来衡量。比旋光度就是当旋光物质溶液浓度 c 为 $1\ kg \cdot L^{-1}$、液层厚度为 $0.1\ m$ 时溶液的旋光度。又因为光波的波长对旋光度有影响,故规定以 $20\ ℃$ 的钠光(波长为 $2.896 \times 10^{-9}\ m$,记为"D")为标准,记作 $[\alpha]_D^{20}$。本实验中反应物蔗糖是右旋性物质,其比旋光度为 $66.6°$;生成物葡萄糖也是右旋性物质,其比旋光度为 $52.5°$;生成物果糖是左旋性物质,其比旋光度为 $-91.9°$。由于果糖的左旋比葡萄糖的右旋大,所以生成物呈现左旋性(负值)。随着反应的进行,体系右旋角不断减小,反应到某一时刻,体系的旋光度变为 0,而后变为左旋,直到蔗糖完全转化,这时旋角达到最大值 α_∞。

$$\ln(\alpha_t - \alpha_\infty) = -kt + \ln(\alpha_0 - \alpha_\infty)$$

从上式可知,若以 $\ln(\alpha_t - \alpha_\infty)$ 对 t 作图可得一直线,从其斜率就可求得反应速率常数 k。

【仪器与试剂】

仪器:WXG-4 型旋光仪 1 套、锥形瓶(100 mL)1 只、烧杯(500 mL)1 只、移液管(25 mL)1 支、吸水纸、镜头纸等。

试剂:蔗糖溶液(20 g 蔗糖配成 100 mL 水溶液)、盐酸溶液($4\ mol \cdot L^{-1}$)。

【实验步骤】

1. 校正旋光仪零点

了解和熟悉 WXG-4 型旋光仪的构造、原理和使用方法,预习旋光仪的使用,掌握仪器的读数方法。

(1)打开开关让仪器预热,准备光源,等到钠光灯呈现亮黄色光则表示光源已准备好。

(2)洗净旋光管(选用 200 mm 的一支),把管子的一端盖子拧紧。在管内加入蒸馏水,使之形成凸液面,然后盖上圆形小玻璃片,再旋上套盖,使玻璃片紧贴旋光管,切勿漏水,但也要防止用力过大压碎玻璃片,尽量保证管内无气泡。若有小气泡,可将其赶至旋光管的膨胀部位,而不影响光源通过。擦干旋光管及两端玻片,放入旋光仪内,关上外罩,调节目镜聚焦,使视野清晰。然后,旋转检偏镜至观察到明显三分视野暗度相等为止,从旋光仪刻度盘上读出旋光角(使用游标读数方法读到小数第二位)。反复调整,重复测量 5 次,取平均值,此值即为仪器零点,可用来校正系统误差。

2. 蔗糖旋光度的测定(此步骤可以不做)

取出旋光管,倒掉蒸馏水,装入 10% 蔗糖溶液,测定室温下蔗糖溶液的旋光度,反复测 5

次,取平均值,记录数据,用仪器零点校正后用于求蔗糖的旋光度。

3. 蔗糖转化过程的旋光度测定

用专用移液管吸取 25 mL 蔗糖溶液于干燥的锥形瓶中,再吸取 25 mL 盐酸,缓慢加入蔗糖溶液中,使之混合均匀。注意盐酸溶液由移液管内流出一半时,开始计时,迅速用少量反应液荡洗旋光管两次,再加入反应液,旋光管盖妥擦干后放入旋光仪内,当时间到 5 min 时读第一个旋光度数值。以后每隔 5 min 测一次数值,测定时一定注意三分视野的暗度要相等,再读取旋光度,连续读取 45 min 左右旋光度的变化值。

4. α_∞ 的测定

一般是反应完毕后,把旋光管内的溶液与在锥形瓶内剩余的反应混合液合并,放置 48 h 后读取(用 220 mm 的旋光管 $\alpha_\infty = -4.33$;用 200 mm 的旋光管 $\alpha_\infty = -4.10$)。为了缩短时间,可将剩余的反应液放入 60 ℃ 的恒温水浴中,加热 30 min 后取出,放入恒温槽内几分钟,再装入旋光管测定 α_∞。

【注意事项】

1. 实验结束时,由于旋光管内酸度较大,故一定要冲洗干净才能收回。
2. 拿取、冲洗旋光管时,注意不要把管内的玻璃片弄掉。

【数据记录及处理】

旋光度测定数据见表 8-17。

室温: _____ ℃;大气压: _____ kPa;α_∞: _____ 。

表 8-17　旋光度测定数据

t/min									
α_t									
$\alpha_t - \alpha_\infty$									
$\ln(\alpha_t - \alpha_\infty)$									

以 $\ln(\alpha_t - \alpha_\infty)$ 对 t 作图,由直线斜率求出反应速度常数 k,并计算反应的 $t_{1/2}$,从曲线形状来检验蔗糖转化的反应级数。

【思考题】

1. 蔗糖的转化速度和哪些因素有关?
2. 蔗糖水解速率常数 k 和哪些因素有关?
3. 试述可用哪些方法减少本实验的误差。
4. 在实验中,用蒸馏水校正旋光仪的零点,在数据处理时,蔗糖转化反应过程中所测的旋光度 α_t 是否需要零点校正? 为什么?
5. 把蔗糖溶液与盐酸溶液混合时,应怎样进行? 为什么?

实验十七　离子迁移数的测定

当电流通过电解质溶液时,溶液中的正负离子各自向阴、阳两极迁移,由于各种离子的迁移速度不同,各自所带过去的电量也必然不同。每种离子所带过去的电量与通过溶液的总电量之比,称为该离子在此溶液中的迁移数。若正负离子传递电量分别为 q_+ 和 q_-,通过溶液的总电量为 Q,则正负离子的迁移数分别为:

$$t_+ = q_+/Q \qquad t_- = q_-/Q$$

离子迁移数与浓度、温度、溶剂的性质有关,增加某种离子的浓度则该离子传递电量的百分数增加,离子迁移数也相应增加;温度改变,离子迁移数也会发生变化,但温度升高,正负离子的迁移数差别较小;同一种离子在不同电解质中迁移数是不同的。

离子迁移数可以直接测定,方法有希托夫法、界面移动法和电动势法等。

(一) 希托夫法测定离子迁移数

【目的与要求】

1. 掌握希托夫法测定离子迁移数的原理及方法。
2. 明确迁移数的概念。
3. 了解电量计的使用原理及方法。

【实验原理】

希托夫法测定离子迁移数的示意图如图 8-29 所示。将已知浓度的硫酸溶液装入迁移管中,若有 Q 库仑电量通过体系,在阴极和阳极上分别发生如下反应:

阳极: $\quad 2OH^- \longrightarrow H_2O + \frac{1}{2}O_2 + 2e^-$

阴极: $\quad 2H^+ + 2e^- \longrightarrow H_2$

此时溶液中 H^+ 向阴极方向迁移,SO_4^{2-} 向阳极方向迁移。电极反应与离子迁移引起的总结果是阴极区的 H_2SO_4 浓度减少,阳极区的 H_2SO_4 浓度增加,且增加与减小的浓度数值相等。由于流过小室中每一截面的电量都相同,因此离开与进入假想中间区的 H^+ 数目相同,SO_4^{2-} 数目也相同,所以中间区的浓度在通电过程中保持不变。由此可得计算离子迁移数的公式如下:

$$t_{SO_4^{2-}} = \frac{\text{阴极区}\left(\frac{1}{2}H_2SO_4\right)\text{减少的量(mol)} \times F}{Q} = \frac{\text{阳极区}\left(\frac{1}{2}H_2SO_4\right)\text{增加的量(mol)} \times F}{Q} \quad (1)$$

$$t_{H^+} = 1 - t_{SO_4^{2-}}$$

式中,F 为法拉第常数;Q 为总电量。

图 8-29 所示的三个区域是假想分割的,实际装置必须以某种方式给予满足。图 8-30 的实验装置提供了这一可能,它使电极远离中间区,中间区的连接处又很细,能有效地阻止扩散,保证了中间区浓度不变。

式(1)中阴极液通电前后 $\frac{1}{2}H_2SO_4$ 减少的量 n 可通过下式计算:

图 8-29 希托夫法示意图

$$n = \frac{(c_0 - c)V}{1\,000} \tag{2}$$

式中，c_0 为 $\frac{1}{2}H_2SO_4$ 原始浓度；c 为通电后 $\frac{1}{2}H_2SO_4$ 浓度；V 为阴极液体积（cm^3），由 $V = W/\rho$ 求算，其中 W 为阴极液的质量，ρ 为阴极液的密度（20 ℃时 0.1 mol·L^{-1} H_2SO_4 的密度 $\rho = 1.002$ g·cm^{-3}）。

通过溶液的总电量可用气体电量计测定，如图 8-31 所示，其准确度可达 ±0.1%，它的原理实际上就是电解水（为减小电阻，水中加入几滴浓 H_2SO_4）。

图 8-30　希托夫法装置图

图 8-31　气体电量计装置图

阳极：$2OH^- \longrightarrow H_2O + \frac{1}{2}O_2 + 2e^-$

阴极：$2H^+ \longrightarrow H_2 - 2e^-$

根据法拉第定律及理想气体状态方程，并由 H_2 和 O_2 的体积得到求算总电量（库仑）公式如下：

$$Q = \frac{4(p - p_w)VF}{3RT} \tag{3}$$

式中，p 为实验时大气压；p_w 为温度为 T 时水的饱和蒸气压；V 为 H_2 和 O_2 混合气体的体积；F 为法拉第常数。

【仪器与试剂】

仪器：迁移管（1 套）、铂电极（2 支）、精密稳流电源（1 台）、气体电量计（1 套）、分析天平（1 台）、碱式滴定管（25 mL，3 支）、三角瓶（100 mL，3 只）、移液管（10 mL，3 支）、烧杯（50 mL，3 只）、容量瓶（250 mL，1 只）。

试剂：H_2SO_4（C.P.）、NaOH（0.100 0 mol·L^{-1}）。

【实验步骤】

1. 配制 $c\left(\frac{1}{2}H_2SO_4\right)$ 为 0.1 mol·L^{-1} 的 H_2SO_4 溶液 250 mL，并用标准 NaOH 溶液标

定其浓度,然后用该 H_2SO_4 溶液冲洗迁移管后装满迁移管。

2. 打开气体电量计活塞,移动水准管,使量气管内液面升到起始刻度,关闭活塞,比平后记下液面起始刻度。

3. 按图接好线路,将稳流电源的"调压旋钮"旋至最小处。经教师检查后,接通开关 K,打开电源开关,旋转"调压旋钮"使电流强度为 $10\sim15$ mA,通电约 1.5 h 后,立即夹紧两个连接处的夹子,并关闭电源。

4. 将阴极液(或阳极液)放入一个已称重的洁净干燥的烧杯中,并用少量原始 H_2SO_4 液冲洗阴极管(或阳极管),一并放入烧杯中,然后称重。中间液放入另一洁净干燥的烧杯中。

5. 取 10 mL 阴极液(或阳极液)放入三角瓶内,用标准 NaOH 溶液标定。再取 10 mL 中间液进行标定,检查中间液浓度是否变化。

6. 轻弹气量管,待气体电量计气泡全部逸出后,比平以后记录液面刻度。

【注意事项】

1. 电量计使用前应检查是否漏气。
2. 通电过程中,迁移管应避免振动。
3. 中间管与阴极管、阳极管连接处不留气泡。
4. 阴极管、阳极管上端的塞子不能塞紧。

【数据处理】

1. 将所测数据列于表 8-18。

室温_____;大气压_____;饱和水蒸气压_____;
气体电量计产生气体体积V_____;标准 NaOH 溶液浓度_____。

表 8-18 实验所测数据

溶液	质量/g	(烧杯+溶液)重/ g	溶液重/g	V_{NaOH}/mL	$c\left(\dfrac{1}{2}H_2SO_4\right)$/(mol·$L^{-1}$)

2. 计算通过溶液的总电量 Q。

3. 计算阴极液通电前后 $\dfrac{1}{2}H_2SO_4$ 减少的量 n。

4. 计算离子的迁移数 t_{H^+} 及 $t_{SO_4^{2-}}$。

【思考题】

1. 如何保证电量计中测得的气体体积是在实验大气压下的体积?
2. 中间区浓度改变说明什么? 如何防止?
3. 为什么不用蒸馏水而用原始溶液冲洗电极?

【讨论】

希托夫法测得的迁移数又称为表观迁移数,计算过程中假定水是不动的。由于离子的水化作用,离子迁移时实际上是附着水分子的,所以由于阴、阳离子水化程度不同,在迁移过程中会引起浓度的改变。若考虑水的迁移对浓度的影响,则算出阳离子或阴离子的迁移数,称为真实迁移数。

(二) 界面移动法测定离子迁移数

【实验原理】

利用界面移动法测迁移数的实验可分为两类:一类是使用两种指示离子,造成两个界面;另一类是只用一种指示离子,有一个界面。其原理如下:

实验在图 8-32 所示的迁移管中进行。设 M^{z+} 为欲测的阳离子,M'^{z+} 为指示阳离子。为了保持界面清晰,防止由于重力而产生搅动作用,应将密度大的溶液放在下面。当有电流通过溶液时,阳离子向阴极迁移,原来的界面 aa' 逐渐上移,经过一定时间 t 到达 bb'。设 aa' 和 bb' 间的体积为 V,$t_{M^{z+}}$ 为 M^{z+} 的迁移数。据定义有:

$$t_{M^{z+}} = \frac{VFc}{Q} \quad (4)$$

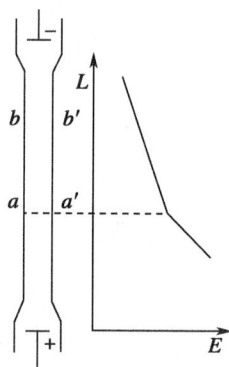

图 8-32 迁移管中的电位梯度

式中,F 为法拉第常数;c 为 $\left(\frac{1}{Z}M^{z+}\right)$ 的浓度;Q 为通过溶液的总电量;V 为界面移动的体积,可用称量充满 aa' 和 bb' 间的水的质量校正。

本实验用 Cd^{2+} 作为指示离子,测定 $0.1\ mol \cdot dm^{-3}$ HCl 中 H^+ 的迁移数。因为 Cd^{2+} 淌度(U)较小,即 $U_{Cd^{2+}} < U_{H^+}$。在图 8-33 的实验装置中,通电时,H^+ 向上迁移,Cl^- 向下迁移,在阳极上 Cd 被氧化,进入溶液生成 $CdCl_2$,逐渐顶替 HCl 溶液,在管中形成界面。由于溶液要保持电中性,且任一截面都不会中断传递电流,H^+ 迁移走后的区域,Cd^{2+} 紧紧地跟上,离子的移动速度(v)是相等的,$v_{Cd^{2+}} = v_{H^+}$,由此可得:

图 8-33 界面移动法测离子迁移数装置示意图

$$U_{Cd^{2+}} \frac{dE'}{dL} = U_{H^+} \frac{dE}{dL}$$

$$\frac{dE'}{dL} > \frac{dE}{dL}$$

即在 $CdCl_2$ 溶液中电位梯度是较大的。因此若 H^+ 因扩散作用落入 $CdCl_2$ 溶液层,它就不仅比 Cd^{2+} 迁移得快,而且比界面上的 H^+ 也要快,能赶回到 HCl 层。同样若任何 Cd^{2+} 进入低电位梯度的 HCl 溶液,它就要减速,一直到它们重又落后于 H^+ 为止,这样界面在通电过程中保持清晰。

【仪器与试剂】

仪器:精密稳流电源(1 台)、滑动变阻器(1 只)、毫安表(1 只)、烧杯(25 mL,1 只)。

基础化学实验(下册)

试剂：HCl(0.100 0 mol·L^{-1})、甲基橙(或甲基紫)指示剂。

【实验步骤】

1. 在小烧杯中倒入约 10 mL 0.1 mol·L^{-1} HCl,加入少许甲基紫,使溶液呈深蓝色。用少许该溶液洗涤迁移管后,将溶液装满迁移管,并插入 Pt 电极。

2. 按图 8-33 接好线路,按通开关 K 与电源相通,调节滑动变阻器 R,保持电流在 5～7 mA 之间。

3. 当迁移管内蓝紫色界面达到起始刻度时,立即开动秒表,此时要随时调节滑动变阻器 R,使电流 I 保持定值。当蓝紫色界面迁移 1 mL 后,再按秒表,并关闭电源开关。

【注意事项】

1. 通过后由于 CdCl$_2$ 层的形成电阻加大,电流会渐渐变小,因此应不断调节电流使其保持不变。

2. 通电过程中,迁移管应避免振动。

【数据处理】

计算 t_{H^+} 和 t_{Cl^-}。讨论与解释观察到的实验现象,将结果与文献值加以比较。

【思考题】

1. 本实验的关键是什么? 应注意什么?

2. 测量某一电解质离子迁移数时,指示离子应如何选择? 指示剂应如何选择?

【讨论】

离子迁移数的测定方法除以上介绍的希托夫法和界面移动法外,还有电动势法。

电动势法是通过测量具有或不具有溶液接界的浓差电池的电动势来进行的。例如测定硝酸银溶液的 t_{Ag^+} 和 $t_{NO_3^-}$ 可安排如下电池:

(1) 有溶液接界的浓差电池   Ag | AgNO$_3$(m_1) | AgNO$_3$(m_2) | Ag

总的电池反应: $t_{NO_3^-}$ AgNO$_3$(m_2) → $t_{NO_3^-}$ AgNO$_3$(m_1)

测得电动势 $E_1 = 2 t_{NO_3^-} \dfrac{RT}{F} \ln \dfrac{\gamma_{\pm 2} m_2}{\gamma_{\pm 1} m_1}$

(2) 无溶液接界的浓差电池   Ag | AgNO$_3$(m_1) ‖ AgNO$_3$(m_2) | Ag

总的电池反应: $Ag^+(m_2) → Ag^+(m_1)$

测得电动势 $E_2 = \dfrac{RT}{F} \ln \dfrac{(a_{Ag^+})_2}{(a_{Ag^+})_1}$

假定溶液中价数相同的离子具有相同的活度系数,则可得:

$$a_{\pm 1} = (a_{Ag^+})_1 = (a_{NO_3^-})_1 = \gamma_{\pm 1} m_1$$

$$a_{\pm 2} = (a_{Ag^+})_2 = (a_{NO_3^-})_2 = \gamma_{\pm 2} m_2$$

$$\frac{E_1}{E_2}=\frac{2t_{NO_3^-}\dfrac{RT}{F}\ln\dfrac{\gamma_{\pm2}m_2}{\gamma_{\pm1}m_1}}{\dfrac{RT}{F}\ln\dfrac{(a_{Ag^+})_2}{(a_{Ag^+})_1}}$$

因此，$$t_{NO_3^-}=\frac{1}{2}\cdot\frac{E_1}{E_2},\quad t_{Ag^+}=1-t_{NO_3^-}$$

实验十八　极化曲线的测定

【目的与要求】

1. 掌握准稳态恒电位法测定金属极化曲线的基本原理和测试方法。
2. 了解极化曲线的意义和应用。
3. 掌握恒电位仪的使用方法。

【实验原理】

1. 极化现象与极化曲线

为了探索电极过程机理及影响电极过程的各种因素,必须对电极过程进行研究,其中极化曲线的测定是重要方法之一。我们知道在研究可逆电池的电动势和电池反应时,电极上几乎没有电流通过,每个电极反应都是在接近于平衡状态下进行的,因此电极反应是可逆的。但当有电流明显地通过电池时,电极的平衡状态被破坏,电极电势偏离平衡值,电极反应处于不可逆状态,并且随着电极上电流密度的增加,电极反应的不可逆程度也随之增大。由于电流通过电极而导致电极电势偏离平衡值的现象称为电极的极化,描述电流密度与电极电势之间关系的曲线称作极化曲线,如图 8-34 所示。

金属的阳极过程是指金属作为阳极时在一定的外电势下发生的阳极溶解过程,如下式所示:

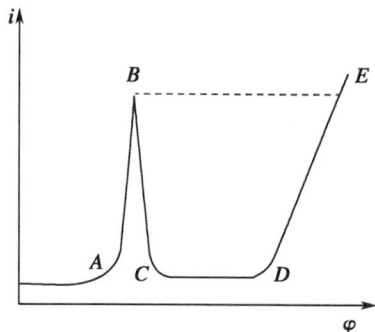

$A{\rightarrow}B$—活性溶解区；B—临界钝化点；
$B{\rightarrow}C$—过渡钝化区；$C{\rightarrow}D$—稳定钝化区；
$D{\rightarrow}E$—超(过)钝化区。

图 8-34　极化曲线

$$M\longrightarrow M^{n+}+ne^-$$

此过程只有在电极电势正于其热力学平衡电势时才能发生。阳极的溶解速度随电位变正而逐渐增大,这是正常的阳极溶出。但当阳极电势正到某一数值时,其溶解速度达到最大值,此后阳极溶解速度随电势变正反而大幅度降低,这种现象称为金属的钝化现象。图 8-34 中曲线表明,从 A 点开始,随着电位向正方向移动,电流密度也随之增加,电势超过 B 点后,电流密度随电势增加迅速减至最小,这是因为在金属表面产生了一层电阻高、耐腐蚀的钝化膜。B 点对应的电势称为临界钝化电势,对应的电流称为临界钝化电流。电势到达 C 点以后,随着电势的继续增加,电流却保持在一个基本不变的很小的数值上,该电流称为维钝电流,直到电势升到 D 点,电流才又随着电势的上升而增大,表示阳极又发生了氧化过程,可能是产生了高价金属离子,也可能是水分子放电析出氧气,DE 段称为过钝化区。

2. 极化曲线的测定

(1) 恒电位法

恒电位法就是将研究电极的电极电势依次恒定在不同的数值上,然后测量对应于各电位下的电流。极化曲线的测量应尽可能接近体系的稳态。稳态体系指被研究体系的极化电流、电极电势、电极表面状态等基本上不随时间而改变。在实际测量中,常用的控制电位测量方法有以下两种:

① 阶跃法。将电极电势恒定在某一数值,测定相应的稳定电流值,如此逐点地测量一系列各个电极电势下的稳定电流值,以获得完整的极化曲线。对某些体系,达到稳态可能需要很长时间。为节省时间,提高测量重现性,人们往往自行规定每次电势恒定的时间。

② 慢扫描法。控制电极电势以较慢的速度连续地改变(扫描),并测量对应电势下的瞬时电流值,以瞬时电流与对应的电极电势作图,获得整个的极化曲线。一般来说,电极表面建立稳态的速度愈慢,则电位扫描速度也应愈慢。因此对不同的电极体系,扫描速度也不相同。为测得稳态极化曲线,人们通常依次减小扫描速度测定若干条极化曲线,当测至极化曲线不再明显变化时,可确定此扫描速度下测得的极化曲线即为稳态极化曲线。同样,为节省时间,对于那些只是为了比较不同因素对电极过程影响的极化曲线,则选取适当的扫描速度绘制准稳态极化曲线就可以了。

上述两种方法都已经获得了广泛应用,尤其是慢扫描法,由于可以自动测绘,扫描速度可控,因而测量结果重现性好,特别适用于对比实验。

(2) 恒电流法

恒电流法就是控制研究电极上的电流密度依次恒定在不同的数值下,同时测定相应的稳定电极电势值。采用恒电流法测定极化曲线时,由于种种原因,给定电流后,电极电势往往不能立即达到稳态,不同的体系,电势趋于稳态所需要的时间也不相同。因此在实际测量时一般电势接近稳定(如 $1\sim3$ min 内无大的变化)即可读值,或人为自行规定每次电流恒定的时间。

【仪器与试剂】

仪器:电化学综合测试系统(1 套)或恒电位仪(1 台)、数字电压表(1 只)、毫安表(1 只)、电磁搅拌器(1 台)、饱和甘汞电极(1 支)、碳钢电极(2 支,研究电极、辅助电极各1 支)、三室电解槽(1 只,见图 8-35)、氮气钢瓶(1 只)。

试剂:$(NH_4)_2CO_3$(2 mol·L^{-1})、H_2SO_4(0.5 mol·L^{-1})、H_2SO_4(0.5 mol·L^{-1})+ KCl(5.0×10^{-3} mol·L^{-1})、H_2SO_4(0.5 mol·L^{-1})+KCl(0.1 mol·L^{-1})。

【实验步骤】

方法一　碳钢在碳酸铵溶液中的极化曲线

鲁金毛细管

1—研究电极;2—参比电极;3—辅助电极。

图 8-35　三室电解槽

（1）碳钢预处理。用金相砂纸将碳钢研究电极打磨至镜面光亮，在丙酮中除油后，留出 1 cm² 面积，用石蜡涂封其余部分。以另一碳钢电极为阳极，处理后的碳钢电极为阴极，在 0.5 mol · L^{-1} H$_2$SO$_4$ 溶液中控制电流密度为 5 mA · cm^{-2}，电解 10 min，去除电极上的氧化膜，然后用蒸馏水洗净备用。

（2）电解线路连接。将 2 mol · L^{-1} (NH$_4$)$_2$CO$_3$ 溶液倒入电解池中，按照图 8-35 中所示安装好电极并与相应恒电位仪上的接线柱相接，将电流表串联在电流回路中。通电前在溶液中通入 N$_2$ 5～10 min，以除去电解液中的氧。为保证除氧效果可打开电磁搅拌器。

（3）恒电位法测定阳极和阴极极化曲线。

阶跃法：开启恒电位仪，先测"参比"对"研究"的自腐电位（电压表示数在 0.8 V 以上方为合格，否则需要重新处理研究电极），然后调节恒电位仪从 ＋1.2 V 开始，每次改变 0.02 V，逐点调节电位值，同时记录其相应的电流值，直到电位达到 −1.0 V 为止。

（4）恒电流法测定阳极极化曲线。

采用阶跃法，恒定电流值从 0 mA 开始，每次变化 0.5 mA，并测量相应的电极电势值，直到所测电极电势突变后，再测定数个点为止。

方法二　镍在硫酸溶液中的钝化曲线

（1）镍电极预处理。用金相砂纸将镍棒电极端面打磨至镜面光亮，在丙酮中除油后，在 0.5 mol · L^{-1} H$_2$SO$_4$ 溶液中浸泡片刻，然后用蒸馏水洗净备用。

（2）电解线路连接。将 0.5 mol · L^{-1} H$_2$SO$_4$ 溶液倒入电解池中，安装好电极并与相应恒电位仪上的接线柱相接，将电流表串联在电流回路中。通电前在溶液中通入 N$_2$ 5～10 min，以除去电解液中的氧。为保证除氧效果，可打开电磁搅拌器。

（3）恒电位法测定镍在硫酸溶液中的钝化曲线。

阶跃法：开启恒电位仪，给定电位从自腐电位开始，连续逐点改变阳极电势，同时记录其相应的电流值，直到 O$_2$ 在阳极上大量析出为止。

（4）考察 Cl$^-$ 对镍阳极钝化的影响。

重新处理电极，依次更换 0.5 mol · L^{-1} H$_2$SO$_4$＋5.0×10^{-3} mol · L^{-1} KCl 混合溶液和 0.5 mol · L^{-1} H$_2$SO$_4$＋0.1 mol · L^{-1} KCl 混合溶液，采用阶跃法进行钝化曲线的测量。

【注意事项】

1. 按照实验要求，严格进行电极处理。

2. 将研究电极置于电解槽时，要注意与鲁金毛细管之间的距离每次应保持一致。研究电极与鲁金毛细管应尽量靠近，但管口离电极表面的距离不能小于毛细管本身的直径。

3. 考察 Cl$^-$ 对镍阳极钝化的影响时，测试方式和测试条件等应保持一致。

4. 每次做完测试后，应先确认恒电位仪或电化学综合测试系统在非工作的状态下，再关闭电源，取出电极。

【数据处理】

1. 阶跃法测试的数据应列在表格中。

2. 以电流密度为纵坐标、电极电势（相对于饱和甘汞）为横坐标,绘制极化曲线。

3. 讨论所得实验结果及曲线的意义,指出钝化曲线中的活性溶解区、过渡钝化区、稳定钝化区、过钝化区,并标出临界钝化电流密度(电势)、维钝电流密度等数值。

4. 讨论 Cl^- 对镍阳极钝化的影响。

【思考题】

1. 比较恒电流法和恒电位法测定极化曲线有何异同,并说明原因。

2. 测定阳极钝化曲线为何要用恒电位法?

3. 做好本实验的关键有哪些?

【讨论】

1. 电化学稳态的含义

指定的时间内,被研究的电化学系统的参量,包括电极电势、极化电流、电极表面状态、电极周围反应物和产物的浓度分布等,随时间变化甚微,该状态通常被称为电化学稳态。电化学稳态不是电化学平衡态。实际上,真正的稳态并不存在,稳态只具有相对的含义。到达稳态之前的状态被称为暂态。在稳态极化曲线的测试中,由于要达到稳态需要很长的时间,而且不同的测试者对稳态的认定标准也不相同,因此人们通常人为规定电极电势的恒定时间或扫描速度,使测试过程接近稳态,测取准稳态极化曲线,此法尤其适用于考察不同因素对极化曲线的影响。

2. 三电极体系

极化曲线描述的是电极电势与电流密度之间的关系。用来研究电极过程的电极被称为研究电极或工作电极。与工作电极构成电流回路,以形成对研究电极极化的电极称为辅助电极,也叫对电极。其面积通常要比研究电极大,以降低该电极上的极化。参比电极是测量研究电极电势的比较标准,与研究电极组成测量电池。参比电极应是一个电极电势已知且稳定的可逆电极,该电极的稳定性和重现性要好。为减少电极电势测试过程中的溶液电位降,通常两者之间以鲁金毛细管相连。鲁金毛细管应尽量但也不能无限制靠近研究电极表面,以防对研究电极表面的电力线分布造成屏蔽效应。

3. 影响金属钝化过程的几个因素

金属的钝化现象是常见的,人们已对它进行了大量的研究工作。影响金属钝化过程及钝化性质的因素,可以归纳为以下几点:

(1) 溶液的组成。溶液中存在的 H^+、卤素离子以及某些具有氧化性的阴离子,可对金属的钝化现象产生颇为显著的影响。在中性溶液中,金属一般比较容易钝化,而在酸性或某些碱性的溶液中,钝化则困难得多,这与阳极产物的溶解度有关系。卤素离子,特别是氯离子的存在,明显地阻滞了金属的钝化过程,已经钝化了的金属也容易被它破坏(活化),而使金属的阳极溶解速度重新增大。溶液中存在的某些具有氧化性的阴离子(如 CrO_4^{2-})则可以促进金属的钝化。

(2) 金属的化学组成和结构。各种纯金属的钝化性能不尽相同,以铁、镍、铬三种金属为例,铬最容易钝化,镍次之,铁较差些。因此添加铬、镍可以提高钢铁的钝化能力及钝化的稳定性。

（3）外界因素（如温度、搅拌等）。一般来说，温度升高以及搅拌加剧，可以推迟或防止钝化过程的发生，这显然与离子的扩散有关。

实验十九　溶解热的测定

【目的与要求】

1. 了解量热装置的基本组合及电热补偿法测定热效应的基本原理。
2. 掌握用电热补偿法测定 KNO_3 在不同浓度水溶液中的积分溶解热。
3. 掌握用作图法求 KNO_3 在水中的微分冲淡热、积分冲淡热和微分溶解热。

【实验原理】

1. 在热化学中，关于溶解过程的热效应，有下列几个基本概念：

（1）溶解热。在恒温恒压下，n_2 mol 溶质溶于 n_1 mol 溶剂（或溶于某浓度溶液）中产生的热效应，用 Q 表示，溶解热可分为积分（或称变浓）溶解热和微分（或称定浓）溶解热。

（2）积分溶解热。在恒温恒压下，1 mol 溶质溶于 n_0 mol 溶剂中产生的热效应，用 Q_s 表示。

（3）微分溶解热。在恒温恒压下，1 mol 溶质溶于某一确定浓度的无限量的溶液中产生的热效应，以 $\left(\dfrac{\partial Q}{\partial n_2}\right)_{T,p,n_1}$ 表示，简写为 $\left(\dfrac{\partial Q}{\partial n_2}\right)_{n_1}$。

（4）冲淡热。在恒温恒压下，1 mol 溶剂加到某浓度的溶液中使之冲淡所产生的热效应。冲淡热也可分为积分（或称变浓）冲淡热和微分（或称定浓）冲淡热两种。

（5）积分冲淡热。在恒温恒压下，把原含 1 mol 溶质及 n_{01} mol 溶剂的溶液冲淡到含溶剂为 n_{02} 时的热效应，即为某两浓度溶液的积分溶解热之差，以 Q_d 表示。

（6）微分冲淡热。在恒温恒压下，1 mol 溶剂加入某一确定浓度的无限量的溶液中产生的热效应，以 $\left(\dfrac{\partial Q}{\partial n_2}\right)_{T,p,n_2}$ 表示，简写为 $\left(\dfrac{\partial Q}{\partial n_2}\right)_{n_2}$。

2. 积分溶解热 Q_s 可由实验直接测定，其他三种热效应则通过 $Q_s - n_0$ 曲线求得。

设纯溶剂和纯溶质的摩尔焓分别为 $H_m(1)$ 和 $H_m(2)$，当溶质溶解于溶剂变成溶液后，在溶液中溶剂和溶质的偏摩尔焓分别为 $H_{1,m}$ 和 $H_{2,m}$，对于由 n_1 mol 溶剂和 n_2 mol 溶质组成的体系，在溶解前体系总焓为 H。

$$H = n_1 H_m(1) + n_2 H_m(2) \tag{1}$$

设溶液的焓为 H'：

$$H' = n_1 H_{1,m} + n_2 H_{2,m} \tag{2}$$

因此溶解过程热效应 Q 为：

$$Q = \Delta_{\mathrm{mix}} H = H' - H = n_1 [H_{1,\mathrm{m}} - H_{\mathrm{m}}(1)] + n_2 [H_{2,\mathrm{m}} - H_{\mathrm{m}}(2)] = n_1 \Delta_{\mathrm{mix}} H_{\mathrm{m}}(1) + n_2 \Delta_{\mathrm{mix}} H_{\mathrm{m}}(2) \tag{3}$$

式中,$\Delta_{\mathrm{mix}} H_{\mathrm{m}}(1)$ 为微分冲淡热;$\Delta_{\mathrm{mix}} H_{\mathrm{m}}(2)$ 为微分溶解热。根据上述定义,积分溶解热 Q_s 为

$$Q_s = \frac{Q}{n_2} = \frac{\Delta_{\mathrm{mix}} H}{n_2} = \Delta_{\mathrm{mix}} H_{\mathrm{m}}(2) + \frac{n_1}{n_2} \Delta_{\mathrm{mix}} H_{\mathrm{m}}(1) = \Delta_{\mathrm{mix}} H_{\mathrm{m}}(2) + n_0 \Delta_{\mathrm{mix}} H_{\mathrm{m}}(1) \tag{4}$$

在恒压条件下,$Q = \Delta_{\mathrm{mix}} H$,对 Q 进行全微分:

$$\mathrm{d}Q = \left(\frac{\partial Q}{\partial n_1}\right)_{n_2} \mathrm{d}n_1 + \left(\frac{\partial Q}{\partial n_2}\right)_{n_1} \mathrm{d}n_2 \tag{5}$$

式(5)在比值 n_1/n_2 恒定下积分,得

$$Q = \left(\frac{\partial Q}{\partial n_1}\right)_{n_2} n_1 + \left(\frac{\partial Q}{\partial n_2}\right)_{n_1} n_2 \tag{6}$$

式(6)除以 n_2

$$\frac{Q}{n_2} = \left(\frac{\partial Q}{\partial n_1}\right)_{n_2} \frac{n_1}{n_2} + \left(\frac{\partial Q}{\partial n_2}\right)_{n_1} \tag{7}$$

因

$$\frac{Q}{n_2} = Q_s \qquad\qquad \frac{n_1}{n_2} = n_0$$

$$Q = n_2 Q_s \qquad\qquad n_1 = n_2 n_0 \tag{8}$$

则

$$\left(\frac{\partial Q}{Q n_1}\right)_{n_2} = \left[\frac{\partial(n_2 Q_s)}{\partial(n_2 n_0)}\right]_{n_2} = \left(\frac{\partial Q_s}{\partial n_0}\right)_{n_2} \tag{9}$$

将式(8)、式(9)代入式(7)得:

$$Q_s = \left(\frac{\partial Q}{Q n_2}\right)_{n_1} + n_0 \left(\frac{\partial Q_s}{Q n_0}\right)_{n_2} \tag{10}$$

对比式(3)与式(6)或式(4)与式(10):

$$\Delta_{\mathrm{mix}} H_{\mathrm{m}}(1) = \left(\frac{\partial Q}{Q n_1}\right)_{n_2} \qquad \Delta_{\mathrm{mix}} H_{\mathrm{m}}(2) = \left(\frac{\partial Q}{\partial n_2}\right)_{n_1}$$

$$\text{或} \quad \Delta_{\mathrm{mix}} H_{\mathrm{m}}(1) = \left(\frac{\partial Q_s}{Q n_0}\right)_{n_2} \qquad \Delta_{\mathrm{mix}} H_{\mathrm{m}}(2) = \left(\frac{\partial Q}{Q n_2}\right)_{n_1}$$

以 Q_s 对 n_0 作图,可得图 8-36 的曲线。在图 8-36 中,AF 与 BG 分别为将 1 mol 溶质溶于 n_{01} 和 n_{02} mol 溶剂时的积分溶解热 Q_s,BE 表示在含有 1 mol 溶质的 溶液中加入溶剂,使溶剂量由 n_{01} mol 增加到 n_{02} mol 过程的积分冲淡热 Q_d。

$$Q_d = (Q_s) n_{02} - (Q_s) n_{01} = BG - EG \tag{11}$$

图 8-36 中曲线 A 点的切线斜率等于该浓度溶液 的微分冲淡热。

$$\Delta_{\mathrm{mix}} H_{\mathrm{m}}(1) = \left(\frac{\partial Q_s}{Q n_0}\right)_{n_2} = \frac{AD}{CD}$$

切线在纵轴上的截距等于该浓度的微分溶解热。

图 8-36 Q_s-n_0 关系图

$$\Delta_{mix}H_m(2) = \left(\frac{\partial Q}{Qn_2}\right)_{n1} = \left[\frac{\partial(n_2Q_s)}{\partial n_2}\right]_{n1} = Q_s - n_0\left(\frac{\partial Q_s}{\partial n_0}\right)_{n2}$$

即
$$\Delta_{mix}H_m(2) = \left(\frac{\partial Q}{\partial n_2}\right)_{n1} = OC$$

由图 8-36 可见,欲求溶解过程的各种热效应,首先要测定各种浓度下的积分溶解热,然后作图计算。

3. 本实验采用绝热式测温量热计,它是一个包括杜瓦瓶、搅拌器、电加热器和测温部件等的量热系统。装置及电路如图 8-37 所示。因本实验测定 KNO_3 在水中的溶解热是一个吸热过程,可用电热补偿法,即先测定体系的起始温度 T,溶解过程中体系温度随吸热反应的进行而降低,再用电加热法使体系升温至起始温度,根据所消耗电能求出热效应 Q。

1—伏特计;2—直流毫安表;3—直流稳压电源;4—测温部件;5—搅拌器;6—漏斗。

图 8-37 量热计及其电路图

$$Q = I^2Rt = UIt$$

式中,I 为通过电阻为 R 的电热器的电流强度(A);U 为电阻丝两端所加电压(V);t 为通电时间(s)。

利用电热补偿法,测定 KNO_3 在不同浓度水溶液中的积分溶解热,并通过图解法求出其他三种热效应。

【仪器与试剂】

仪器:实验装置(包括杜瓦瓶、搅拌器、加热器、测温部件、漏斗,1 套)、直流稳压电源(1 台)、干燥器(1 只)、研钵(1 只)、称量瓶(8 个)。

试剂:KNO_3(A.R.,研细,在 110 ℃烘干,保存于干燥器中)。

【实验步骤】

1. 将 8 个称量瓶编号,在台秤上称量,依次加入干燥好并在研钵中研细的 KNO_3,其质量分别为 2.5 g、1.5 g、2.5 g、2.5 g、3.5 g、4 g、4 g 和 4.5 g,再用分析天平称出准确数据。称量后将称量瓶放入干燥器待用。

2. 在台秤上用杜瓦瓶直接称取 200.0 g 蒸馏水装好量热器。连好线路(杜瓦瓶用前需干燥)。

3. 经教师检查无误后接通电源,调节稳压电源,使加热器功率约为 2.5 W,保持电流稳定,开动搅拌器进行搅拌,当水温慢慢上升到比室温高出 1.5 ℃ 时读取准确温度,按下秒表开始计时,同时从加样漏斗处加入第一份样品,并将残留在漏斗上的少量 KNO_3 全部掸入杜瓦瓶中,然后用塞子堵住加样口。记录电压和电流值,在实验过程中要一直搅拌液体,加入 KNO_3 后,温度会很快下降,然后再慢慢上升,待上升至起始温度时,记下时间(读准至秒,注意此时切勿把秒表按停),并立即加入第二份样品,按上述步骤继续测定,直至 8 份样品全部加完为止。

4. 测定完毕后,切断电源,打开量热计,检查 KNO_3 是否溶完,如未全溶,则必须重做;溶解完全,可将溶液倒入回收瓶中,把量热计等器皿洗净放回原处。

5. 用分析天平称量已倒出 KNO_3 样品的空称量瓶,求出各次加入 KNO_3 的准确质量。

【注意事项】

1. 实验过程中要求 I、U 值恒定,故应随时注意调节。

2. 实验过程中切勿把秒表按停读数,直到最后方可停表。

3. 固体 KNO_3 易吸水,故称量和加样动作应迅速。为确保 KNO_3 迅速、完全溶解,在实验前务必研磨到 200 目左右,并在 110 ℃ 烘干。

4. 整个测量过程要尽可能保持绝热,减少热损失。因量热器绝热性能与盖上各孔隙密封程度有关,实验过程中要注意盖严。

【数据处理】

1. 根据溶剂的质量和加入溶质的质量,求算溶液的浓度,以 n_0 表示:

$$n_0 = \frac{n_{H_2O}}{n_{KNO_3}} = \frac{200.0}{18.02} \div \frac{W_累}{101.1} = \frac{1\,122}{W_累}$$

2. 按 $Q = IUt$ 公式计算各次溶解过程的热效应。

3. 按每次累积的浓度和累积的热量,求各浓度下溶液的 n_0 和 Q_s。

4. 将以上数据列表并作 $Q_s - n_0$ 图,从图中求出 $n_0 = 80$、100、200、300 和 400 处的积分溶解热和微分冲淡热,以及 n_0 从 80→100、100→200、200→300、300→400 的积分冲淡热。

【思考题】

1. 对本实验的装置你有何改进意见?

2. 试设计测定溶解热的其他方法。

3. 试设计一个测定强酸(HCl)与强碱(NaOH)中和反应热的实验方法。如何计算弱酸(HAc)的解离热?

4. 影响本实验结果的因素有哪些?

实验二十　溶液表面张力的测定

【目的要求】

1. 掌握一种测定溶液表面张力的方法(最大气泡法)。
2. 学会测定不同浓度的正丁醇溶液的表面张力。
3. 掌握从表面张力-浓度曲线求界面上的溶液表面吸附量。

【实验原理】

在各种不同相的界面上都会发生吸附现象,溶液表面也可产生吸附作用,当某一液体溶解其他物质时,其表面张力就会发生变化。表面张力是液体的重要性质之一,与温度、压力、浓度及共存的另一相的组成有关。

对于液体而言,溶液的表面张力与表面层的组成有着密切的关系。根据能量最低原理,当溶质使溶液的表面张力降低时,表面层中溶质的浓度比溶液内部浓度高;反之,溶质使溶液的表面张力升高时,表面层中溶质的浓度比溶液内部的浓度低。这种溶液表面浓度与内部浓度不同的现象叫作溶液的表面吸附。在指定的温度和压力下,溶质的吸附量与溶液的表面张力及溶液的浓度之间的定量关系符合吉布斯(Gibbs)吸附等温方程:

$$\Gamma = -\frac{c}{RT}\left(\frac{\mathrm{d}\gamma}{\mathrm{d}c}\right)_T$$

此方程式表明,溶液的表面吸附量 Γ 即单位表面上过剩溶质的物质的量,决定于溶质的浓度 c 及溶液表面张力随浓度的变化率 $(\mathrm{d}\gamma/\mathrm{d}c)$,$\gamma$ 是表面张力;T 为热力学温度;R 为摩尔气体常数,取 $8.314\ \mathrm{J \cdot mol^{-1} \cdot K^{-1}}$。

本实验通过测定绘制正丁醇水溶液的 $\gamma\text{-}c$ 曲线,从而求算不同浓度下的 Γ 值。

当毛细管的半径为 r,则气泡由毛细管口被压出时,气泡内外的压力差即附加压力 $\Delta p_{最大}$ 为

$$\Delta p_{最大} = p_{大气} - p_{系统}$$

而
$$\Delta p_{最大} = 2\gamma/r$$

当用同一支毛细管,则两液体对比得:

$$\frac{\gamma}{\gamma'} = \frac{\Delta p_{最大}}{\Delta p'_{最大}}$$

若用已知表面张力为 γ' 的标准液(如纯水或苯)测定压力差,再测定待测液的压力差即可求得待测液的表面张力 γ 值。

【仪器与试剂】

仪器:最大气泡法表面张力测定仪 1 套、烧杯 1 只、容量瓶 2 只、移液管(25 mL)2 支。

试剂：正丁醇(A.R.)、纯水。

【实验步骤】

1. 洗净表面张力测定仪和测定用的毛细管,按图 8-38 装好。

2. 加适量的纯水于表面张力测定仪中,调节毛细管的高度使其液面应与毛细管下端相切(毛细管高度不变)。

3. 顺时针关闭微压调节阀,使管路与大气相通,按"采零"键。逆时针缓慢调节微压调节阀,压力显示数值慢慢增加,使气泡在毛细管管端均匀逸出,速度约为每 3s 一个。当气泡刚脱离毛细管管端破裂的一瞬间,蜂鸣器鸣响,读取峰值 Δp。重复测定三次取其平均值。

图 8-38 表面张力测定装置

4. 用同样方法分别测量浓度为 0.005 mol·L^{-1}、0.01 mol·L^{-1}、0.02 mol·L^{-1}、0.05 mol·L^{-1}、0.10 mol·L^{-1}、0.20 mol·L^{-1} 的正丁醇溶液的 Δp。

【注意事项】

1. 准确配制实验所需溶液。
2. 按照由稀到浓的顺序测量。

【数据记录及处理】

1. 根据实验所测数据,求出不同浓度正丁醇的表面张力 γ,并作 γ-c 曲线。

2. 在 γ-c 曲线上分别求出浓度为 0.005、0.01、0.02、0.05、0.10、0.20 mol·L^{-1} 的正丁醇溶液的 $(\mathrm{d}\gamma/\mathrm{d}c)$ 值(最好用镜面法)。

3. 由上述各 $(\mathrm{d}\gamma/\mathrm{d}c)$ 值,用吉布斯公式计算出对应的 c/Γ 值。

【思考题】

1. 测定正丁醇水溶液的表面张力时,为什么要测定水的压力差?
2. 测定正丁醇溶液的表面张力时,应该按由稀到浓进行测量,为什么?
3. 用毛细管测定表面张力时,应注意哪些事项?

实验二十一 丙酮碘化实验

【目的与要求】

1. 掌握时丙酮碘化反应的速率常数及活化能的测定方法。
2. 初步认识复杂反应机理,了解复杂反应表观速率常数的求算方法。

【实验原理】

$$CH_3-\underset{\substack{\|\\O}}{C}-CH_3 \; +I_2 \; \underset{}{\overset{H^+}{=\!=\!=}} \; CH_3-\underset{\substack{\|\\O}}{C}-CH_2I \; +I^- +H^+$$

A   E

一般认为该反应按以下两步进行：

$$CH_3-\underset{\substack{\|\\O}}{C}-CH_3 \; \underset{}{\overset{H^+}{\rightleftharpoons}} \; CH_3-\underset{\substack{\|\\OH}}{C}=CH_2 \tag{1}$$

A   B

$$CH_3-\underset{\substack{\|\\OH}}{C}=CH_2 \; +I_2 \; \longrightarrow \; CH_3-\underset{\substack{\|\\O}}{C}-CH_2I \; +I^- +H^+ \tag{2}$$

B   E

反应(1)是丙酮的烯醇化反应,它是一个很慢的可逆反应,反应(2)是烯醇的碘化反应,它是一个快速且趋于进行到底的反应。因此,丙酮碘化反应的总速率由丙酮烯醇化反应的速率决定,丙酮烯醇化反应的速率取决于丙酮及氢离子的浓度。如果以碘化丙酮浓度的增加来表示丙酮碘化反应的速率,则此反应的动力学方程式可表示为:

$$\frac{dc_E}{dt} = kc_A c_{H^+} \tag{3}$$

式中,c_E 为碘化丙酮的浓度;c_{H^+} 为氢离子的浓度;c_A 为丙酮的浓度;k 表示丙酮碘化反应总的速率常数。

由反应(2)可知:

$$\frac{dc_E}{dt} = -\frac{dc_{I_2}}{dt} \tag{4}$$

因此,如果测得反应过程中各时刻碘的浓度,就可以求出 dc_E/dt。由于碘在可见光区有一个比较宽的吸收带,所以可利用分光光度计来测定丙酮碘化反应过程中碘的浓度随时间的变化,从而求出反应的速率常数。若在反应过程中,丙酮的浓度远大于碘的浓度且催化剂酸的浓度也足够大时,则可把丙酮和酸的浓度看作不变,把(3)式代入(4)式积分得:

$$c_{I_2} = -kc_A c_{H^+} t + B \tag{5}$$

按照朗伯-比尔(Lambert-Beer)定律,某指定波长的光通过碘溶液后的光强为 I,通过蒸馏水后的光强为 I_0,则透光率可表示为:

$$T = I/I_0 \tag{6}$$

并且透光率与碘的浓度之间的关系可表示为:

$$\lg T = -\varepsilon d c_{I_2} \tag{7}$$

式中,T 为透光率;d 为比色槽的光径长度;ε 是取以 10 为底的对数时的摩尔吸收系数。将

(5)式代入(7)式得:

$$\lg T = k\varepsilon d c_A c_{H+} t + B' \tag{8}$$

由 $\lg T$ 对 t 作图可得一直线,直线的斜率为 $k\varepsilon d c_A c_{H+}$。式中 εd 可通过测定一已知浓度的碘溶液的透光率,由(7)式求得。当 c_A 与 c_{H+} 浓度已知时,只要测出不同时刻丙酮、酸、碘的混合液对指定波长的透光率,就可以利用(8)式求出反应的总速率常数 k。

由两个或两个以上温度的速率常数,就可以根据阿伦尼乌斯(Arrhenius)关系式计算反应的活化能。

$$E_a = \frac{RT_1 T_2}{T_2 - T_1} \ln \frac{k_2}{k_1} \tag{9}$$

为了验证上述反应机理,可以进行反应级数的测定。根据总反应方程式,可建立如下关系式:

$$v = \frac{dc_E}{dt} = k c_A^\alpha c_{H+}^\beta c_{I_2}^\gamma$$

式中,α、β、γ 分别表示丙酮、氢离子和碘的反应级数。若保持氢离子和碘的起始浓度不变,只改变丙酮的起始浓度,分别测定在同一温度下的反应速率,则:

$$\frac{v_2}{v_1} = \left(\frac{c'_A}{c_A}\right)^\alpha \qquad \alpha = \lg\frac{v_2}{v_1} \bigg/ \lg\frac{c'_A}{c_A} \tag{10}$$

同理可求出 β、γ。

$$\beta = \lg\frac{v_3}{v_1} \bigg/ \lg\frac{c'_{H+}}{c_{H+}} \qquad \gamma = \lg\frac{v_4}{v_1} \bigg/ \lg\frac{c'_{I_2}}{c_{I_2}} \tag{11}$$

【仪器与试剂】

仪器:分光光度计(1 套)、容量瓶(50 mL,4 只)、超级恒温槽(1 台)、带有恒温夹层的比色皿(1 个)、移液管(10 mL,3 只)、秒表(1 只)。

试剂:碘溶液(含 4%KI,0.03 mol·L^{-1})、HCl(1.000 mol·L^{-1})、丙酮(2.000 mol·L^{-1})。

【实验步骤】

1. 实验准备

(1) 恒温槽恒温(25.0±0.1) ℃或(30.0±0.1) ℃。

(2) 开启有关仪器,分光光度计要预热 30 min。

(3) 取四个洁净的 50 mL 容量瓶。第一个装满蒸馏水;第二个用移液管移入 5 mL I$_2$ 溶液,用蒸馏水稀释至刻度;第三个用移液管移入 5 mL I$_2$ 溶液和 5 mL HCl 溶液;第四个先加入少许蒸馏水,再加入 5 mL 丙酮溶液。然后将四个容量瓶放在恒温槽中恒温备用。

2. 透光率 100% 的校正。分光光度计波长调在 565 nm,控制面板上工作状态调在透光率挡。比色皿中装入 2/3 的蒸馏水,在光路中放好。恒温 10 min 后调节蒸馏水的透光率为 100%。

3. 测量 εd 值。取恒温好的碘溶液注入恒温比色皿,在(25.0±0.1) ℃时,置于光路中,测其透光率。

4. 测定丙酮碘化反应的速率常数。将恒温的丙酮溶液倒入盛有酸和碘混合液的容量瓶中,用恒温好的蒸馏水洗涤盛有丙酮的容量瓶 3 次。洗涤液均倒入盛有混合液的容量瓶中,最后用蒸馏水稀释至刻度,混合均匀,倒入比色皿少许,洗涤三次倾出。然后再装入 2/3 的溶液,用擦镜纸擦去残液,置于光路中,测定透光率,同时开启停表。以后每隔 2 min 读一次透光率,直到光点指在透光率 100% 为止。

5. 测定各反应物的反应级数

各反应物的用量见表 8-19。

表 8-19　各反应物用量

编号	2 mol·L⁻¹ 丙酮溶液	1 mol·L⁻¹ 盐酸溶液	0.03 mol·L⁻¹ 碘溶液
2	10 mL	5 mL	5 mL
3	5 mL	10 mL	5 mL
4	5 mL	5 mL	2.5 mL

测定方法同步骤 3,温度仍为 (25.0 ± 0.1) ℃或 (30.0 ± 0.1) ℃。

6. 将恒温槽的温度升高到 (35.0 ± 0.1) ℃,重复上述操作 1.(3),2,3,4,但测定时间应相应缩短,可改为 1 min 记录一次。

【注意事项】

1. 温度影响反应速率常数,实验时体系始终要恒温。

2. 混合反应溶液时操作必须迅速准确。

3. 比色皿的位置不得变化。

【数据处理】

1. 将所测实验数据列表。

2. 将 lg T 对时间 t 作图,得一直线,从直线的斜率可求出反应的速率常数。

3. 利用 25.0 ℃及 35.0 ℃时的 k 值求丙酮碘化反应的活化能。

4. 反应级数的求算:由实验步骤 4、5 中测得的数据,分别以 ln T 对 t 作图,得到四条直线。求出各直线斜率,即为不同起始浓度时的反应速率,代入(10)、(11)式可求出 α、β、γ。

【思考题】

1. 本实验中,是将丙酮溶液加到盐酸和碘的混合液中,但没有立即计时,而是当混合物稀释至 50 mL,摇匀倒入恒温比色皿测透光率时才开始计时,这样做是否影响实验结果? 为什么?

2. 影响本实验结果的主要因素是什么?

【讨论】

虽然在反应(1)和(2)中,从表观上看除 I_2 外没有其他物质吸收可见光,但实际上反应体系中还存在着一个次要反应,即在溶液中存在着 I_2、I^- 和 I 的平衡:

$$I_2 + I^- \rightleftharpoons I_3^- \tag{12}$$

其中 I_2 和 I_3^- 都吸收可见光。因此反应体系的吸光度不仅取决于 I_2 的浓度,而且与 I_3^- 的浓度有关。根据朗伯-比尔定律知,含有 I_3^- 和 I_2 的溶液的总光密度 E 可以表示为 I_3^- 和 I_2 两部分消光度之和:

$$E = E_{I_2} + E_{I_3^-} = \varepsilon_{I_2} d c_{I_2} + \varepsilon_{I_3^-} d c_{I_3^-} \tag{13}$$

而摩尔消光系数 ε_{I_2} 和 $\varepsilon_{I_3^-}$ 是入射光波长的函数。在特定条件下,即波长 $\lambda = 565$ nm 时,$\varepsilon_{I_2} = \varepsilon_{I_3^-}$,所以(13)式就可变为

$$E = \varepsilon_{I_2} d (c_{I_2} + c_{I_3^-}) \tag{14}$$

也就是说,在 565 nm 这一特定的波长条件下,溶液的光密度 E 与总碘量 $(I_2 + I_3^-)$ 成正比。因此常数 εd 就可以由测定已知浓度碘溶液的总光密度 E 来求出。所以本实验必须选择工作波长为 565 nm。

实验二十二　乙酸乙酯皂化反应速率常数测定

【目的与要求】

1. 掌握测定皂化反应进行过程中反应溶液电导率的变化,据此计算反应速率常数。
2. 了解二级反应动力学规律及特征。
3. 掌握电导率仪的使用方法。

【实验原理】

乙酸乙酯皂化反应是一个典型的二级反应:

$$\underset{a-x}{CH_3COOC_2H_5} + \underset{b-x}{OH^-} \longrightarrow \underset{x}{CH_3COO^-} + \underset{x}{C_2H_5OH}$$

若反应开始时两反应物的浓度分别为 a mol·L^{-1} 和 b mol·L^{-1},经过时间 t 后,两者的浓度各变化了 x mol·L^{-1},显然,此时两反应物的浓度分别为 $(a-x)$ 和 $(b-x)$。

则反应速率方程可表示为:

$$\frac{dx}{dt} = k(a-x)(b-x)$$

若初始浓度 $a = b$,则对上式积分可得:

$$k = \frac{1}{t \times a} \times \frac{x}{a-x}$$

当测得不同反应时间的产物浓度 x 后,代入上式即可算出此反应的速率常数 k。由于皂化反应开始时 OH^- 浓度很高,因此溶液的导电能力很强。随着反应的进行,OH^- 逐渐被导电能力弱的 CH_3COO^- 取代,因此溶液的电导率值逐渐变小。显然,在相同仪器的相同

电导池中测得的电导率值应该与 OH^- 的浓度成正比。

若反应在稀溶液中进行,CH_3COONa 不发生水解,仅完全电离。溶液的电导率可认为等于 NaOH 及 CH_3COONa(NaAc)两种电解质的电导率之和。

$$\kappa_s = \kappa_{s,NaOH} + \kappa_{s,NaAc}$$

$$\kappa_{s,i} = 10^3 c_i \Lambda_i$$

式中,κ_s 为溶液电导率($S \cdot m^{-1}$);$\kappa_{s,i}$ 为各电解质的电导率($S \cdot m^{-1}$);c_i 为各电解质的物质的浓度($mol \cdot L^{-1}$);Λ_i 为各电解质的摩尔电导率($S \cdot m^2 \cdot mol^{-1}$)。

因此,$\kappa_s = 10^3 (c_{NaOH} \Lambda_{NaOH} + c_{NaAc} \Lambda_{NaAc})$

在任意瞬时,$c_{NaOH} = a - x$,$c_{NaAc} = x$,则

$t = t$ $\qquad \kappa_s = 10^3 [a\Lambda_{NaOH} - x(\Lambda_{NaOH} - \Lambda_{NaAc})]$

$t = 0$ $\qquad \kappa_{s0} = 10^3 a\Lambda_{NaOH}$

$t = \infty$ $\qquad \kappa_{s\infty} = 10^3 a\Lambda_{NaAc}$

由于在反应过程中,OH^- 被 CH_3COO^- 所代替,溶液的离子浓度基本不变,而且溶液浓度很稀,故在反应的不同时刻,Λ_{NaOH} 及 Λ_{NaAc} 都可认为是不变的,则可以得到:

$$x = \frac{\kappa_{s0} - \kappa_s}{10^3 (\Lambda_{NaOH} - \Lambda_{NaAc})}$$

$$a - x = \frac{\kappa_s - \kappa_{s\infty}}{10^3 (\Lambda_{NaOH} - \Lambda_{NaAc})}$$

代入二级反应积分速率方程即可得到:

$$\frac{\kappa_{s0} - \kappa_s}{\kappa_s - \kappa_{s\infty}} = akt$$

如此,以 $\dfrac{\kappa_{s0} - \kappa_s}{\kappa_s - \kappa_{s\infty}}$ 对 t 作图,图形为一直线,当已知初始浓度 a,可由直线斜率求得反应速率常数 k。

【仪器与试剂】

仪器:电导率仪(1台)、电导电极(铂黑,1支)、羊角试管(2支)、大试管(2支)、恒温槽(1套)、移液吸管(5 mL,3支)、洗瓶(1只)、洗耳球(1只)。

试剂:NaOH(0.020 0 $mol \cdot L^{-1}$)、乙酸乙酯(A.R.)、CH_3COONa(0.010 0 $mol \cdot L^{-1}$)。

【实验步骤】

1. 调节恒温槽至实验所规定的温度。

2. 用移液吸管移取 10 mL NaAc 溶液,置于洗净烘干的大试管内,插入 DJS-1 型铂黑电极,将试管放入恒温介质中,待恒温后(3~5 min),从电导率仪上读取电导率值 $\kappa_{s\infty}$,保留溶液,用于测下一个温度值。再用移液吸管移取蒸馏水和 NaOH 溶液各 5 mL,置于洗净烘干的大试管内,插入用蒸馏水淋洗过的 DJS-1 型铂黑电极,将试管放入恒温介质中,待恒温后(3~5 min),从电导率仪上读取电导率值 κ_0,同样保留溶液,用于测下一个温度值。

3. 用移液吸管移取 NaOH 和 $CH_3COOC_2H_5$ 溶液各5 mL，分别注入羊角管电导池(图 8-39)的两支管中，注意勿使两溶液混合。再把用蒸馏水淋洗过的电导电极插入羊角管电导池的直管中，然后把电导池小心置于恒温槽中，恒温 5 min 左右，迅速把羊角管电导池斜支管中的溶液倾入直管中，同时开始记录反应时间(注意将溶液混合时应来回倾倒 3~4 次使得混合均匀)。接着仍将电导池置于恒温槽中，每隔 3 min 记录一次溶液的电导率值，共反应30 min 左右，记录不少于 8 个数据点，见表 8-20。

图 8-39　羊角管电导池

表 8-20　电导率数据

反应时间/min							
溶液电导率/($\mu S \cdot cm^{-1}$)							

4. 第一个温度点的一组数据测量完成后，可将温度升至第二个温度点重复测量另一组数据(每位同学可以单独完成一个温度点的测量，可以在实验报告中注明)。

5. 全部实验结束后，整理好仪器，淋洗电极并放置到固定位置，请老师检查实验数据。

【数据处理】

1. 计算 $\dfrac{\kappa_{s0}-\kappa_s}{\kappa_s-\kappa_{s\infty}}$ 的值，以 $\dfrac{\kappa_{s0}-\kappa_s}{\kappa_s-\kappa_{s\infty}}$(纵坐标)对 t(横坐标)作图，得一直线。

2. 用两点法求出其斜率，再算出反应速率常数。

3. 根据两个温度 T_1、T_2 时的反应速率常数 k_1、k_2，利用阿伦尼乌斯公式，计算出反应的活化能 E_a：

$$\lg\frac{k_2}{k_1}=-\frac{E_a}{2.303R}\left(\frac{1}{T_2}-\frac{1}{T_1}\right)$$

$$k_{25℃}=6.47\ mol\cdot L^{-1}\cdot min^{-1}$$

【实验注意事项】

1. 每测量一次，都应该用蒸馏水淋洗电导电极，再用吸水纸吸干，注意不要擦拭，以免抹去铂黑。

2. 试剂应随取随用，试剂取出后应立即盖好瓶盖，以免试剂在空气中久置后浓度改变从而影响实验结果。移液吸管要对号使用，防止试剂污染。

【思考题】

1. 测 κ_0 时为什么取等体积的 H_2O 与 NaOH 溶液混合？

2. 如何从实验结果来验证乙酸乙酯皂化为二级反应？

3. 影响反应速率常数的主要因素有哪些？实验中哪些操作涉及这些因素？

4. 如果 NaOH 和 $CH_3COOC_2H_5$ 初始浓度不等，试问怎样计算 k 值？

实验二十三　粒度测定

【目的与要求】

1. 理解斯托克斯(Stokes)公式。
2. 掌握用离心沉降法测定颗粒样品直径大小的分布。
3. 了解粒度测定仪的工作原理及操作方法。

【实验原理】

溶胶的运动性质除扩散和热运动之外,还有在外力作用下溶胶微粒的沉降。沉降是在重力的作用下粒子沉入容器底部,质点越大,沉降速度也越快。但因布朗运动而引起的扩散作用与沉降相反,它能使下层较浓的微粒向上扩散,而有使浓度趋于均匀的倾向。粒子越大,则扩散速度越慢,故扩散是抗拒沉降的因素。当两种作用力相等的时候就达到了平衡状态,这种状态称为沉降平衡。

在研究沉降平衡时,粒子的直径大小对建立平衡的速度有很大影响,表 8-21 列出了一些不同尺寸的金属微粒在水中的沉降速度。

表 8-21　球形金属微粒在水中的沉降速度

粒子半径	$v/(\text{cm} \cdot \text{s}^{-1})$	沉降 1 cm 所需时间
10^{-3} cm	1.7×10^{-1}	5.9 s
10^{-4} cm	1.7×10^{-3}	9.8 min
100 nm	1.7×10^{-5}	16 h
10 nm	1.7×10^{-7}	68 d
1 nm	1.7×10^{-9}	19 a

由上表可以看出,对于细小的颗粒,其沉降速度很慢,因此需要增加离心力场以增加其速度。此外,在重力场下用沉降分析来做颗粒分布时,往往由于沉降时间过长,在测量时间内产生了颗粒的聚结,影响了测定的正确性。普通离心机 3 000 r · min^{-1} 的转速可产生比地心引力大约 2 000 倍的离心力,超速离心机的转速可达 100~160 kr · min^{-1},其离心力约为重力的 100 万倍。所以在离心力场中,颗粒所受的重力可以忽略不计。

在离心力场中,粒子所受的离心力为 $\frac{4}{3}\pi\gamma^3(\rho-\rho_0)\omega^2 x$,根据斯托克斯定律,粒子在沉降时所受的阻力为 $6\pi\eta\gamma\dfrac{\mathrm{d}x}{\mathrm{d}t}$。其中 r 为粒子半径;ρ、ρ_0 分别为粒子与介质的密度;$\omega^2 x$ 为离心加速度;$\dfrac{\mathrm{d}x}{\mathrm{d}t}$ 为粒子的沉降速度。如果沉降达到平衡,则有:

$$\frac{4}{3}\pi\gamma^3(\rho-\rho_0)\omega^2 x = 6\pi\eta\gamma\frac{\mathrm{d}x}{\mathrm{d}t} \tag{1}$$

对上式积分可得：

$$\frac{4}{3}\pi\gamma^3(\rho-\rho_0)\omega^2 x\int_{t_1}^{t_2}\mathrm{d}t=6\pi\eta\gamma\int_{x_1}^{x_2}\frac{\mathrm{d}x}{x} \tag{2}$$

$$2r^2(\rho-\rho_0)\omega^2(t_2-t_1)=9\eta\ln\frac{x_2}{x_1} \tag{3}$$

$$r=\sqrt{\frac{9}{2}\eta\frac{\ln\dfrac{x_2}{x_1}}{(\rho-\rho_0)\omega^2(t_2-t_1)}} \tag{4}$$

以理想的单分散体系为例,利用光学方法可测出清晰界面,记录不同时间 t_1 和 t_2 时的界面位置 x_1 和 x_2,由(4)式可算出颗粒大小,并根据颗粒总数算出每种颗粒占总颗粒的百分数。另外根据颗粒密度还可算出每种颗粒占总颗粒的质量百分数。

【仪器与试剂】

仪器：粒度测定仪(1 台)、超声波发生器(1 台)、注射器(100 mL,1 只)、注射器(1 mL,2 只)、温度计(1 支)、台秤(1 台)、烧杯(50 mL,2 只)。

试剂：固体颗粒(C.P.)、甘油(C.P.)、无水乙醇(C.P.)。

【实验步骤】

1. 打开粒度计电源开关和电机开关。

2. 开启计算机和打印机,在计算机上启动相应的粒度测定程序。

3. 点击"调整测量曲线",输入电机转速,向电机圆盘腔内注入 30～40 mL 旋转液(40％～60％甘油-水溶液),调节"增益"旋钮将基线调整到适宜值(3 400～3 800),连续运行20～30 min,观察基线值的波动和稳定性,一般要求基线波动量要小于 10 个数值,若基线波动量大于 10 个数值,应延长观察时间直至稳定性符合要求。基线稳定后,敲任意键返回。

4. 点击"输入参数和采样",输入相应的参数值,检查无误后,点击"确认"。输入参数要求见表 8-22。

表 8-22　输入参数的要求

序号	参数名称	输入要求
1	样品名称	中英文均可
2	前采样周期	1～29 s
3	后采样周期	5～15 s
4	颗粒样品密度	实测或查表,单位：g·cm^{-3}
5	旋转流体密度	实测或查表,单位：g·cm^{-3}
6	旋转流体黏度	实测或查表,单位：P
7	旋转流体用量	实际使用体积,单位：mL

5. 注入 1 mL 缓冲液(40%乙醇-水溶液),按"加速"按钮形成缓冲层,点击"确定",计算机开始采集基线,当基线太高或噪声太大时,程序不往下进行,一直采集基线。待问题解决后,程序才往下进行。

6. 采集基线后,注入 1 mL 样品溶液(配制 0.1%~1%的样品水溶液,放入超声波发生器中超声 10~20 min,直到聚集在一起的颗粒分散开)并及时按压任意键(时间间隔应小于 1 s),采样过程中一切会自动进行。采样结束后,按计算机指令进行操作。

7. 点击"存盘退出",存入数据及图形。

8. 点击"调出结果",查看结果。

9. 点击"打印测试报告",按指令打印数据及图表。

10. 将注射器用去离子水洗净,将圆盘腔用去离子水洗净、擦干。

【注意事项】

1. 注射旋转液和样品溶液时,注射器针头不要碰到圆盘腔内壁,以免划伤或损坏圆盘。

2. 当电机转速较高时,应先将电机转速以 1 000 r·min^{-1} 递减,速度降到 2 000 r·min^{-1} 后再关闭电机。

3. 将圆盘腔擦干时,应小心操作,以免划伤圆盘腔。

【数据处理】

1. 根据测得的不同颗粒在不同时间 t_1 和 t_2 时的界面位置 x_1 和 x_2,据(4)式计算出各颗粒的半径。

2. 根据上一步的计算结果和颗粒密度,计算出颗粒总数和颗粒总质量。

3. 计算每种颗粒占总颗粒的数目百分数和质量分数。

4. 以各颗粒的质量分数对颗粒半径作图,从图中求出颗粒的最可几半径。

【思考题】

1. 本实验的主要误差来源是什么?怎样消除?

2. 如何选择样品用量及旋转液用量和浓度?

【讨论】

对于不同尺寸的颗粒,可采用不同的测量方法。一般来说,颗粒直径大于 4 nm 的颗粒可采用离心沉降法进行测定。但如果颗粒密度较低(<1 g·cm^{-3}),由于其沉降速度较慢,所以很难测出 20 nm 以下的颗粒直径,此时可采用电子显微镜观察和测量。

对于 1 μm 以上的颗粒,可采用沉降分析法测其颗粒大小,根据斯托克斯公式,当一球形颗粒在均匀介质中匀速下降时,所受阻力为 $6\pi r\eta v$,其重力为 $\frac{4}{3}\pi r^3(\rho_{颗粒}-\rho_{介质})g$,在匀速下沉时两种作用力相等,即:

$$6\pi r\eta v = \frac{4}{3}\pi r^3(\rho_{颗粒}-\rho_{介质})g \tag{5}$$

$$r = \sqrt{\frac{9}{2g} \cdot \frac{\eta v}{\rho_{颗粒} - \rho_{介质}}} = \sqrt{\frac{9}{2g} \cdot \frac{\eta}{\rho_{颗粒} - \rho_{介质}}} \cdot \sqrt{\frac{h}{t}} \qquad (6)$$

$$d = 2r = 2\sqrt{\frac{9}{2g} \cdot \frac{\eta}{\rho_{颗粒} - \rho_{介质}}} \cdot \sqrt{\frac{h}{t}} \qquad (7)$$

式中,r 为颗粒半径(cm);d 为颗粒直径(cm);g 为重力加速度(980 cm·s^{-2});$\rho_{颗粒}$ 为颗粒密度(g·cm^{-3});$\rho_{介质}$ 为介质密度(g·cm^{-3});v 为沉降速度(cm·s^{-1});η 为介质黏度(P);h 为沉降高度(cm)。称量不同时间(t_i)颗粒的沉降量(W_i)所作的曲线称为沉降曲线。

图 8-40 表示颗粒直径相等体系的沉降曲线,其为一过原点的直线。颗粒以等速下沉,OA 表示沉降正在进行,AB 表示沉降已结束,沉降时间 t_i 所对应的沉降量为 W_i,总沉降量为 W_c,颗粒沉降完的时间为 t_c,将 t_c 和 h 的数值代入公式(7)可求出颗粒的直径。

图 8-41 表示两种颗粒直径体系的沉降曲线,其形状为一折线。OA 段表示两种不同直径的颗粒同时沉降,斜率较大;至 t_i 时,直径大的颗粒沉降完毕,直径小的颗粒继续沉降,斜率变小;至 t_c 时,较小直径的颗粒也沉降完毕,总沉降量为 W_c。直径大的颗粒的沉降量为 n,直径小的颗粒的沉降量为 m,二者之和为 W_c。将 t_i、t_c 及 h 代入式(7),可求出两种颗粒的直径。

图 8-40 颗粒直径相等体系的沉降曲线

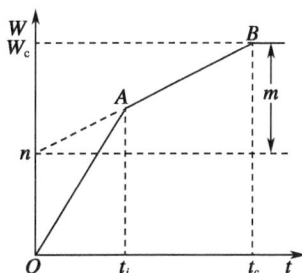

图 8-41 两种颗粒体系的沉降曲线

图 8-42 表示颗粒直径连续分布体系的沉降曲线,在沉降时间 t_1 时,对应的沉降量为 W_1。其分为两部分:一为直径大于等于 d_1、在 t_1 时刚好沉降完的所有颗粒,它的沉降量为 n_1,即对应 t_1 时曲线的切线在纵轴上的截距值;另一部分为直径小于 d_1、在 t_1 时继续沉降的颗粒,其已沉降的部分为 m_1。

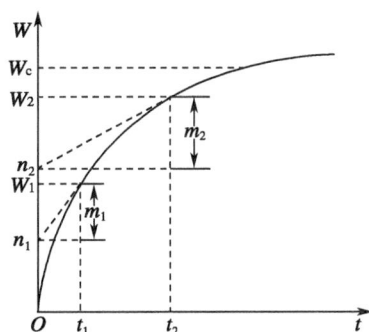

$$m_1 = t_1 \frac{\mathrm{d}W}{\mathrm{d}t} \qquad (8)$$

$$n_1 = W_1 - m_1 = W_1 - t_1 \frac{\mathrm{d}W}{\mathrm{d}t} \qquad (9)$$

图 8-42 颗粒直径连续分布的沉降曲线

如果沉降是完全进行到底的,那么总沉降量 W_c 即样品总量。$Q_1 = \dfrac{n_1}{W_c} \times 100\%$,即为直径大于等于 d_1 的颗粒在样品中所占的百分含量,$Q_2 = \dfrac{n_2}{W_c} \times 100\%$,即为直径大于等于 d_2

的颗粒在样品中所占的百分含量, $Q_{2-1}=\dfrac{n_2-n_1}{W_c}\times100\%$,即为直径介于 d_1 和 d_2 之间的所有颗粒在样品中所占的百分含量。

实验二十四　液体黏度的测定

【目的与要求】

1. 掌握玻璃缸恒温槽的基本构造和使用方法。
2. 掌握用奥氏黏度计测定黏度的方法。
3. 测定无水乙醇的黏度。

【实验原理】

1. 恒温槽的使用见第八章"实验一"。
2. 黏度测定

液体黏度的大小一般用黏度系数 η 来表示。若液体在毛细管中流动,则可通过泊肃叶定律计算黏度系数(简称黏度):

$$\eta=\frac{\pi pr^4t}{8VL} \tag{1}$$

式中, V 为在时间 t 内流过毛细管的液体体积; p 为毛细管两端的压力差; r 为毛细管半径; L 为毛细管长度。

η 的单位:CGS 制——P(dyn·s/cm²)

SI 制——Pa·s

1 P=0.1 Pa·s

设定两种液体在本身重力作用下分别流经同一根毛细管(奥氏黏度计),且流出的液体体积相等。则对于同一根毛细管,两种液体对比情况结果如下:

$$\frac{\eta_1}{\eta_2}=\frac{p_1t_1}{p_2t_2} \tag{2}$$

因为　　　　　　　　　　　　　　 $p=h\rho g$

所以

$$\frac{\eta_1}{\eta_2}=\frac{hg\rho_1t_1}{hg\rho_2t_2}=\frac{\rho_1t_1}{\rho_2t_2} \tag{3}$$

比值 η_1/η_2 称为液体 1 对液体 2 的相对黏度(比黏度),若液体 2 的绝对黏度 η_2 (本实验中以纯水为液体 2,作为标准液体)为已知,即可由此黏度求出液体 1 的黏度。

【仪器与试剂】

仪器:玻璃缸恒温槽(1 套)、秒表(1 只)、奥氏黏度计(1 支)、双球打气球(1 只)、移液管

（10 mL，2 支）、乳胶管（连小玻璃管，1 根）、洗耳球（1 只）、黏度计夹（1 只）、试剂瓶（250 mL，2 只）。

试剂：无水乙醇、蒸馏水。

【实验步骤】

1. 于恒温槽中装好感温元器件、温度计等，调节电接点温度计至所需温度以下 2～3 ℃，打开电源开关，同时开启搅拌器至适当挡位，这时电子继电器上绿色指示灯亮，显示加热器开始工作；红色指示灯亮时，则停止加热。

2. 当红色指示灯亮时，等温度升至最高，观察水银温度计上的精确值，按其规定温度值逐步调整，直到水银温度计的精确值满足要求为止，误差为±0.1 ℃。

3. 用移液管吸取 10 mL 无水乙醇放进黏度计中，用黏度管夹夹持好浸入恒温水中，上刻度应略低于水面，并注意黏度管是否垂直，静置数分钟。待管内液体与恒温槽温度达到一致后，用洗耳球从乳胶导管中把液体吸到上刻度以上，然后让其自行流下，用秒表测定液面由图 8-43 中的 a 降到 b 所需的时间。反复操作五次，取其平均值。

图 8-43　奥氏黏度计

A—球；B—毛细管；C—加固用玻璃棒；a，b—环形测定线。

第一个温度点测量好以后，调节恒温槽至第二个温度点，用同样的方法再次测定无水乙醇流经毛细管所需要的时间。

4. 取出黏度计，将其中的乙醇倾入回收瓶中，用热风黏度计吹干（管口无乙醇的气味）。注入同体积的纯水，用上述的同样方法测定第二个温度点的液面由 a 降到 b 所需的时间。

因为乙醇容易挥发，所以必须先测定乙醇的时间，然后才能测定水的时间。

【数据处理】

1. 按表 8-23 记录数据。

表 8-23　液体流经毛细管所需时间　　　　　　　　　　单位：s

	15 ℃乙醇	25 ℃	
		乙醇	纯水
1			
2			
3			
4			
5			
平均值			

2. 由表 8-24 数据计算乙醇在不同温度时对 25 ℃纯水的比黏度。

表 8-24　实验数据记录

液体	纯　　水			乙		醇		
温度/℃	20	25	35	15	20	25	30	35
相对密度	0.998 2	0.997 1	0.994 1	0.794	0.789	0.785	0.781	0.777
黏度/P	0.010 05	0.008 937	0.007 275					

3. 由纯水的黏度来计算不同温度下乙醇的黏度。

【思考题】

1. 为什么测定液体黏度时要保证温度恒定？

2. 为什么用奥氏黏度计时，加入的标准液体和被测液体的体积应该相同？测量时黏度管为什么必须垂直？

附：高聚物黏度的测定

泊肃叶定律计算黏度系数公式对高聚物黏度同样适用。在测定溶剂和溶液的相对黏度时，如溶液的浓度不大（$c < 1 \times 10$ kg·m^{-3}），溶液的密度与溶剂的密度可近似地看作相同，故

$$\eta_r = \frac{\eta}{\eta_0} = \frac{t}{t_0}$$

所以只需测定溶液和溶剂在毛细管中流出的时间就可得到 η_r。

在足够稀的高聚物溶液里，η_{sp}/c 与 c 和 $\ln \eta_r/c$ 与 c 之间分别符合下述经验关系式：

$$\eta_{sp}/c = [\eta] + \kappa[\eta]^2 c$$

$$\ln \eta_r/c = [\eta] + \beta[\eta]^2 c$$

这是两直线方程，通过 η_{sp}/c 对 c 或 $\ln \eta_r/c$ 对 c 作图，外推至 $c = 0$ 时所得截距即为高聚物特性黏度 $[\eta]$。显然，对于同一高聚物，由两线性方程作图外推所得截距交于同一点。测定装置见图 8-44。

测定方法：

测定溶剂流出时间 t_0：将黏度计垂直夹在恒温槽内，用吊锤检查是否垂直。将 10 mL 纯溶剂自 A 管注入黏度计内，恒温数分钟，夹紧 C 管上连接的乳胶管，同时在连接 B 管的乳胶管上接洗耳球慢慢抽气，待液体升至 G 球的 1/2 左右即停止抽气，打开 C 管乳胶管上夹子使毛细管内液体同 D 球分开，用停表测定液面在 a、b 两线间移动所需时间。重复测定 3 次，每次相差不超过 0.25～0.3 s，取平均值。

测定溶液流出时间 t：取出黏度计，倒出溶剂，吹干。用移液管吸取 10 mL 已恒温的高

图 8-44　乌氏黏度计

聚物溶液,同上法测定流经时间。再用移液管加入5 mL已恒温的溶剂,用洗耳球从C管鼓气搅拌并将溶液慢慢地抽上流下数次使之混合均匀,再如上法测定流经时间。同样,依次加入5 mL、10 mL、15 mL溶剂,逐一测定溶液的流经时间。

实验二十五　溶胶的制备及电泳

【目的与要求】

1. 掌握电泳法测定 $Fe(OH)_3$ 及 Sb_2S_3 溶胶电动电势的原理和方法。
2. 掌握 $Fe(OH)_3$ 及 Sb_2S_3 溶胶的制备及纯化方法。
3. 明确求算 ζ 公式中各物理量的意义。

【实验原理】

溶胶的制备方法可分为分散法和凝聚法。分散法是用适当方法把较大的物质颗粒变为胶体大小的质点;凝聚法是先制成难溶物的分子(或离子)的过饱和溶液,再使之相互结合成胶体粒子而得到溶胶。$Fe(OH)_3$ 溶胶的制备采用的是化学法,即通过化学反应使生成物呈过饱和状态,然后粒子再结合成溶胶,其结构式可表示为:

$$\{m[Fe(OH)_3] \cdot nFeO^+ \cdot (n-x)Cl^-\}^{x+} \cdot xCl^-$$

制成的胶体体系中常有其他杂质存在而影响其稳定性,因此必须纯化。常用的纯化方法是半透膜渗析法。

在胶体分散体系中,由于胶体本身的电离或胶粒对某些离子的选择性吸附,使胶粒的表面带有一定的电荷。在外电场作用下,胶粒向异性电极定向移动,这种胶粒向正极或负极移动的现象称为电泳。发生相对移动的界面称为切动面,切动面与液体内部的电位差称为电动电势或 ζ 电位,电动电势的大小直接影响胶粒在电场中的移动速度。原则上,任何一种胶体的电动现象都可以用来测定电动电势,其中最方便的是用电泳现象中的宏观法来测定,也就是通过观察溶胶与另一种不含胶粒的导电液体的界面在电场中移动的速度来测定电动电势。电动电势 ζ 与胶粒的性质、介质成分及胶体的浓度有关。

在电泳仪两极间接上电位差 $U(\mathrm{V})$ 后,在 $t(\mathrm{s})$ 时间内溶胶界面移动的距离为 $d(\mathrm{m})$,即溶胶电泳速度 $v(\mathrm{m \cdot s^{-1}})$ 为:

$$v = d/t$$

相距为 $L(\mathrm{m})$ 的两极间的电位梯度平均值 $H(\mathrm{V \cdot m^{-1}})$ 为:

$$H = U/L \tag{1}$$

如果辅助液的电导率 $\bar{\kappa}_0$ 与溶胶的电导率 $\bar{\kappa}$ 相差较大,则在整个电泳管内的电位降是不均匀的,这时需用下式求 H:

$$H = \cfrac{U}{\cfrac{\kappa}{\kappa_0}(L - L_K) + L_K} \tag{2}$$

式中,L_K 为溶胶两界面间的距离。

从实验求得胶粒电泳速度后,可按下式求 $\zeta(V)$ 电位:

$$\zeta = \frac{K\pi\eta}{\varepsilon H} \cdot v \qquad (3)$$

式中,K 为与胶粒形状有关的常数(对于球形粒子,$K = 5.4 \times 10^{10}\ \mathrm{V}^2 \cdot \mathrm{s}^2 \cdot \mathrm{kg}^{-1} \cdot \mathrm{m}^{-1}$;对于棒形粒子,$K = 3.6 \times 10^{10}\ \mathrm{V}^2 \cdot \mathrm{s}^2 \cdot \mathrm{kg}^{-1} \cdot \mathrm{m}^{-1}$,本实验胶粒为棒形);$\eta$ 为介质的黏度($\mathrm{kg} \cdot \mathrm{m}^{-1} \cdot \mathrm{s}^{-1}$);$\varepsilon$ 为介质的介电常数。

【仪器与试剂】

仪器:直流稳压电源(1 台)、万用电炉(1 台)、电泳管(1 只)、电导率仪(1 只)、直流电压表(1 只)、秒表(1 只)、铂电极(2 支)、锥形瓶(250 mL,1 只)、烧杯(800 mL、250 mL、100 mL,各 1 只)、超级恒温槽(1 台)、容量瓶(100 mL,1 只)。

试剂:火棉胶、$FeCl_3$(10%)溶液、KSCN(1%)溶液、$AgNO_3$(1%)溶液、稀盐酸溶液、酒石酸锑钾(0.5%)溶液、硫化亚铁。

【实验步骤】

方法一 $Fe(OH)_3$ 溶胶的制备及纯化

1. $Fe(OH)_3$ 溶胶的制备及纯化

(1)半透膜的制备。在一个内壁洁净、干燥的 250 mL 锥形瓶中,加入约 100 mL 火棉胶液,小心转动锥形瓶,使火棉胶液黏附在锥形瓶内壁上形成均匀薄层,倾出多余的火棉胶。此时锥形瓶仍需倒置,并不断旋转,待剩余的火棉胶流尽,使瓶中的乙醚蒸发至已闻不出气味为止(此时用手轻触火棉胶膜,已不粘手)。然后再往瓶中注满水(若乙醚未蒸发完全,加水过早,则半透膜发白),浸泡 10 min。倒出瓶中的水,小心用手分开膜与瓶壁的间隙。慢慢注水于夹层中,使膜脱离瓶壁,轻轻取出,在膜袋中注入水,观察是否有漏洞。制好的半透膜不用时,要浸放在蒸馏水中。

(2)用水解法制备 $Fe(OH)_3$ 溶胶。在 250 mL 烧杯中,加入 100 mL 蒸馏水,加热至沸,慢慢滴入 5 mL $FeCl_3$ 溶液,并不断搅拌,加毕继续保持沸腾 3～5 min,即可得到红棕色的 $Fe(OH)_3$ 溶胶。在胶体体系中存在的过量 H^+、Cl^- 等离子需要除去。

(3)用热渗析法纯化 $Fe(OH)_3$ 溶胶。将制得的 $Fe(OH)_3$ 溶胶注入半透膜内,用线拴住袋口,置于 800 mL 的清洁烧杯中,杯中加蒸馏水约 300 mL,维持温度在 60 ℃ 左右,进行渗析。每 20 min 换一次蒸馏水,4 次后取出 1 mL 渗析水,分别用 1% $AgNO_3$ 及 1% KSCN 溶液检查是否存在 Cl^- 及 Fe^{3+},如果仍存在,应继续换水渗析,直到检查不出为止。将纯化过的 $Fe(OH)_3$ 溶胶移入一清洁干燥的 100 mL 小烧杯中待用。

2. 盐酸辅助液的制备

调节恒温槽温度为 (25.0 ± 0.1) ℃,用电导率仪测定 $Fe(OH)_3$ 溶胶在 25 ℃ 时的电导率,然后配制与之相同电导率的盐酸溶液。方法是根据 25 ℃ 时盐酸电导率-浓度关系,用内插法求算与该电导率对应的盐酸浓度,并在 100 mL 容量瓶中配制该浓度的盐酸溶液。

3. 仪器的安装

用蒸馏水洗净电泳管后,再用少量溶胶洗一次,将渗析好的 $Fe(OH)_3$ 溶胶倒入电泳管中(见图 8-45),使液面超过活塞(2)、(3)。关闭这两个活塞,把电泳管倒置,将多余的溶胶倒净,并用蒸馏水洗净活塞(2)、(3)以上的管壁。打开活塞(1),用 HCl 溶液冲洗一次后,再加入该溶液,并超过活塞(1)少许。插入铂电极,按装置图 8-45 连接好线路。

4. 溶胶电泳的测定

接通直流稳压电源,迅速调节输出电压为 45 V。关闭活塞(1),同时打开活塞(2)和(3),并同

1—Pt 电极;2—HCl 溶液;3—溶胶;
4—电泳管;5—活塞;6—可调直流稳压电源。

图 8-45 电泳仪器装置图

时计时和准确记下溶胶在电泳管中的液面位置,约 1 h 后断开电源,记下准确的通电时间 t 和溶胶面上升的距离 d,从伏特计上读取电压 U,并且量取两极之间的距离 L。

实验结束后,拆除线路。用自来水洗电泳管多次,最后用蒸馏水洗一次。

方法二 Sb_2S_3 溶胶的制备及电泳

1. Sb_2S_3 溶胶的制备

将一只 250 mL 锥形瓶用蒸馏水洗净,倒入 50 mL 0.5% 酒石酸锑钾溶液,把制备 H_2S 的小锥形瓶(100 mL)及导气管洗净,并向其中放入适量的硫化亚铁。在通风橱内,向小锥形瓶中加入 10 mL 50%HCl,用导气管将 H_2S 通入酒石酸锑钾溶液中,至溶液的颜色不再加深为止,即得 Sb_2S_3 溶胶。制备毕,将剩余的硫化亚铁及 HCl 倒入回收瓶,洗净锥形瓶及导气管。

2. 配制 HCl 溶液[见 $Fe(OH)_3$ 溶胶的制备及电泳中有关内容]。

3. 装置仪器和连接线路[见 $Fe(OH)_3$ 溶胶的制备及电泳中有关内容]。

4. 测定溶胶电泳速度

接通直流稳压电源 6,迅速调节输出电压为 100 V(注意:实验中随时观察,使电压稳定在 100 V,并不要振动电泳管)。关闭活塞(1),同时打开活塞(2)和(3),当溶胶界面达到电泳管正极部分零刻度时,开始计时。分别记下溶胶界面移动到 0.50 cm、1.00 cm、1.50 cm、2.00 cm 等刻度时所用时间。实验结束时,测量两个铂电极在溶液中的实际距离,关闭电源,拆除线路。用自来水洗电泳管多次,最后用蒸馏水洗一次。

【注意事项】

1. 利用公式(3)求算 ζ 电位时,有关数值从附录中有关表中查得。对于水的介电常数,应考虑温度校正,由以下公式求得:

$$\ln \varepsilon_t = 4.474\,226 - 4.544\,26 \times 10^{-3}\ t/℃$$

2. 在 $Fe(OH)_3$ 溶胶实验中制备半透膜时,一定要使整个锥形瓶的内壁上均匀地附着一层火棉胶液。在取出半透膜时,一定要借助水的浮力将膜托出。

3. 制备 $Fe(OH)_3$ 溶胶时,$FeCl_3$ 一定要逐滴加入,并不断搅拌。

4. 纯化 $Fe(OH)_3$ 溶胶时,换水后要渗析一段时间再检查 Fe^{3+} 及 Cl^- 的存在。

5. 量取两电极的距离时,要沿电泳管的中心线量取。

【数据处理】

1. 将实验数据记录如下:

电泳时间 t/s:_____;外电场在两极间的电位差 U/V:_____;两电极间距离 L/m:_____;溶胶液面移动距离 d/m:_____。

2. 将数据代入公式(3)中计算 ζ 电势。

【思考题】

1. 本实验中所用的稀盐酸溶液的电导为什么必须和所测溶胶的电导率相等或尽量接近?
2. 电泳的速度与哪些因素有关?
3. 在电泳测定中如不用辅助液体,把两电极直接插入溶胶中会发生什么现象?
4. 溶胶胶粒带何种符号的电荷? 为什么它会带此种符号的电荷?

实验二十六　偶极矩的测定

小电容仪测定偶极矩

【目的与要求】

1. 掌握溶液法测定偶极矩的原理、方法和计算。
2. 熟悉小电容仪、折射仪和比重瓶的使用方法。
3. 测定正丁醇的偶极矩,了解偶极矩与分子电性质的关系。

【实验原理】

1. 偶极矩与极化度

分子呈电中性,但因空间构型的不同,正负电荷中心可能重合,也可能不重合,前者为非极性分子,后者为极性分子。分子极性大小用偶极矩 μ 来度量,其定义为

$$\mu = qd \tag{1}$$

式中,q 为正、负电荷中心所带的电荷量;d 是正、负电荷中心间的距离。偶极矩的 SI 单位是库仑米($C \cdot m$)。而过去习惯使用的单位是德拜(D),$1\ D = 3.338 \times 10^{-30} C \cdot m$。

在不存在外电场时,非极性分子虽因振动,正负电荷中心可能发生相对位移而产生瞬时偶极矩。但宏观统计平均的结果,实验测得的偶极矩为零。具有永久偶极矩的极性分子,由于分子热运动的影响,偶极矩在空间各个方向的取向概率相等,偶极矩的统计平均值仍为零,即宏观上亦测不出其偶极矩。

当将极性分子置于均匀的外电场中,分子将沿电场方向转动,同时还会发生电子云对分子骨架的相对移动和分子骨架的变形,称为极化。极化的程度用摩尔极化度 P 来度量。

P 是转向极化度($P_{转向}$)、电子极化度($P_{电子}$)和原子极化度($P_{原子}$)之和。

$$P = P_{转向} + P_{电子} + P_{原子} \tag{2}$$

其中，

$$P_{转向} = \frac{4}{9}\pi N_A \frac{\mu^2}{KT} \tag{3}$$

式中，N_A 为阿伏加德罗(Avogadro)常数；K 为玻尔兹曼(Boltzmann)常数；T 为热力学温度。

由于 $P_{原子}$ 在 P 中所占的比例很小，所以在不很精确的测量中可以忽略 $P_{原子}$，(2)式可写成

$$P = P_{转向} + P_{电子} \tag{4}$$

在低频电场(频率小于 10^{10} s^{-1})或静电场中测得 P。在频率约为 10^{15} s^{-1} 的高频电场(紫外可见光)中，由于极性分子的转向和分子骨架变形跟不上电场的变化，故 $P_{转向}=0$，$P_{原子}=0$，所以测得的是 $P_{电子}$。这样由(4)式可求得 $P_{转向}$，再由(3)式计算 μ。

通过测定偶极矩，可以了解分子中电子云的分布和分子对称性，判断几何异构体和分子的立体结构。

2. 溶液法测定偶极矩

所谓溶液法就是将极性待测物溶于非极性溶剂中进行测定，然后外推到无限稀释。因为在无限稀的溶液中，极性溶质分子所处的状态与它在气相时十分相近，此时分子的偶极矩可按下式计算：

$$\mu = 0.042\,6 \times 10^{-30} \sqrt{(P_2^\infty - R_2^\infty)T} \tag{5}$$

式中，P_2^∞ 和 R_2^∞ 分别表示无限稀时极性分子的摩尔极化度和摩尔折射度(习惯上用摩尔折射度表示折射法测定的 $P_{电子}$)；T 是热力学温度。

本实验是将正丁醇溶于非极性的环己烷中形成稀溶液，然后在低频电场中测量溶液的介电常数和溶液的密度求得 P_2^∞；在可见光下测定溶液的 R_2^∞，然后由(5)式计算正丁醇的偶极矩。

(1) 极化度的测定

无限稀释时，溶质的摩尔极化度 P_2^∞ 的计算公式为：

$$P = P_2^\infty = \lim_{x_2 \to 0} P_2 = \frac{3\varepsilon_1 \alpha}{(\varepsilon_1 + 2)^2} \cdot \frac{M_1}{\rho_1} + \frac{\varepsilon_1 - 1}{\varepsilon_1 + 2} \cdot \frac{M_2 - \beta M_1}{\rho_1} \tag{6}$$

式中，ε_1、ρ_1、M_1 分别是溶剂的介电常数、密度和相对分子质量，其中密度的单位是 g·cm^{-3}；M_2 为溶质的相对分子质量；α 和 β 为常数，可通过稀溶液的近似公式求得：

$$\varepsilon_溶 = \varepsilon_1(1 + \alpha x_2) \tag{7}$$

$$\rho_溶 = \rho_1(1 + \beta x_2) \tag{8}$$

式中，$\varepsilon_溶$ 和 $\rho_溶$ 分别是溶液的介电常数和密度；x_2 是溶质的摩尔分数。

无限稀释时，溶质的摩尔折射度 R_2^∞ 的计算公式为：

$$P_{电子} = R_2^\infty = \lim_{x_2 \to 0} R_2 = \frac{n_1^2 - 1}{n_1^2 + 2} \cdot \frac{M_2 - \beta M_1}{\rho_1} + \frac{6 n_1^2 M_1 \gamma}{(n_1^2 + 2)^2 \rho_1} \tag{9}$$

式中，n_1 为溶剂的折射率；γ 为常数，可由稀溶液的近似公式求得：

$$n_{溶} = n_1 (1 + \gamma x_2) \tag{10}$$

式中，$n_{溶}$ 是溶液的折射率。

（2）介电常数的测定

介电常数 ε 可通过测量电容来求算：

$$\varepsilon = C / C_0 \tag{11}$$

式中，C_0 为电容器在真空时的电容；C 为充满待测液时的电容，由于空气的电容非常接近于 C_0，故（11）式改写成：

$$\varepsilon = C / C_{空} \tag{12}$$

本实验利用电桥法测定电容，其桥路为变压器比例臂电桥，如图 8-46 所示，电桥平衡的条件是：

$$\frac{C'}{C_s} = \frac{u_s}{u_x}$$

图 8-46　电容电桥示意图

式中，C' 为电容池两极间的电容；C_s 为标准差动电容器的电容。调节差动电容器，当 $C' = C_s$ 时，$u_s = u_x$，此时指示放大器的输出趋近于零。C_s 可从刻度盘上读出，这样 C' 即可测得。由于整个测试系统存在分布电容，所以实测的电容 C' 是样品电容 C 和分布电容 C_d 之和，即：

$$C' = C + C_d \tag{13}$$

显然，为了求 C 首先就要确定 C_d 值，方法是：先测定无样品时空气的电容 $C'_{空}$，则有：

$$C'_{空} = C_{空} + C_d \tag{14}$$

再测定一已知介电常数（$\varepsilon_{标}$）的标准物质的电容 $C'_{标}$，则有：

$$C'_{标} = C_{标} + C_d = \varepsilon_{标} C_{空} + C_d \tag{15}$$

由（14）式和（15）式可得：

$$C_d = \frac{\varepsilon_{标} C'_{空} - C'_{标}}{\varepsilon_{标} - 1} \tag{16}$$

将 C_d 代入（13）式和（14）式即可求得 $C_{溶}$ 和 $C_{空}$。这样就可计算待测液的介电常数。

【仪器与试剂】

仪器：小电容测量仪（1 台）、阿贝折射仪（1 台）、超级恒温槽（2 台）、电吹风（1 只）、比重瓶（10 mL，1 只）、滴瓶（5 只）、滴管（1 支）。

试剂：环己烷(A.R.)、正丁醇(物质的量分数分别为 0.04、0.06、0.08、0.10 和 0.12 的五种正丁醇-环己烷溶液)。

【实验步骤】

1. 折射率的测定

在 25 ℃ 条件下，用阿贝折射仪分别测定环己烷和五份溶液的折射率。

2. 密度的测定

在 25 ℃ 条件下，用比重瓶分别测定环己烷和五份溶液的密度。

3. 电容的测定

(1) 将 PCM-1A 精密电容测量仪通电，预热 20 min。

(2) 将电容仪与电容池连接线先接一根(只接电容仪，不接电容池)，调节零电位器使数字表头指示为零。

(3) 将两根连接线都与电容池接好，此时数字表头上所示值即为 $C'_空$ 值。

(4) 用 2 mL 移液管移取 2 mL 环己烷加入电容池中，盖好，数字表头上所示值即为 $C'_标$。

(5) 将环己烷倒入回收瓶中，用冷风将样品室吹干后再测 $C'_空$ 值，与前面所测的 $C'_空$ 值相差应小于 0.02 pF，否则表明样品室有残液，应继续吹干，然后装入溶液。同样方法测定五份溶液的 $C'_溶$。

【数据处理】

1. 将所测数据列表。

2. 根据(16)式和(14)式计算 C_d 和 $C_空$。其中环己烷的介电常数与温度 t 的关系式为 $\varepsilon_标 = 2.023 - 0.0016(t-20)$。

3. 根据(13)式和(12)式计算 $C_溶$ 和 $\varepsilon_溶$。

4. 分别作 $\varepsilon_溶 - x_2$ 图、$\rho_溶 - x_2$ 图和 $n_溶 - x_2$ 图，由各图的斜率求 α、β、γ。

5. 根据(6)式和(9)式分别计算 P_2^∞ 和 R_2^∞。

6. 最后由(5)式求算正丁醇的 μ。

【注意事项】

1. 每次测定前要用冷风将电容池吹干，并重测 $C'_空$，与原来的 $C'_空$ 值相差应小于 0.02 pF。严禁用热风吹样品室。

2. 测 $C'_溶$ 时，操作应迅速，池盖要盖紧，防止样品挥发和吸收空气中极性较大的水汽。装样品的滴瓶也要随时盖严。

3. 每次装入量严格相同，样品过多会腐蚀密封材料，渗入恒温腔，使实验无法正常进行。

4. 要反复练习差动电容器旋钮、灵敏度旋钮和损耗旋钮的配合使用和调节，在能够正确寻找电桥平衡位置后，再开始测定样品的电容。

5. 注意不要用力扭曲电容仪连接电容池的电缆线，以免损坏。

【思考题】

1. 本实验测定偶极矩时做了哪些近似处理?

2. 准确测定溶质的摩尔极化度和摩尔折射度时,为何要外推到无限稀释?

3. 试分析实验中误差的主要来源,如何改进?

第四篇

综合性、设计性化学实验

第九章 综合性化学实验

实验一 固体超强酸催化剂的合成

【目的与要求】

1. 学习一种催化剂的合成方法。
2. 练习实验中沉淀、洗涤、烘干、焙烧等基本操作。
3. 复习 Lewis 酸碱理论。

【实验原理】

固体超强酸催化剂是利用某些金属盐类在水溶液中与氨水(或其他沉淀剂)反应先生成氢氧化物(或氧化物的水合物)再经过一系列处理后所得到的金属氧化物,这类氧化物的 Hemmett 酸常数 $H_0 < -11.93$,通常比 100%H_2SO_4 的酸性还要强得多,因此可以在某些有机反应(如异构化、缩合、酯化等)中作为催化剂使用,从根本上解决了传统酸催化过程中产生的腐蚀设备、分离困难、成本高以及污染环境等问题,是一类非常有发展潜力的催化剂。

【仪器与试剂】

仪器:电动搅拌器、抽滤装置、烘箱、马弗炉($\leqslant 1\,000\ ℃$)、研钵、烧杯(300 mL)。
试剂:$ZrOCl_2 \cdot 8H_2O(A.R)$、氨水(浓,A.R)、H_2SO_4(0.5 mol·L^{-1},1 mol·L^{-1})。

【实验步骤】

取一定量 $ZrOCl_2 \cdot 8H_2O$ 固体溶于适量的蒸馏水中,在搅拌下加入浓氨水调节溶液的 pH 约为 9～10,陈化(时间要摸索),过滤并洗涤到无 Cl^- 检出,滤饼于烘箱中 110 ℃烘干(时间要摸索),将烘干后的固体用研钵研碎后于一定浓度(需要摸索)的 H_2SO_4 溶液中浸泡若干时间(需要摸索),抽干,于马弗炉中焙烧若干小时(需要摸索),焙烧温度在 550～700 ℃

范围内,将焙烧后的固体稍加研磨即得产品。

【提示与参考】

1. 固体超强酸的制备方法很多,本实验采用的方法是最简单的一种。
2. 实验中值得摸索的地方都是影响超强酸强度的因素。
3. 此类超强酸的表征方法除了 XRD、IR 等仪器方法,还可以用指示剂法测酸度,具体用于某有机反应测试其催化活性。

实验二　废机油的再生

【目的与要求】

1. 了解油水难溶原理和水的沸点比机油低的事实。
2. 掌握油水分离的一种方法。
3. 掌握利用浓 H_2SO_4 的氧化性去除有机物的操作。
4. 掌握用活性白土吸附色素的应用。

【实验原理】

机油在机械、化工等领域应用广泛,用量相当大,使用之后会混入水分、有机物、色素、灰尘等各种各样的杂质,沦为废油。

实现废油再生的原理为:根据油水难溶原理和水的沸点比机油低的性质,可通过加热和静置分离除去水分。利用浓 H_2SO_4 的氧化性去除有机物,利用活性白土吸附色素通过过滤除去机械杂质。

【仪器与试剂】

仪器:油浴加热装置、三口烧瓶、滴液漏斗、过滤装置。
试剂:废机油、H_2SO_4(浓度为 92%～98%)、Na_2CO_3、活性白土。

【实验步骤】

机油再生一般要经过如下五个步骤:除水、酸洗、碱洗、活性白土吸附除污、过滤。

1. 除水:将废机油收集到集油池除水后,置于炼油锅内,升温到 80 ℃后停止加热,让其静置 24 h 左右,将表面的明水排尽,然后缓慢升温到 120 ℃(当油温接近 100 ℃时,要慢慢加热,防止油沸腾溢出),使水分蒸发掉,约经 2 h,油不翻动,油面冒出黑色油气即可。

2. 酸洗:待油冷却至常温,在搅拌下缓慢地加入硫酸(浓度为 92%～98%),酸用量一般为油量的 5%～7%(可根据机油脏污程度而定)。加完酸后,继续搅拌半小时,静置 12 h,将酸渣排尽。

3. 碱洗:将经过酸洗的机油重新升温到 80 ℃,在搅拌下加入纯碱(Na_2CO_3),充分搅拌均匀后,让其静置 12 h,然后用试纸检验为中性时,再静置 4 h,将碱渣排尽。

4. 活性白土吸附：将油升温到 120～140 ℃，在恒温和搅拌下加入活性白土（其用量约为油量的 3.5％），加完活性白土后，继续搅拌半小时，在 110～120 ℃下恒温静置一夜，第二天趁热过滤。

5. 过滤：可采用滤油机过滤，即得合格机油。如无滤油机，采用布袋吊滤法也可。

以上即为提纯机油的一般操作过程，但应根据实际情况而定。如含杂质水很少，则第一步可省掉。如经过酸碱处理后，油的颜色已正常，则不必用活性白土脱色吸附。

实验三　脲醛树脂的制备与使用

【目的与要求】

1. 掌握脲醛树脂合成的原理及方法。
2. 掌握回流、搅拌及减压蒸馏的操作。

【实验原理】

聚合反应是合成高分子化合物的化学基础，根据单体的不同，可以分为加聚反应和缩聚反应。

脲醛树脂是由尿素与甲醛溶液经缩合反应而生成的热固性树脂，共分为三个阶段：

（1）生成二羟甲脲或二羟甲脲及一羟甲脲的混合物。

（2）树脂化阶段。

（3）硬化阶段。

脲醛缩聚反应十分复杂，至今还未有一致公认的理论，但一羟甲脲和二羟甲脲是反应的初步产物，这是被广泛认可的。

脲醛树脂的制造方法有很多，不同的产品要求对应不同的配方。影响反应的主要因素有：① 尿素与甲醛的配料比；② 反应介质的 pH；③ 反应温度及反应时间。

【仪器与试剂】

仪器：水浴加热装置、三口烧瓶、搅拌装置。

试剂：甲醛（含量不小于 36％）、工业尿素（氮含量不少于 46％）、液体烧碱（浓度为36％）、液态甲酸（含量不低于 85％）。

【实验步骤】

一、制备

1. 把计量的甲醛放入三口烧瓶内，三口烧瓶放进水位占三口烧瓶高度的三分之二的盛水的铝锅内。

2. 在不断搅拌下，把烧碱液加入甲醛内，调整 pH 等于 7.8，并开始慢慢升温到 25～30 ℃（以三口烧瓶内的温度为准）。

3. 在不断搅拌下，把尿素（粉碎成粉末状）总用量的 50％加进三口烧瓶，并在 30 min 内升温至 60 ℃。

4. 当三口烧瓶内温度达到 60 ℃,第二次加入尿素总用量的 25%,同样要不断搅拌,并控制升温速度,控制在 30 min 内使温度升至 90 ℃。

5. 最后加入尿素的剩余部分,在 90 ℃ 保温 30 min。

6. 恒温后即用甲酸调整 pH 至 4.5,调酸后应注意其自然放热反应,如有这种情况要快速降温,以免影响胶料的质量。

7. 调酸后的 10~20 min 内,用常温清水检验胶料是否到达反应终点,到达终点的胶液滴入清水内即起白色雾状。如已到反应终点,立即降温至 75 ℃ 左右,再用烧碱液调整 pH 为 7.8,并恒温成胶。这个恒温阶段也是脱水阶段.脱水时间长短根据对胶浓度的要求而定。

8. 成料后立即把胶料冷却至 35~40 ℃,然后放进胶桶。如暂不使用,应密封桶盖,放置阴凉室内保存。

用此工艺生产的脲醛树脂,固体含量较高,游离甲醛较低。可用于胶合板、细木工板等的黏结。

二、使用

1. 脲醛树脂胶的调制

使用之前在胶料中加入氯化铵,它的作用是使胶料凝固速度加快,但要注意用量适当。加少了固化时间太长,不利于施工操作;加多了胶会发脆,胶接质量就不好。根据经验,以 100 g 脲醛树脂而言,在气温 10 ℃ 以下时,一般应加 2.5~3 g 的氯化铵,而在 30 ℃ 的气温时,只要加入 1 g 就足够了。在胶合木板时,有时在胶料中还加入 5%~10% 的黄豆粉或面粉(粉料不能有粒状,要过 100 目筛),目的是增加黏稠度,防止过量的胶液渗入木材,提升胶液的初黏性增加。

2. 使用方法和注意事项

待胶合的木材含水率不应超过 12%,胶合面要平整,接触面要干净。涂胶要均匀,胶料涂到材料面上之后,用夹具将胶合面夹紧直至胶液固化时才能卸去。采用热压法加温至 60 ℃,5 h 左右胶料能够凝固。冷压法在常温下一般需十几个小时胶料才能凝固。

此胶稍有毒性,不宜用于制备胶合锅盖等餐具制品。

实验四　2,3,5-三氯苯甲酸的制备

【目的与要求】

1. 了解并掌握以 1,2,4-三氯苯为原料,通过氧化反应制备 2,3,5-三氯苯甲酸的反应原理和方法。

2. 掌握回流、重结晶和过滤技术。

3. 掌握熔点测定技术。

【实验原理】

氧化反应是制备羧酸的常用方法,制备脂肪族羧酸,可用伯醇或醛为原料,用高锰酸钾

或硫酸氧化。仲醇、酮或烯烃经强烈氧化也能得到羧酸,但同时会发生碳链断裂。

芳香族羧酸通常通过芳香烃的氧化来制备。由于芳香烃的苯环比较稳定,难以氧化,而环上的支链不论长短,在强烈氧化时,最后都变成羧基。

制备羧酸采取的都是较强的氧化条件,且氧化反应一般为放热反应,所以控制反应在一定的温度下进行是非常重要的。如果反应失控,不仅会破坏产物,使产率降低,还可能引发爆炸。

2,3,5-三氯苯甲酸是一种新型的高效植物生长调节剂,对花生的增产效果尤其显著。经农田试验证明,使用该激素一般可使花生增产 20%～40%。

【仪器与试剂】

仪器:三口烧瓶、球形冷凝管、布氏漏斗、抽滤瓶。

试剂:1,2,4-三氯苯、无水四氯化碳、无水三氯化铝、三氯化铁、硫酸(96%)、氢氧化钠水溶液(4%)、盐酸水溶液(4%)。

【实验步骤】

1. 把无水四氯化碳 118 g 和无水三氯化铝 0.8 g 加入反应器内,搅拌,加热升温至 68 ℃左右,于半小时左右的时间内,把 47 g 四氯化碳和 60 g 1,2,4-三氯苯的混合物滴加完毕,恒温反应 2.5 h 后,将反应物倾入碎冰中,澄清后分出有机相和水相。水相另用适量四氯化碳萃取数次,弃去水相。

2. 把有机相和四氯化碳萃取液合并,蒸出四氯化碳,剩余棕色液体经乙醇重结晶,得到 40 g 左右的白色针状结晶物。

3. 把三氯化铁和硫酸加入反应器内,搅拌加热,升温至 110 ℃左右,把所得的白色针状物慢慢加入其中,反应 3 h 后,将反应产物倾入碎冰中,滤去废酸,沉淀物用适量氢氧化钠水溶液溶解。然后过滤去渣,滤液加入适量盐酸调 pH 为 2～3,产生白色沉淀。过滤,弃去滤液,用水把白色固体中的盐酸洗去。干燥后,得到熔点为 162～164 ℃的白色粉末,即为产品 2,3,5-三氯苯甲酸。

实验五　水热法制备纳米氧化铁材料

【目的与要求】

1. 了解水热法制备纳米材料的原理与方法。
2. 加深对水解反应影响因素的认识。
3. 熟悉分光光度计、离心机、酸度计的使用。

【实验原理】

水解反应是中和反应的逆反应,是一个吸热反应。升温使水解反应的速率加快,反应程度增加;浓度增大对反应程度无影响,但可使反应速率加快。对于金属离子的强酸盐来说,pH 增大时,水解程度与速率皆增大。在科研中经常利用水解反应来进行物质的分离、鉴定和提纯,许多高纯度的金属氧化物,如 Bi_2O_3、Al_2O_3、Fe_2O_3 等,都是通过水解沉淀来提纯的。

纳米材料是指晶粒和晶界等显微结构能达到纳米级尺度水平的材料,是材料科学的一个重要发展方向。纳米材料由于粒径很小,比表面很大,表面原子数会超过体原子数,因此纳米材料常表现出与本体材料不同的性质。在保持原有物质化学性质的基础上,呈现出热力学上的不稳定性。如纳米材料可大大降低陶瓷烧结及反应的温度,明显提高催化剂的催化活性、气敏材料的气敏活性和磁记录材料的信息存贮量。纳米材料在发光材料、生物材料方面也有重要的应用。

氧化物纳米材料的制备方法很多,有化学沉淀法、热分解法、固相反应法、溶胶-凝胶法、气相沉积法、水解法等。水热水解法是较新的制备方法,它通过控制一定的温度和 pH 条件,使一定浓度的金属盐水解,生成氢氧化物或氧化物沉淀。若条件适当可得到颗粒均匀的多晶态溶胶,其颗粒尺寸在纳米级,对提高气敏材料的灵敏度和稳定性有利。

为了得到稳定的多晶溶胶,可降低金属离子的浓度,也可用配位剂络合法控制金属离子的浓度,如加入 EDTA,可适当增大 I_3^- 的浓度,制得更多的沉淀,同时对产物的晶形也有影响。若水解后生成沉淀,说明成核不同步,可能是玻璃仪器未清洗干净,或者是水解液浓度过大,或者是水解时间太长。此时的沉淀颗粒尺寸不均匀,粒径也比较大。

$FeCl_3$ 水解过程中,由于 Fe^{3+} 转化为 Fe_2O_3,溶液的颜色发生变化,随着时间增加,Fe^{3+} 量逐渐减小,Fe_2O_3 粒径也逐渐增大,溶液颜色也趋于一个稳定值,可用分光光度计进行动态监测。

本实验以 $FeCl_3$ 为例,实验 $FeCl_3$ 的浓度、溶液的温度、反应时间与 pH 等对水解反应的影响。

【仪器与试剂】

仪器:台式烘箱、721 或 722 型分光光度计、医用高速离心机或 800 型离心沉淀器、pHs-2 型酸度计、多用滴管、20 mL 具塞锥形瓶、50 mL 容量瓶、离心试管、5 mL 吸量管。

试剂:$1.0\ mol \cdot L^{-1}$ $FeCl_3$ 溶液、$1.0\ mol \cdot L^{-1}$ 盐酸、$1.0\ mol \cdot L^{-1}$ EDTA 溶液、$1.0\ mol \cdot L^{-1}$ $(NH_4)_2SO_4$ 溶液。

【实验步骤】

1. 玻璃仪器的清洗

实验中所用一切玻璃器皿均需严格清洗。先用铬酸洗液洗,再用去离子水冲洗干净,然后烘干备用。

2. 水解温度的选择

本实验选定水解温度为 105 ℃,有兴趣的同学可做 85 ℃、90 ℃对照。

3. 水解时间对水解的影响

按 $1.8 \times 10^{-2}\ mol \cdot L^{-1}$ $FeCl_3$ 溶液、$8.0 \times 10^{-4}\ mol \cdot L^{-1}$ EDTA 的要求配制 20 mL 水解液,通过多用滴管滴加 $1\ mol \cdot L^{-1}$ HCl 以酸度计监测,调节溶液的 pH 至 1.3,置于 20 mL 具塞锥形瓶中,放入 105 ℃的台式烘箱中,观察水解前后溶液的变化。每隔 30 min 取样 2 mL,于 550 nm 处观察水解液吸光度的变化,直到吸光度(A)基本不变,观察到橘红

色溶胶为止,绘制 A-t 图。约需读数 6 次。

4. 水解液 pH 的影响

改变上述水解液的 pH 分别为 1.0、1.5、2.0、2.5、3.0,用分光光度计观察水解液 pH 对水解的影响,绘制 pH-t 图。

5. 水解液中 Fe^{3+} 浓度对水解的影响

改变实验步骤 3 中水解液的 Fe^{3+} 浓度,使之分别为 $2.5 \times 10^{-2} \ mol \cdot L^{-1}$、$5 \times 10^{-3} \ mol \cdot L^{-1}$、$1.0 \times 10^{-2} \ mol \cdot L^{-1}$,用分光光度计观察水解液中 Fe^{3+} 浓度对水解的影响,绘制 A-t 图。

6. 沉淀的分离

取上述水解液一份,迅速用冷水冷却,分为两份,一份用高速离心机离心分离,一份加入 $(NH_4)_2SO_4$ 使溶胶沉淀后用普通离心机离心分离。沉淀用去离子水洗至无 Cl^- 为止(怎样检验?)。比较两种分离方法的效率。

【思考题】

1. 影响水解的因素有哪些? 如何影响?
2. 水解器皿在使用前为什么要清洗干净,若清洗不干净会带来什么后果?
3. 如何精密控制水溶液的 pH? 为什么可用分光光度计监控水解程度?
4. 氧化铁溶胶的分离有哪些方法? 哪种效果较好?

实验六　燃料用固体酒精的制备

综合性实验是指实验内容涉及本课程或相关课程知识的综合运用,形式上完全可以不拘泥于常规实验,只要达到目的即可,如本实验。

固体酒精也叫固化乙醇,是用普通液体酒精加上适当的固化剂使其固化而成。随着国民经济的发展,人民生活水平的提高,以及国家开放政策的实行,旅游事业日益兴旺。人们外出旅游或在野外工作,都希望能随时吃到热饭热菜,固体酒精燃料可满足人们的这一愿望。将固体酒精燃料盛于马口铁盒内,不管走到哪里,打开盒盖,只要有打火机,就可立即点燃,生火做饭。

本固体酒精容器携带极为方便,不会漏洒酒精,不存在污染衣物或失火之患。制造工艺简单,所用原料皆为普通工业品,各地都能买到。

本品为硬膏状固溶体,熔点大于 $60 \ ℃$,不流动,易点燃,燃烧火焰为黄色或蓝色(因固化剂而异)。燃烧温度高,灰分少,贮存期长,平时应密封保存。

原料:制备固体酒精的原料,除酒精主料(95%)以外,还有配制固化剂的各种辅料。

设备:$50 \sim 500 \ mL$ 的烧瓶(视产量而定),配以回流器、水浴、热源以及其他常用容器若干。

制法一

【实验步骤】

(1) 把 31% NaOH 溶液 50 g 及 95% 的酒精 100 g,注入一只 500 mL 的烧瓶或类似烧瓶的其他容器中。

（2）把牛油 100 g 放在烧杯（或铁器）中用小火徐徐熔化，待完全熔化后除杂质及残渣。

（3）把熔化后除杂的牛油注入上述烧瓶中。

（4）烧瓶上装一回流管，加热煮沸，回流约 2 h。

（5）冷却后，倒入备用容器中令其冷却凝结，即成为固化剂。

（6）取出制备的固化剂 15 g，酒精 85 g，放在玻璃（或铁容器）内，在水浴上加热。使温度保持在 70～75 ℃，并不断搅拌。待固化剂完全熔化后，倾入盛固体酒精的铁容器中，冷却、固化后加封即成。

制法二

【实验步骤】

（1）把 160 g 的酒精分成两等份，其中一份加入 1.2 g 固体 NaOH，另一份加 8 g 硬脂酸。

（2）将上述两份同时在两个水浴上加热到 65 ℃，使 NaOH 和硬脂酸熔化。

（3）把含 NaOH 的酒精溶液倒入含硬脂酸的酒精溶液中，混合均匀。

（4）把混合均匀的溶液注入备好的固体酒精容器内，加盖密封即成。

对固体酒精的质量要求：（1）在最热天气不熔化（至少熔点在 55 ℃ 以上）。（2）凝固性好，没有液体酒精存在，也不能呈半流动状态。（3）酒精含量要高。（4）燃烧完全，残渣少。

两种产品的质量比较见表 9-1。

表 9-1　两种制法产品的质量比较

制法	凝固状态	熔点/℃	酒精含量/%	燃烧残留物含量/%
Ⅰ	凝固好	60	94.00	9.95
Ⅱ	凝固好	61	94.57	5.44

两种制备方法都可以制作良好的固体酒精，但综合比较，Ⅱ法成品稍优。

第十章　设计性化学实验

实验一　纯丙乳液的制备与应用

【实验目的】

1. 掌握乳液聚合的方法。
2. 了解纯丙乳液配方设计的原理。
3. 熟悉纯丙乳液性能检测的方法。
4. 学会利用纯丙合成乳液制备乳液型涂料。

【实验学时】

32 学时

【实验提示】

纯丙乳液是甲基丙烯酸酯类、丙烯酸酯类及丙烯酸三元共聚乳液的简称,是一种重要的中间体或原料。由于纯丙乳液的机械稳定性、冻融稳定性、稀释稳定性好,且耐污性和附着力强、VOC 含量极低,可用作织物、木材、金属表面涂饰剂,高档内外墙涂料,防腐蚀涂料的基料。

制备方法有连续聚合法、种子乳液聚合法、互穿网络聚合法及微乳液聚合法等。

【仪器与试剂】

仪器:电动搅拌器、水浴锅、水泵、黏度计(仪)、粒径仪、电子拉力机、紫外光谱仪、玻璃仪器等。

试剂:丙烯酸(工业纯)、丙烯酸丁酯(工业纯)、甲基丙烯酸甲酯(工业纯)、壬基酚聚氧乙烯醚(工业纯)、十二烷基硫酸钠、过硫酸铵(试剂)、碳酸钠、氮气、去离子水等。

【要求与预期目标】

1. 查阅有关文献,设计一种可行的制备实验方案。
2. 制备 50 g 的纯丙乳液样品,并检测其理化和机械性能。
3. 利用纯丙乳液样品,制备一种乳液型涂料。
4. 提交完整的研究报告 1 份(2 000～3 000 字)。

【思考题】

1. 种子聚合法的特点是什么?

2. 聚合物的玻璃化温度与单体有什么关系？

3. 乳液的机械化稳定性能与什么因素有关？

实验二　聚合物胶黏剂的制备及性质测定

本实验是一研究式实验,通过独立完成丙烯酸酯乳液压敏胶或多元接枝胶黏剂的制备及其物性和应用性能的测试,使学生了解高分子化合物及产品的一般研究方法,培养和提高其独立科研工作能力。

【实验内容】

1. 文献查阅

由学生自己查阅有关的文献资料,综合文献资料内的相关内容,结合自己对本课题的认识,提出实验方案,拟定出合适的配方、具体的操作步骤、样品性能的测试方法以及实验中应注意的问题等。

2. 样品合成

根据所拟定的合成方法,经教师同意后进行实验。

3. 样品的物性检测

对所合成的样品,根据拟定的检测方法,对样品的物性进行检测,需检测的项目包括固体含量,残留单体的含量,贮存稳定性,乳液的颗粒大小及其分布、黏度等。

4. 应用性能

对所合成的样品的应用性能进行测试,选定基材(牛皮纸、涤纶或双向拉伸聚丙烯薄膜等)进行压敏胶的涂覆,并测定其对不同材料(纸张、玻璃、金属、塑料、泡沫材料等)的黏附及剥离性能,并讨论配方组成同其性能的关系。

根据压敏胶的要求说明配方设计原理及配方中各组分的作用。

【思考】

多元接枝胶的接枝率、黏接强度与哪些因素有关？

实验三　设计性实验示例

设计性实验是指给定实验目的、要求和实验条件,由学生自行设计实验方案并加以实现的实验。因此,只要符合下述情况均可作为设计性实验:

1. 能充分调动学生的学习主动性、积极性和创造性,并且能把所学的基础化学知识应用于实验的选题设计。通过自主和创造性设计一种实验,在一定的实验条件和范围内,完成从实验设计到亲自动手操作全过程。

2. 自主设计性实验完成的基本步骤为选题→实验方案设计→实验准备→预实验→正式实验→实验结果讨论及分析→实验报告书写或论文撰写。

具体情况如下：

（1）选题：以实验小组为单位，根据已学的基础或近期将要学的知识，并利用图书馆及网络查阅相关的文献资料，了解国内外研究现状。经过小组集体酝酿、讨论，从给定的实验项目确立一个既有科学性又有一定创新机能的实验题目。

（2）实验方案设计：① 题目、班级、设计者。② 立题依据（实验的目的、意义，以及欲解决的问题和国内外研究现状）。③ 实验动物品种、性别、规格和数量。④ 实验器材与药品。⑤ 实验方法与操作步骤。⑥ 观察结果的记录表格制作。⑦ 预期结果。⑧ 可能遇到的困难和问题及解决的措施。⑨ 参考文献。

（3）实验准备：器材，试剂配制。

（4）预实验：按照实验设计方案和操作步骤认真进行预实验。

（5）正式实验：按照修改的实验设计方案和操作步骤认真进行正式实验。

（6）实验结果讨论及分析：各实验小组对实验数据进行归纳和处理。

（7）书写实验报告或撰写论文。

【设计性化学实验项目示例】

一、酪蛋白制备

【目的要求】

1. 学习利用等电点制备蛋白质的技术。

2. 从牛乳中提取脱脂酪蛋白并计算收率。

3. 选择实验方法，设计实验方案。

【主要提示】

1. 酪蛋白在等电点环境中溶解度极低。

2. 酪蛋白不溶于乙醚、乙醇及它们的混合物中。

二、维生素 C 含量的测定

【目的要求】

1. 学习维生素 C 定量测定的原理和方法。

2. 选择实验方法，设计实验方案。

【主要提示】

1. 利用维生素 C 具有氧化还原的性质。

2. 测定样品可选择水果、蔬菜或维生素 C 药片。

三、植物组织中总糖和还原糖含量的测定

【目的要求】

1. 学习总糖和还原糖测定的原理和方法。

2. 选择实验方法，设计实验方案。

【主要提示】

1. 总糖和还原糖结构的区别。

2. 测定样品可选择含糖量高的植物。

附　　录

一、中华人民共和国法定计量单位

我国的法定计量单位(以下简称法定单位)包括：

1. 国际单位制的基本单位(见表1)；
2. 国家选定的非国际单位制单位(见表2)。

表1　国际单位制的基本单位

量的名称	单位名称	单位符号
长度	米	m
质量	千克(公斤)	kg
时间	秒	s
电流	安[培]	A
热力学温度	开[尔文]	K
物质的量	摩[尔]	mol
发光强度	坎[德拉]	cd

表2　国家选定的非国际单位制单位

量的名称	单位名称	单位符号	换算关系和说明
时间	分	min	$1\ min=60\ s$
	[小]时	h	$1\ h=60\ min=3\ 600\ s$
	天(日)	d	$1\ d=24\ h=86\ 400\ s$
平面角	[角]秒	(")	$1''=(\pi/648\ 000)\ rad(\pi\ 为圆周率)$
	[角]分	(')	$1'=60''=(\pi/10\ 800)\ rad$
	度	(°)	$1°=60'=(\pi/180)\ rad$
旋转速度	转每分	r/min	$1\ r/min=(1/60)\ r/s$
长度	海里	n mile	$1n\ mile=1\ 852\ m$(只用于航程)
速度	节	kn	$1\ kn=1\ n\ mile/h=(1\ 852/3\ 600)\ m/s$ (只用于航程)
质量	吨	t	$1\ t=10^3\ kg$
	原子质量单位	u	$1\ u\approx1.660\ 565\ 5\times10^{-27}\ kg$
体积	升	L,(l)	$1\ L=1\ dm^3=10^{-3}\ m^3$
能	电子伏	eV	$1\ eV\approx1.602\ 189\ 2\times10^{-19}\ J$
级差	分贝	dB	

基础化学实验（下册）

二、标准电极电位(298.2 K)

半反应	$E^{\ominus}/V$	半反应	$E^{\ominus}/V$
$Li^+ + e^- = Li$	-3.045	$2H^+ + 2e^- = H_2$	0.000
$Ca(OH)_2 + 2e^- = Ca + 2OH^-$	-3.020	$AgBr + e^- = Ag + Br^-$	0.0713
$Rb^+ + e^- = Rb$	-2.925	$Sn^{4+} + 2e^- = Sn^{2+}$	0.150
$K^+ + e^- = K$	-2.924	$Cu^{2+} + e^- = Cu^+$	0.158
$Cs^+ + e^- = Cs$	-2.923	$ClO_4^- + H_2O + 2e^- = ClO_3^- + 2OH^-$	0.360
$Ba^{2+} + 2e^- = Ba$	-2.912	$SO_4^{2-} + 4H^+ + 2e^- = H_2SO_3 + H_2O$	0.170
$Sr^{2+} + 2e^- = Sr$	-2.890	$AgCl + e^- = Ag + Cl^-$	0.222
$Na^+ + e^- = Na$	-2.713	$Cu^{2+} + 2e^- = Cu$	0.223
$Mg^{2+} + 2e^- = Mg$	-2.375	$Ag_2O + H_2O + 2e^- = 2Ag + 2OH^-$	0.340
$H_2(g) + 2e^- = 2H^-$	-2.230	$ClO_2^- + H_2O + 2e^- = ClO^- + 2OH^-$	0.342
$AlF_6^{3-} + 3e^- = Al + 6F^-$	-2.232	$O_2 + 2H_2O + 4e^- = 4OH^-$	0.350
$Be^{2+} + 2e^- = Be$	-1.847	$[Fe(CN)_6]^{3-} + e^- = [Fe(CN)_6]^{4-}$	0.401
$Al^{3+} + 3e^- = Al(0.1\ mol \cdot L^{-1}NaOH)$	-1.706	$Hg_2^{2+} + 2e^- = 2Hg$	0.690
$Mn(OH)_2 + 2e^- = Mn + 2OH^-$	-1.470	$Ag^+ + e^- = Ag$	0.792
$ZnO_2^- + 2H_2O + 2e^- = Zn + 4OH^-$	-1.216	$2NO_3^- + 4H^+ + 2e^- = N_2O_4 + 2H_2O$	0.7996
$Zn^{2+} + 2e^- = Zn$	-0.763	$Hg^{2+} + 2e^- = 2Hg$	0.810
$Mn^{2+} + 3e^- = Mn$	-1.170	$ClO^- + H_2O + 2e^- = Cl^- + 2OH^-$	0.851
$Sn(OH)_6^{2-} + 2e^- = HSnO_2^- + H_2O + 3OH^-$	-0.960	$2Hg^{2+} + 2e^- = Hg_2^{2+}$	0.900
$2H_2O + 2e^- = H_2 + 2OH^-$	-0.8277	$Br_2(l) + 2e^- = 2Br^-$	0.907
$Cr^{3+} + 3e^- = Cr$	-0.744	$MnO_2 + 4H^+ + 2e^- = Mn^{2+} + 2H_2O$	1.087
$Ni(OH)_2 + 2e^- = Ni + 2OH^-$	-0.720	$O_2 + 4H^+ + 4e^- = 2H_2O$	1.208
$Fe(OH)_3 + e^- = Fe(OH)_2 + OH^-$	-0.560	$Pb^{2+} + 2e^- = Pb$	1.229
$2CO_2(g) + 2H^+ + 2e^- = H_2C_2O_4$	-0.490	$Cr_2O_7^{2-} + 14H^+ + 6e^- = 2Cr^{3+} + 7H_2O$	1.330
$NO_2^- + H_2O + e^- = NO + 2OH^-$	-0.460	$I_2 + 2e^- = 2I^-$	0.538
$Cr^{3+} + e^- = Cr^{2+}$	-0.740	$MnO_4^- + e^- = MnO_4^{2-}$	0.564
$Fe^{2+} + 2e^- = Fe$	-0.409	$MnO_4^- + 4H^+ + 3e^- = MnO_2 + 2H_2O$	1.695
$Fe^{3+} + 3e^- = Fe$	-0.036	$O(g) + 2H^+ + 2e^- = H_2O$	2.422
$Ni^{2+} + 2e^- = Ni$	-0.250	$O_3 + 2H^+ + 2e^- = O_2 + H_2O$	2.070
$2SO_4^{2-} + 4H^+ + 2e^- = S_2O_6^{2-} + 2H_2O$	-0.200	$MnO_4^- + 8H^+ + 5e^- = Mn^{2+} + 4H_2O$	1.510
$Sn^{2+} + 2e^- = Sn$	-0.136		
$Pb^{2+} + 2e^- = Pb$	-0.126		
$AgCN + e^- = Ag + CN^-$	-0.017		

三、弱电解质的电离常数

（近似浓度为 0.01～0.003 mol · L^{-1}，温度 298 K）

化学式	电离常数（K）	pK	化学式	电离常数（K）	pK
HAc	1.75×10^{-5}	4.756	H_2O_2	2.24×10^{-12}	11.65
H_2CO_3	$K_1=4.37\times10^{-7}$ $K_2=4.68\times10^{-11}$	6.36 10.33	$NH_3 \cdot H_2O$	1.79×10^{-5}	4.75
$H_2C_2O_4$	$K_1=5.89\times10^{-2}$ $K_2=6.46\times10^{-5}$	1.23 4.19	NH_4^+	5.56×10^{-10}	9.25
HNO_2	7.24×10^{-4}	3.14	HClO	2.88×10^{-8}	7.54
H_3PO_4	$K_1=7.08\times10^{-3}$ $K_2=6.31\times10^{-8}$ $K_3=4.17\times10^{-13}$	2.15 7.20 12.38	HBrO	2.06×10^{-9}	8.69
SO_2+H_2O	$K_1=1.29\times10^{-2}$ $K_2=6.16\times10^{-8}$	1.89 7.21	HIO	2.3×10^{-11}	10.64
H_2SO_4	$K_2=1.02\times10^{-2}$	1.99	$Pb(OH)_2$	9.6×10^{-4}	3.02
H_2S	$K_1=1.07\times10^{-7}$ $K_2=1.26\times10^{-13}$	6.97 12.90	AgOH	1.1×10^{-4}	3.96
HCN	6.17×10^{-10}	9.21	$Zn(OH)_2$	9.6×10^{-4}	3.02
H_2CrO_4	$K_1=9.55$ $K_2=3.16\times10^{-7}$	−0.98 6.50	NH_2OH	1.07×10^{-8}	7.97
HF	6.61×10^{-4}	3.18	NH_2NH_2	1.7×10^{-6}	5.77

摘自：Dean J A. Lange's Handbook of Chemistry. 13th ed. New York：McGraw-Hill，1985.

基础化学实验（下册）

四、水的饱和蒸气压

温度/K	0.0	0.2	0.4	0.6	0.8
273	6.105	6.195	6.286	6.379	6.473
274	6.567	6.663	6.759	6.858	6.958
275	7.058	7.159	7.262	7.366	7.473
276	7.579	7.687	7.797	7.907	8.019
277	8.134	8.249	8.365	8.483	8.603
278	8.723	8.846	8.970	9.095	9.222
279	9.350	9.481	9.611	9.745	9.881
280	10.017	10.155	10.295	10.436	10.580
281	10.726	10.872	11.022	11.172	11.324
282	11.478	11.635	11.792	11.952	12.114
283	12.278	12.443	12.610	12.779	12.951
284	13.124	13.300	13.478	13.658	13.839
285	14.023	14.210	14.397	14.587	14.779
286	14.973	15.171	15.369	15.572	15.776
287	15.981	16.191	16.401	16.615	16.831
288	17.049	17.260	17.493	17.719	17.947
289	18.177	18.410	18.648	18.886	19.128
290	19.372	19.618	19.869	20.121	20.377
291	20.634	20.896	21.160	21.426	21.694
292	21.968	22.245	22.523	22.805	23.090
293	23.378	23.669	23.963	24.261	24.561
294	24.865	25.171	25.482	25.797	26.114
295	26.434	26.758	27.086	27.418	27.751
296	28.088	28.430	28.775	29.124	29.478
297	29.834	30.195	30.560	30.928	31.299
298	31.672	32.049	32.432	32.820	33.213
299	33.609	34.009	34.413	34.820	35.232
300	35.649	36.070	36.496	36.925	37.358
301	37.796	38.237	38.683	39.135	39.593

温度/K	0.0	0.2	0.4	0.6	0.8
302	40.054	40.519	40.990	41.466	41.945
303	42.429	42.918	43.411	43.908	44.412
304	44.923	45.439	45.958	46.482	47.011
305	47.547	48.087	48.632	49.184	49.740
306	50.301	50.869	51.441	52.020	52.605
307	53.193	53.788	54.390	54.997	55.609
308	56.229	56.854	57.485	58.122	58.766
309	59.412	60.067	60.727	61.395	62.070
310	62.751	63.437	64.131	64.831	65.537
311	66.251	66.969	67.693	68.425	69.166
312	69.917	70.673	71.434	72.202	72.977
313	73.759	74.54	75.34	76.14	76.95
314	77.78	78.61	79.43	80.29	81.14
315	81.99	82.85	83.73	84.61	85.49
316	86.39	87.30	88.21	89.14	90.07
317	91.00	91.95	92.91	93.87	94.85
318	95.83	96.82	97.81	98.82	99.83
319	100.86	101.90	102.94	103.99	105.06
320	106.12	107.20	108.30	109.39	110.48
321	111.60	112.74	113.88	115.03	116.18
322	117.35	118.52	119.71	120.91	122.11
323	123.34	124.7	125.9	127.1	128.4

五、水的密度

温度/K	密度/$(g \cdot mL^{-1})$	温度/K	密度/$(g \cdot mL^{-1})$	温度/K	密度/$(g \cdot mL^{-1})$
273.2	0.999 841	279.0	0.999 947	284.8	0.999 542
273.4	0.999 854	279.2	0.999 941	285.0	0.999 520
273.6	0.999 866	279.4	0.999 935	285.2	0.999 498
273.8	0.999 878	279.6	0.999 927	285.4	0.999 475
274.0	0.999 889	279.8	0.999 920	285.6	0.999 451
274.2	0.999 900	280.0	0.999 911	285.8	0.999 427
274.4	0.999 909	280.2	0.999 902	286.0	0.999 402
274.6	0.999 918	280.4	0.999 893	286.2	0.999 377
274.8	0.999 927	280.6	0.999 883	286.4	0.999 352
275.0	0.999 934	280.8	0.999 872	286.6	0.999 326
275.2	0.999 941	281.0	0.999 861	286.8	0.999 299
275.4	0.999 947	281.2	0.999 849	287.0	0.999 272
275.6	0.999 953	281.4	0.999 837	287.2	0.999 244
275.8	0.999 958	281.6	0.999 824	287.4	0.999 216
276.0	0.999 962	281.8	0.999 810	287.6	0.999 188
276.2	0.999 965	282.0	0.999 796	287.8	0.999 159
276.4	0.999 968	282.2	0.999 781	288.0	0.999 129
276.6	0.999 970	282.4	0.999 766	288.2	0.999 099
276.8	0.999 972	282.6	0.999 751	288.4	0.999 069
277.0	0.999 973	282.8	0.999 734	288.6	0.999 038
277.2	0.999 973	283.0	0.999 717	288.8	0.999 007
277.4	0.999 973	283.2	0.999 700	289.0	0.998 975
277.6	0.999 972	283.4	0.999 682	289.2	0.998 943
277.8	0.999 970	283.6	0.999 664	289.4	0.998 910
278.0	0.999 968	283.8	0.999 645	289.6	0.998 877
278.2	0.999 965	284.0	0.999 625	289.8	0.998 843
278.4	0.999 961	284.2	0.999 605	290.0	0.998 809
278.6	0.999 957	284.4	0.999 585	290.2	0.998 774
278.8	0.999 952	284.6	0.999 564	290.4	0.998 739

温度/K	密度/(g·mL^{-1})	温度/K	密度/(g·mL^{-1})	温度/K	密度/(g·mL^{-1})
290.6	0.998 704	295.0	0.997 815	299.4	0.996 829
290.8	0.998 668	295.2	0.997 770	299.6	0.996 676
291.0	0.998 632	295.4	0.997 724	299.8	0.996 621
291.2	0.998 595	295.6	0.997 678	300.0	0.996 567
291.4	0.998 558	295.8	0.997 632	300.2	0.996 512
291.6	0.998 520	296.0	0.997 585	300.4	0.996 457
291.8	0.998 482	296.2	0.997 538	300.6	0.996 401
292.0	0.998 444	296.4	0.997 490	300.8	0.996 345
292.2	0.998 405	296.6	0.997 442	301.0	0.996 289
292.4	0.998 365	296.8	0.997 394	301.2	0.996 232
292.6	0.998 325	297.0	0.997 345	301.4	0.996 175
292.8	0.998 285	297.2	0.997 296	301.6	0.996 118
293.0	0.998 244	297.4	0.997 246	301.8	0.996 060
293.2	0.998 203	297.6	0.997 196	302.0	0.996 002
293.4	0.998 162	297.8	0.997 146	302.2	0.995 944
293.6	0.998 120	298.0	0.997 095	302.4	0.995 885
293.8	0.998 078	298.2	0.997 044	302.6	0.995 826
294.0	0.998 035	298.4	0.996 992	302.8	0.995 766
294.2	0.997 992	298.6	0.996 941	303.0	0.995 700
294.4	0.997 948	298.8	0.996 888		
294.6	0.997 904	299.0	0.996 836		
294.8	0.997 860	299.2	0.996 783		

摘自：Dean J A. Lange's Handbook of Chemistry. 11th ed. New York：McGraw-Hill，1979. 温度(K)由 273.2+t 得到。

六、液体的折射率(25 ℃)

名称	n_D^{25}	名称	n_D^{25}
甲醇	1.326	氯仿	1.444
水	1.332 52	四氯化碳	1.459
丙酮	1.357	甲苯	1.494
乙醇	1.359	苯	1.498
醋酸	1.370	苯乙烯	1.545
乙酸乙酯	1.370	溴苯	1.557
正己烷	1.372	苯胺	1.583
1-丁醇	1.397	溴仿	1.587

摘自：Weast R C. CRC Handbook of Chemistry and physics. 63rd ed. Boca Raton, FL：CRC Press，1982—1983.

七、单位换算表

单位名称	符号	折合 SI 单位制	单位名称	符号	折合 SI 单位制
力的单位			1 标准大气压	atm	$= 101\,324.7\ \text{N/m}^2\ (\text{Pa})$
1 公斤力	kgf	$= 9.806\,65\ \text{N}$	1 毫米水高	mmH_2O	$= 9.806\,65\ \text{N/m}^2\ (\text{Pa})$
1 达因	dyn	$= 10^{-5}\ \text{N}$			
黏度单位			1 毫米汞高	mmHg	$= 133.322\ \text{N/m}^2\ (\text{Pa})$
泊	P	$= 0.1\ \text{N} \cdot \text{s/m}^2$	功能单位		
厘泊	cP	$= 10^{-3}\ \text{N} \cdot \text{s/m}^2$			
压力单位			1 公斤力·米	kgf·m	$= 9.806\,65\ \text{J}$
			1 尔格	erg	$= 10^{-7}\ \text{J}$
1 毫巴	mbar	$= 100\ \text{N/m}^2\ (\text{Pa})$	1 升·大气压	l·atm	$= 101.328\ \text{J}$
1 达因/厘米^2	dyn/cm^2	$= 0.1\ \text{N/m}^2\ (\text{Pa})$	1 瓦特·小时	W·h	$= 3\,600\ \text{J}$
1 公斤力/厘米^2	kgf/cm^2	$= 98\,066.5\ \text{N/m}^2\ (\text{Pa})$	1 卡	cal	$= 4.186\,8\ \text{J}$
1 工程大气压	at	$= 98\,066.5\ \text{N/m}^2\ (\text{Pa})$	功率单位		
			1 公斤力·米/秒	kgf·m/s	$= 9.806\,65\ \text{W}$
			1 尔格/秒	erg/s	$= 10^{-7}\ \text{W}$
1 大卡/小时	kcal/h	$= 1.163\ \text{W}$	电磁单位		
1 卡/秒	cal/s	$= 4.186\,8\ \text{W}$			
比热单位			1 伏·秒	V·s	$= 1\ \text{Wb}$
			1 安·小时	A·h	$= 3\,600\ \text{C}$
1 卡/(克·度)	$\text{cal/(g} \cdot ℃)$	$= 4\,186.8\ \text{J/(kg} \cdot ℃)$	1 德拜	D	$= 3.334 \times 10^{-30}\ \text{C} \cdot \text{m}$
1 尔格/(克·度)	$\text{erg/(g} \cdot ℃)$	$= 10^{-4}\ \text{J/(kg} \cdot ℃)$	1 高斯	Gs	$= 10^{-4}\ \text{T}$
			1 奥斯特	Oe	$= (1\,000/4\pi)\ \text{A/m}$

八、几种有机物质的蒸气压

物质的蒸气压 $p(Pa)$ 按下式计算：

$$\lg p = A - \frac{B}{C+t} + D$$

式中，A、B、C 为常数；t 为温度（℃）；D 为压力单位换算因子，其值为 2.124 9。

名称	分子式	适用温度范围/℃	A	B	C
四氯化碳	CCl_4		6.879 26	1 212.021	226.41
氯仿	$CHCl_3$	$-30\sim150$	6.903 28	1 163.03	227.4
甲醇	CH_4O	$-14\sim65$	7.897 50	1 474.08	229.13
1,2-二氯乙烷	$C_2H_4Cl_2$	$-31\sim99$	7.025 3	1 271.3	222.9
醋酸	$C_2H_4O_2$	$0\sim36$	7.803 07	1 651.2	225
		$36\sim170$	7.188 07	1 416.7	211
乙醇	C_2H_6O	$-2\sim100$	8.321 09	1 718.10	237.52
丙酮	C_3H_6O	$-30\sim150$	7.024 47	1 161.0	224
异丙醇	$C_3H_8O_2$	$0\sim101$	8.117 78	1 580.92	219.61
乙酸乙酯	$C_4H_8O_2$	$-20\sim150$	7.098 08	1 238.71	217.0
正丁醇	$C_4H_{10}O$	$15\sim131$	7.476 80	1 362.39	178.77
苯	C_6H_6	$-20\sim150$	6.905 61	1 211.033	220.790
环己烷	C_6H_{12}	$20\sim81$	6.841 30	1 201.53	222.65
甲苯	C_7H_8	$-20\sim150$	6.954 64	1 344.80	219.482
乙苯	C_8H_{10}	$-20\sim150$	6.957 19	1 424.251	213.206

摘自：Dean J A. Lange's Handbook of Chemistry. 12th ed. New York：McGraw-Hill, 1979.

九、不同温度下水的表面张力 σ

单位：10^{-3} N·m^{-1}

$t/℃$	σ	$t/℃$	σ	$t/℃$	σ	$t/℃$	σ
0	75.64	17	73.19	26	71.82	60	66.18
5	74.92	18	73.05	27	71.66	70	64.42
10	74.22	19	72.90	28	71.50	80	62.11
11	74.07	20	72.75	29	71.35	90	60.75
12	73.93	21	72.59	30	71.18	100	58.85
13	73.78	22	72.44	35	70.38	110	56.89
14	73.54	23	72.28	40	69.56	120	54.89
15	73.49	24	72.13	45	68.14	130	52.84
16	73.34	25	71.97	50	67.91		

摘自：Dean J A. Lange's Handbook of Chemistry. 11th ed. New York：McGraw-Hill，1973.

基础化学实验（下册）

十、常用酸碱溶液的浓度(15 ℃)

溶液浓度	密度/ (g·mL⁻¹)	质量分数/%	物质的量浓度/ (mol·L⁻¹)
硫酸	1.84	98	18
	1.18	25	3
	1.06	9	1
盐酸	1.19	38	12
	1.10	20	6
	1.03	7	2
硝酸	1.40	65	16
	1.20	32	6
	1.07	12	2
磷酸	1.70	85	15
	1.05	9	1
高氯酸	1.12	19	2
氢氟酸	1.13	40	23
氢溴酸	1.38	40	7
氢碘酸	1.70	57	7.5
冰醋酸	1.05	99	17.5
醋酸	1.04	35	6
	1.02	12	2
氢氧化钠	1.36	33	11
	1.09	8	2
氨水	0.88	35	18
	0.91	25	13.5
	0.96	11	6
	0.99	3.5	2

十一、国际相对原子质量表(1985年)

符号	名称	相对原子质量	符号	名称	相对原子质量	符号	名称	相对原子质量	符号	名称	相对原子质量
Ac	锕	[227]	Er	铒	167.26	Mn	锰	54.938 05	Ru	钌	101.07
Ag	银	107.868 2	Es	锿	[254]	Mo	钼	95.94	S	硫	32.066
Al	铝	26.981 54	Eu	铕	151.965	N	氮	14.006 74	Sb	锑	121.75
Am	镅	[243]	F	氟	18.998 40	Na	钠	22.989 77	Sc	钪	44.955 91
Ar	氩	39.948	Fe	铁	55.847	Nb	铌	92.906 38	Se	硒	78.96
As	砷	74.921 59	Fm	镄	[257]	Nd	钕	144.24	Si	硅	28.085 5
At	砹	[210]	Fr	钫	[223]	Ne	氖	20.179 7	Sm	钐	150.36
Au	金	196.966 54	Ga	镓	69.723	Ni	镍	58.69	Sn	锡	118.710
B	硼	10.811	Gd	钆	157.25	No	锘	[254]	Sr	锶	87.62
Ba	钡	137.327	Ge	锗	72.61	Np	镎	237.048 2	Ta	钽	180.947 9
Be	铍	9.012 18	H	氢	1.007 94	O	氧	15.999 4	Tb	铽	158.925 34
Bi	铋	208.980 37	He	氦	4.00 260	Os	锇	190.23	Tc	锝	98.906 2
Bk	锫	[247]	Hf	铪	178.49	P	磷	30.973 76	Te	碲	127.60
Br	溴	79.904	Hg	汞	200.59	Pa	镤	231.035 88	Th	钍	232.038 1
C	碳	12.011	Ho	钬	164.930 32	Pb	铅	207.2	Ti	钛	47.88
Ca	钙	40.078	I	碘	126.904 47	Pd	钯	106.42	Tl	铊	204.383 3
Cd	镉	112.411	In	铟	114.82	Pm	钷	[145]	Tm	铥	168.934 21
Ce	铈	140.115	Ir	铱	192.22	Po	钋	[~210]	U	铀	238.028 9
Cf	锎	[251]	K	钾	39.098 3	Pr	镨	140.907 65	V	钒	50.941 5
Cl	氯	35.452 7	Kr	氪	83.80	Pt	铂	195.08	W	钨	183.85
Cm	锔	[247]	La	镧	138.905 5	Pu	钚	[244]	Xe	氙	131.29
Co	钴	58.933 20	Li	锂	6.941	Ra	镭	226.025 4	Y	钇	88.905 85
Cr	铬	51.996 1	Lr	铹	[257]	Rb	铷	85.467 9	Yb	镱	173.04
Cs	铯	132.905 43	Lu	镥	174.967	Re	铼	186.207	Zn	锌	65.39
Cu	铜	63.546	Md	钔	[256]	Rh	铑	102.905 50	Zr	锆	91.224
Dy	镝	162.50	Mg	镁	24.305 0	Rn	氡	[222]			

十二、常用有机溶剂的沸点、相对密度

名称	沸点/℃	d_4^{20}	名称	沸点/℃	d_4^{20}
甲醇	64.9	0.791 4	苯	80.1	0.878 7
乙醇	78.5	0.789 3	甲苯	110.6	0.866 9
乙醚	34.5	0.713 7	氯仿	61.7	1.483 2
丙酮	56.2	0.789 9	四氯化碳	76.5	1.594 0
乙酸	117.9	1.049 2	二硫化碳	46.2	1.263 2
乙酐	139.5	1.082 0	硝基苯	210.8	1.203 7
乙酸乙酯	77.0	0.900 3	正丁醇	117.2	0.809 8

十三、国际单位制的一些导出单位

物理量	名　　称	代　　号		用国际制基本单位表示的关系式
		国际	中文	
频率	赫兹	Hz	赫	s^{-1}
力	牛顿	N	牛	$m \cdot kg \cdot s^{-2}$
压强	帕斯卡	Pa	帕	$m^{-1} \cdot kg \cdot s^{-2}$
能、功、热	焦耳	J	焦	$m^2 \cdot kg \cdot s^{-2}$
功率、辐射通量	瓦特	W	瓦	$m^2 \cdot kg \cdot s^{-3}$
电量、电荷	库仑	C	库	$s \cdot A$
电位、电压、电动势	伏特	V	伏	$m^2 \cdot kg \cdot s^{-3} \cdot A^{-1}$
电容	法拉	F	法	$m^{-2} \cdot kg^{-1} \cdot s^4 \cdot A^2$
电阻	欧姆	Ω	欧	$m^2 \cdot kg \cdot s^{-3} \cdot A^{-2}$
电导	西门子	S	西	$m^{-2} \cdot kg^{-1} \cdot s^3 \cdot A^2$
磁通量	韦伯	Wb	韦	$m^2 \cdot kg \cdot s^{-2} \cdot A^{-1}$
磁感应强度	特斯拉	T	特	$kg \cdot s^{-2} \cdot A^{-1}$
电感	亨利	H	亨	$m^2 \cdot kg \cdot s^{-2} \cdot A^{-2}$
光通量	流明	lm	流	$cd \cdot sr$
光照度	勒克斯	lx	勒	$m^{-2} \cdot cd \cdot sr$
黏度	帕斯卡秒	Pa $\cdot$ s	帕·秒	$m^{-1} \cdot kg \cdot s^{-1}$
表面张力	牛顿每米	N $\cdot$ m^{-1}	牛/米	$kg \cdot s^{-2}$
热容量、熵	焦耳每开	J $\cdot$ K^{-1}	焦/开	$m^2 \cdot kg \cdot s^{-2} \cdot K^{-1}$
比热容	焦耳每千克每开	J $\cdot$ kg$^{-1} \cdot$ K^{-1}	焦/(千克·开)	$m^2 \cdot s^{-2} \cdot K^{-1}$
电场强度	伏特每米	V $\cdot$ m^{-1}	伏/米	$m \cdot kg \cdot s^{-3} \cdot A^{-1}$
密度	千克每立方米	kg $\cdot$ m^{-3}	千克/米^3	$kg \cdot m^{-3}$

基础化学实验（下册）

十四、物理化学常数

常数名称	符号	数值	单位(SI)	单位(CGS)
真空光速	c	2.997 924 58	10^8 米·秒$^{-1}$	10^{10} 厘米·秒$^{-1}$
基本电荷	e	1.602 189 2	10^{-19} 库仑	10^{-20} 厘米$^{0.5}$·克$^{0.5}$
阿伏加德罗常数	N_A	6.022 045	10^{23} 摩$^{-1}$	10^{23} 克分子$^{-1}$
原子质量单位	u	1.660 565 5	10^{-27} 千克	10^{-24} 克
电子静质量	m_e	9.109 534	10^{-31} 千克	10^{-28} 克
质子静质量	m_p	1.672 648 5	10^{-27} 千克	10^{-24} 克
法拉第常数	F	9.648 456	10^4 库仑·摩$^{-1}$	10^3 厘米$^{0.5}$·克$^{0.5}$·克分子$^{-1}$
普朗克常数	h	6.626 176	10^{-34} 焦耳·秒	10^{-27} 尔格·秒
电子质荷比	e/m_e	1.758 804 7	10^{11} 库仑·千克$^{-1}$	10^7 厘米$^{0.5}$·克$^{0.5}$
里德堡常数	R_∞	1.097 373 177	10^7 米$^{-1}$	10^5 厘米$^{-1}$
玻尔磁子	μ_B	9.274 078	10^{-24} 焦耳·特$^{-1}$	10^{-21} 尔格·高斯$^{-1}$
气体常数	R	8.314 41	焦耳·度$^{-1}$·摩$^{-1}$	10^7 尔格·度$^{-1}$·克分子$^{-1}$
		1.987 2		卡·度$^{-1}$·克分子$^{-1}$
		0.082 056 2		升·大气压·克分子$^{-1}$·度$^{-1}$
玻尔兹曼常数	k	1.380 662	10^{-23} 焦耳·度$^{-1}$	10^{-16} 尔格·度$^{-1}$
万有引力常数	G	6.672 0	10^{-11} 牛顿·米^2·千克$^{-2}$	10^{-8} 达因·厘米^2·克$^{-2}$
重力加速度	g	9.806 65	米·秒$^{-2}$	10^2 厘米·秒$^{-2}$

十五、一些离子在水溶液中的摩尔离子电导率(无限稀释)(25 ℃)

离子	$10^4\Lambda_+/$ $(S\cdot m^2\cdot mol^{-1})$	离子	$10^4\Lambda_+/$ $(S\cdot m^2\cdot mol^{-1})$	离子	$10^4\Lambda_+/$ $(S\cdot m^2\cdot mol^{-1})$	离子	$10^4\Lambda_+/$ $(S\cdot m^2\cdot mol^{-1})$
Ag^+	61.9	K^+	73.5	F^-	54.4	IO_3^-	40.5
Ba^{2+}	127.8	La^{3+}	208.8	ClO_3^-	64.4	IO_4^-	54.5
Be^{2+}	108	Li^+	38.69	ClO_4^-	67.9	NO_2^-	71.8
Ca^{2+}	118.4	Mg^{2+}	106.12	CN^-	78	NO_3^-	71.4
Cd^{2+}	108	NH_4^+	73.5	CO_3^{2-}	144	OH^-	198.6
Ce^{3+}	210	Na^+	50.11	CrO_4^{2-}	170	PO_4^{3-}	207
Co^{2+}	106	Ni^{2+}	100	$Fe(CN)_6^{4-}$	444	SCN^-	66
Cr^{3+}	201	Pb^{2+}	142	$Fe(CN)_6^{3-}$	303	SO_3^{2-}	159.8
Cu^{2+}	110	Sr^{2+}	118.92	HCO_3^-	44.5	SO_4^{2-}	160
Fe^{2+}	108	Tl^+	76	HS^-	65	Ac^-	40.9
Fe^{3+}	204	Zn^{2+}	105.6	HSO_3^-	50	$C_2O_4^{2-}$	148.4
H^+	349.82			HSO_4^-	50	Br^-	73.1
Hg^+	106.12			I^-	76.8	Cl^-	76.35

摘自：Dean J A. Lange's Handbook of Chemistry. 12th ed. New York：McGraw-Hill，1979.

基础化学实验（下册）

参 考 文 献

［1］陆嫣,刘伟.有机化学实验[M].成都：电子科技大学出版社,2017.

［2］熊万明,聂旭亮.有机化学实验[M]. 2 版.北京：北京理工大学出版社,2020.

［3］郭艳玲,刘艳红,程绍玲,等.有机化学实验[M].天津：天津大学出版社,2018.

［4］林友文.有机化学实验指导[M]. 2 版.厦门：厦门大学出版社,2016.

［5］邵荣,许伟,冒爱荣,等.化学工程与工艺实验[M]. 2 版.北京：化学工业出版社,2023.

［6］孟长功.基础化学实验[M]. 3 版.北京：高等教育出版社,2019.

［7］刁国旺.新编大学化学实验[M]. 2 版.北京：化学工业出版社,2016.

［8］高占先,于丽梅,李令东.有机化学实验[M]. 6 版.北京：高等教育出版社,2024.

［9］叶彦春,黄学斌,支俊格,等.有机化学实验[M]. 4 版.北京：北京理工大学出版社,2023.

［10］林璇,谭昌会,尤秀丽,等.有机化学实验[M]. 2 版.厦门：厦门大学出版社,2016.

［11］邱金恒,孙尔康,吴强.物理化学实验[M].北京：高等教育出版社,2010.

［12］顾文秀,高海燕.物理化学实验[M].北京：化学工业出版社,2019.

［13］韦波,李玉红.基础化学实验：物理化学实验部分[M].南京：南京大学出版社,2014.

［14］朱万春,张国艳,李克昌,等.基础化学实验：物理化学实验分册[M]. 2 版.北京：高等教育出版社,2017.

［15］祖莉莉,胡劲波.化学测量实验[M].北京：北京师范大学出版社,2010.

［16］付煜荣,白丽丽.化学综合实验[M].北京：科学出版社,2016.

［17］柯以侃,王桂花.大学化学实验[M]. 2 版.北京：化学工业出版社,2010.

［18］周昕,罗虹,刘文娟.大学实验化学[M]. 3 版.北京：科学出版社,2019.

［19］古凤才.基础化学实验教程[M]. 3 版.北京：科学出版社,2010.

［20］唐向阳,余莉萍,朱莉娜,等.基础化学实验教程[M]. 5 版.北京：科学出版社,2023.